中文版
AutoCAD
2017 >>>>>> 机械设计 从入门到精通

梁盛华 周文斌 彭永安 编著

U0337141

中国铁道出版社
CHINA RAILWAY PUBLISHING HOUSE

内 容 简 介

本书以 AutoCAD 2017 为平台，详细介绍了如何快速使用 AutoCAD 绘制各类机械设计图纸的流程、方法和技巧。书中把重点放在各类机械图纸绘制的讲解上，引领读者快速掌握机械绘图的核心技术。具体内容包括机械工程图的基本知识、AutoCAD 2017 入门、机械绘图工具、机械绘图编辑工具、机械绘图辅助工具、图层、文本与表格、图块与图案填充、尺寸标注、常用的机械绘图三维工具、设计中心和 CAD 标准、打印输出、绘制常见的二维机械零件图、绘制定位零件、绘制螺纹与工具零件、绘制盘盖类零件、绘制叉架类零件、绘制箱体类零件、三维实体建模、传动轮装配图。

配套资源中提供了本书实例的 DWG 文件和演示实例设计过程的语音教学视频文件。

书中凝结了作者多年在实际设计和教学工作中的经验心得，实用性强，是初学者和技术人员学习 AutoCAD 的理想参考书，也可作为大中专院校和社会培训机构机械设计及其相关专业的教材。

图书在版编目（CIP）数据

中文版 AutoCAD 2017 机械设计从入门到精通/梁盛华，周文斌，彭永安编著. — 北京：中国铁道出版社，2017.8

ISBN 978-7-113-23150-7

Ⅰ. ①中⋯ Ⅱ. ①梁⋯ ②周⋯ ③彭⋯ Ⅲ. ①机械设计－计算机辅助设计－AutoCAD 软件 Ⅳ. ①TH122

中国版本图书馆 CIP 数据核字（2017）第 114238 号

书　　名：中文版 AutoCAD 2017 机械设计从入门到精通
作　　者：梁盛华　周文斌　彭永安　编著

责任编辑：于先军　　　　　　　　　读者热线电话：010-63560056
责任印制：赵星辰　　　　　　　　　封面设计：**MXK** DESIGN STUDIO

出版发行：中国铁道出版社（北京市西城区右安门西街 8 号　邮政编码：100054）
印　　刷：中国铁道出版社印刷厂
版　　次：2017 年 8 月第 1 版　　　　2017 年 8 月第 1 次印刷
开　　本：787mm×1092mm　1/16　印张：24.25　　字数：663 千
书　　号：ISBN 978-7-113-23150-7
定　　价：69.80 元

前　言

FOREWORD

  AutoCAD 是美国 Autodesk 公司开发的著名的计算机辅助设计应用软件，被广泛应用于机械、建筑、电子、航天、船舶等多个领域。AutoCAD 2017 在继承以前版本优点的基础上，又增加了很多新的功能，可以更加有效地提高设计人员的工作效率。

  本书的作者都具有丰富的教学和实践经验。在编写的过程中，将多年积累的设计经验融入每个章节中，使书中的内容更加贴近实际应用。同时作者结合自己的培训经验，将所有知识的讲解进行了合理化的拆分并进行科学的安排，使入门人员学习起来更加方便快捷。希望通过本书的学习，能够让读者掌握 AutoCAD 的所有常见应用。

本书内容

  本书以大量的实例将工程制图和计算机应用相结合，在讲解知识点的同时，列举了大量的典型实例，并通过实际操作过程来讲解软件命令。读者可边学边练，并从中学习和巩固工程制图及有关的国家标准，从而为从事机械设计或制图工作打下坚实的基础。

  书中具体内容包括：机械工程图的基本知识、AutoCAD 2017 入门、机械绘图工具、机械绘图编辑工具、机械绘图辅助工具、图层、文本与表格、图块与图案填充、尺寸标注、常用的机械绘图三维工具、设计中心和 CAD 标准、打印输出、绘制常见的二维机械零件图、绘制定位零件、绘制螺纹与工具零件、绘制盘盖类零件、绘制叉架类零件、绘制箱体类零件、三维实体建模、传动轮装配图。

本书特色

  编排科学，讲解细致：书中内容由易到难，从基础知识到各种机械设计图纸的绘制，科学合理地安排内容，对机械设计中常用的功能和命令都进行了详细讲解，方便读者循序渐进地学习。

  实例丰富，技术实用：书中不仅对命令和工具的具体操作和使用方法进行了讲解，同时还有针对性地安排了实例，让读者在实战中体会软件的具体应用。

  视频教学，答疑解惑：配套资源中提供了书中实例设计过程的语音视频教学文件，方便读者学习，并拓展知识。

配套资源

  为了方便读者学习，本书提供了配套的资源，具体内容如下。

  1．书中实例的 DWG 文件及所用到的素材文件。

  2．书中实例的语音视频教学文件。

  3．赠送讲解 AutoCAD 基础操作及实例的语音视频教学文件。

配套资源下载地址：http://www.crphdm.com/2017/0512/13379.shtml。

本书约定

为便于阅读理解，本书在写作时遵从如下约定。

- 本书中出现的中文菜单和命令将用【】括起来，以示区分。此外，为了使语句更简洁易懂，本书中所有的菜单和命令之间以竖线"|"分隔。例如，单击【修改】菜单，再选择【移动】命令，就用【修改】|【移动】来表示。
- 用加号"+"连接的两个或 3 个键表示组合键，在操作时表示同时按下这两个或三个键。例如，Ctrl+V 是指在按下 Ctrl 键的同时，按下 V 字母键；Ctrl+Alt+F10 是指在按下 Ctrl 和 Alt 键的同时，按下功能键 F10。
- 在没有特殊指定时，单击、双击和拖动是指用鼠标左键单击、双击和拖动，右击是指用鼠标右键单击。

本书内容充实，结构清晰，功能讲解详细，实例分析透彻，适合 AutoCAD 的初级用户全面了解与学习，本书同样可作为各类高等院校和社会培训机构机械设计及其相关专业的教材。

本书主要由深圳市华加日西林实业有限公司的梁盛华、周文斌、彭永安编写，其中梁盛华负责编写第 1～7 章，周文斌负责编写第 8～14 章，彭永安负责编写第 15～20 章，在编写过程中得到了朋友和家人的大力支持与帮助，在此一并表示感谢。书中的错误和不足之处敬请广大读者批评指正。

编　者
2017 年 6 月

配套资源下载地址：
http://www.crphdm.com/2017/0512/13379.shtml

CONTENTS

目　录

第 1 章
机械工程图的基本知识

机械工程图样是机械设计和机械制造过程中的重要技术文件，是工程界的"技术语言"，是表达设计思想、指导生产和进行技术交流的重要工具。为了正确地绘制和阅读机械图样，必须熟悉和掌握相关的制图标准和规定。

1.1 图纸幅面及格式

国家标准《机械制图》是机械工程界的技术标准，它对图样的画法、尺寸标注法等制定了统一的国家标准，在绘制及阅读技术图样时必须严格遵守。

1.1.1 图纸幅面

图纸宽度（B）和长度（L）组成的图面称为图纸幅面。绘制图样时应优先采用表 1-1 中国标规定的 5 种图纸的尺寸，必要时可采用由基本幅面的短边成整数倍增后的幅面。基本幅面图纸的尺寸特点是：长边和短边的尺寸比为 $\sqrt{2}：1$，大于 A4 图纸的每一号图纸，可以裁成两张比它小一号的图纸。

表 1-1　基本幅面尺寸

幅面代号	A0	A1	A2	A3	A4
B×L	841×1198	594×841	420×594	297×420	210×297
a	25				
c	10			5	
e	20		10		

1.1.2 图框格式

图纸上必须用粗实线画出图框，其格式如图 1-1 和图 1-2 所示，分为留有装订边和不留装订边两种，但同一产品的图纸只能采用一种格式。

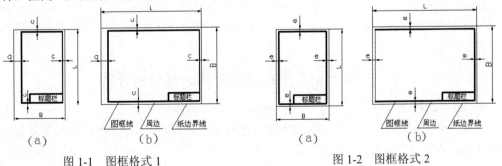

图 1-1　图框格式 1　　　　　　　　　图 1-2　图框格式 2

1.2 标题栏

标题栏一般由名称及代号区、签字区、更改区及其他区组成。标题栏的格式和尺寸按 GB/T 10609.1—2008 的规定，如图 1-3 所示。标题栏应位于图纸的右下角，如图 1-1 和图 1-2 所示，标题栏中的文字方向为看图方向。

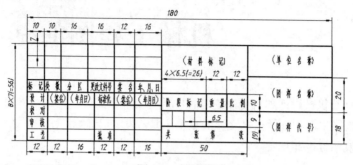

图 1-3 标题栏

1.3 比例

图样中图形的线性尺寸与其实物相应要素的线性尺寸之比称为比例。绘制图样时，无论采用放大还是缩小的比例，在标注尺寸时，均应按实物的实际尺寸标注。同一机件的各个视图应采用相同比例，并在标题栏"比例"一项中填写所用的比例。当机件上有较小或较复杂的结构需用不同比例时，可在视图名称的下方标注比例。表 1-2 为国家标准中推荐优先选取使用的绘图比例。

表 1-2 绘图比例

种 类	优 先 选 取
原值比例	1:1
放大比例	5:1　　　　　2:1 $5 \times 10^n:1$　$2 \times 10^n:1$　$1 \times 10^n:1$
缩小比例	1:2　　1:5　　1:10 $1:2 \times 10^n$　$1:5 \times 10^n$　$1:1 \times 10^n$

图样中书写的字体必须做到：字体工整、笔画清楚、间隔均匀、排列整齐。

字体高度（用 h 表示）的公称尺寸系列为：1.8mm，2.5mm，3.5mm，5mm，7mm，10mm，14mm，20mm。此系数的公比为 $\sqrt{2}$，如果要书写更大的字，其字体高度应按 $\sqrt{2}$ 的比率递增。字体高度代表字体的字号数。图样中字体可分为汉字、字母和数字。

1. 汉字

汉字应写成长仿宋字，并应采用国家正式公布的简化字。汉字的高度 h 应不小于 3.5mm，其字宽一般为 $h/\sqrt{2}$。书写长仿宋体的要点是：横平竖直、注意起落、结构匀称、填满方格。长仿宋体的示例如下：

横平竖直注意起落结构匀称填满方格

2. 字母及数字

字母和数字分为 A 型和 B 型。A 型字体的笔画宽度为字高的 1/4，B 型字体的笔画宽度为字高的 1/10。在同一图样上，只允许选用一种字形。一般采用 A 型斜体字，斜体字字头与水平线向右倾斜 75°。

1.4　图线线型及其应用

1.4.1　图线应用

机械图样中的图线分粗线和细线两种。图线宽度（b）应根据图形的大小和复杂程度在 0.5～2mm 之间选择。粗线与细线的宽度比率为 2∶1。图线宽度的推荐系列为：0.13，0.18，0.25，0.35，0.5，0.7，1，1.4，2（单位均为 mm）。在机械图样中，常用的图线及用法见表 1-3。

表 1-3　常用图线及应用

图线名称	图　线　形　式	图线宽度	主　要　用　处
粗实线	———————	b	可见轮廓线
细实线	———————	约 $b/2$	尺寸线，尺寸界线剖面线，重合断面的轮廓线，过渡线
波浪线	～～～～	约 $b/2$	断裂处的边界线，视图与剖视图的分界线
双折线	—／—／—	约 $b/2$	断裂处的边界线
细虚线	- - - - - -	约 $b/2$	不可见轮廓线
粗虚线	- - - - -	b	允许表面处理的表示线，如热处理
细点画线	—·—·—·—	约 $b/2$	轴线，对称中心线，孔系分布的中心线
粗点画线	—·—·—·—	b	限定范围表示线
细双点画线	—··—··—	约 $b/2$	相邻辅助零件的轮廓线，极限位置的轮廓线

1.4.2　图线画法

绘图时一般应遵循以下各点。

- 同一图样中的同类图线的宽度应基本一致。虚线、点画线及双点画线的线段长度和间隔应大致相等。
- 两条平行线（包括剖面线）之间的距离应不小于粗实线的两倍宽度，其最小距离不得小于 0.7mm。
- 绘制圆的对称中心线时，圆心应为线段的交点。点画线和双点画线的首末两端应是线段而不是短画线。在较小的图形上绘制点画线或双点画线有困难时，可用细实线代替，如图 1-4 所示。
- 轴线、对称中心线、双折线和作为中断线的双点画线，应超出轮廓线 2～5mm。
- 点画线、虚线和其他图线相交时，都应该在线段处相交，不应在空隙或短画线处相交。当虚线处于粗实线的延长线上时，粗实线应画到分界点，而虚线应留有空隙。当虚线圆弧和虚线直线相切时，虚线圆弧的线段应画到切点，而虚线直线需留有空隙，如图 1-5 所示。

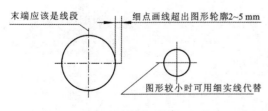

图 1-4　图线画法 1

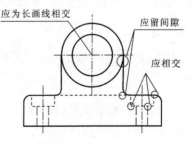

图 1-5　图线画法 2

1.5 剖视图

剖视图可以将机件的内部结构表达清楚,同时避免出现虚线。

1.剖视图的基本概念

假想用剖切平面将机件剖开,将处在观察者与剖切平面之间的部分移去,而将其余部分向投影面投影所得的图形,称为剖视图,如图1-6所示。

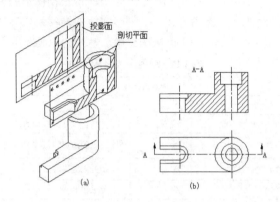

图1-6 剖视图

画剖视图时应注意以下几点。

- 确定剖切面位置时一般选择所需表达的内部结构的对称面,如孔的轴线、槽的对称面等结构,并且平行于基本投影面。
- 画剖视图时将机件剖开是假想的,并不是真把机件切掉一部分,因此除了剖视图之外,并不影响其他视图的完整性。
- 剖视图中,凡是已表达清楚的结构,虚线应省略不画。

2.剖视图的画法及标注

剖切面与机件实体接触部分称为断面(亦称剖面),画剖视图时应将断面以及剖切面后方的可见轮廓线用粗实线画出。在断面上应画出剖面符号,金属材料的剖面符号又称剖面线,一般画成与水平线成45°的等距细实线,剖面线向左或者向右倾斜均可,但同一个机件在各个剖视图中的剖面线倾斜方向应相同,间距应相等(在主要轮廓线与水平线成45°倾斜的剖视图中,为了图形清晰,剖面线应改为30°或60°的斜线,并且方向要和其他剖视图剖面线方向相近)。

画剖视图时,一般应在剖视图的上方用大写字母标注剖视图的名称"×-×",在相应的视图上用剖切符号表示剖切位置,同时在剖切符号的外侧画出与它垂直的细实线和箭头表示投影方向。剖切符号为线宽1～1.5b、长5～10mm的粗实线。剖切符号不应与图形的轮廓线相交,在箭头附近或转折处应标注相同的大写字母,字母一律水平书写。

提 示

对于同一零件来说,在同一张图样的各剖视图和断面图中,剖面线倾斜方向应一致,间隔要相同。

3.画剖视图应注意的问题

画剖视图时应注意以下问题。

- 剖切面是假想的,因此当机件的某一个视图画成剖视图后,其他视图仍应完整地画出。

- 剖切面后方的可见轮廓线应全部画出。
- 在剖视图中，一般应省略虚线。只有当不足以表达清楚机件的形状时，为了节省一个视图，才在剖视图上画出虚线。

4．剖视图的种类

按剖开机件范围的大小分为全剖视图、半剖视图、局部剖视图。

- 用剖切面将机件完全剖开所得到的剖视图，称为全剖视图。全剖视图可以由单一剖切面和其他几种剖切面剖切获得。全剖视图一般适用于外形较简单的机件。对于外形结构较复杂的机件，若采用全剖视图时，其尚未表达清楚的外形结构可以采用其他视图表示。
- 当机件具有对称平面，且向垂直于对称平面的投影面上投射时，可以以对称中心线为界，一半画成剖视图，另一半画成视图，这种图形叫半剖视图，如图 1-7 所示。半剖视图既表达了机件的外形，又表达了它的内部结构，适用于内、外形状都需要表达的对称机件。

画半剖视图时应注意以下几点。

只有当物体对称时，才能在与对称面垂直的投影面上画半剖视图。但当物体基本对称，而不对称的部分已在其他视图中表达清楚，这时也可以画成半剖视图。

在表示外形的半个视图中，一般不画细虚线。

半个剖视图和半个视图必须以细点画线分界。如果机件的轮廓线恰好和细点画线重合，则不能采用半剖视图，此时应采用局部剖视图。

半剖视图的标注仍符合剖视图的标注规定。

- 用剖切面局部地剖开机件所得的剖视图，称为局部剖视图，如图 1-8 所示。

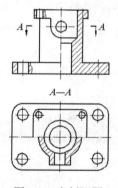

图 1-7　半剖视图

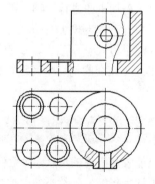

图 1-8　局部剖视图

从图 1-8 所示零件的两个视图可以看出：上下、左右、前后都不对称。为了使零件内部和外部都能表达清楚，它的两视图既不宜用全剖视图表达，也不能用半剖视图表达，而以局部剖开这个箱体为好，这样既能表达清楚内部结构，又能保留部分外形。

画局部剖视图时，应注意以下几点。

在局部剖视图中，可用波浪线或双折线作为剖开部分和未剖部分的分界线。画波浪线时，不应与其他图线重合。若遇到可见的孔、槽等空洞结构，则不应使波浪线穿空而过，也不允许画到外轮廓线之外。

当被剖切的结构为回转体时，允许将该结构的中心线作为局部剖视图与视图的分界线。

局部剖视图是一种比较灵活的表达方法，但在一个视图中，局部剖视图的数量不宜过多，以免使图形过于破碎。

局部剖视图的标注应符合剖视图的标注规定。

按剖切平面种类不同分为阶梯剖、旋转剖、组合剖、斜剖。

- 画半剖视图时要注意：半个视图和半个剖视图的分界线是细点画线，不是粗实线。因为图形对称，机件的内部结构形状已在半个剖视图中表达清楚，故在半个视图中应省略虚线。

- 局部剖视图要用波浪线与视图分界，波浪线可以看成是机件断裂面的投影，因此波浪线不能超出视图的轮廓线，不能穿过中空处，不允许与其他图线重合。

- 假想用两个相交的剖切平面剖开机件的方法称为旋转剖，如图 1-9 所示。

- 用几个平行于基本投影面的剖切平面剖开机件的方法称为阶梯剖。

- 假想用不平行于任何基本投影面的平面剖开机件的方法称为斜剖。

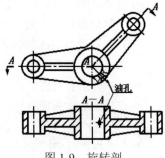

图 1-9　旋转剖

5. 剖视图标注小结

- 剖视图一般应用大写拉丁字母在剖视图上方标注出剖视图名称（×－×），在相应的视图上用剖切符号表示剖切面起止和转折位置及投射方向，并标注相同的字母。

- 当剖视图放在基本视图位置，中间又没有其他图形隔开时，可省略箭头。

- 当全剖视图或半剖视图的单一剖切平面通过机件的对称平面或基本对称平面，且剖视图放在基本视图位置，中间又没有其他图形隔开时，可省略标注。

- 用单一剖切平面进行剖切，剖切位置明显的局部剖视图可省略标注。

- 用不平行于基本投影面的剖切平面进行剖切所画的剖视图，若将图形转正时，除在图形上方标注字母（×－×）外，还应加注旋转符号。

- 当用几个相交的剖切平面进行剖切，并采用展开画法时，应在剖视图上方标注"×－×"展开。

1.6　尺寸标注

图形只能表达机件的形状，而机件的大小则由标注的尺寸确定。标注尺寸是一项极其重要的工作，必须认真仔细、一丝不苟，要求做到正确、完整、清晰、合理。国家标准 GB/T 4458.1—2002 对尺寸标注的基本方法做了一系列规定，在绘制过程中必须严格遵守。

1.6.1　基本规定

- 机件的真实大小应以图样上所标注的尺寸数值为依据，与图形的大小及绘图的准确度无关。

- 图样中（包括技术要求和其他说明）的尺寸，以 mm 为单位时，不需标注单位符号（或名称），如采用其他单位，则注明相应的单位符号。

- 图样中所标注的尺寸，为该图样所示机件的最后完工尺寸，否则应另加说明。

- 机件的每一尺寸，一般只标注一次，并应标注在反映该结构清晰的图形上。

1.6.2　尺寸要素

一个完整的尺寸一般应包括尺寸数字、尺寸线、尺寸界线和表示尺寸线终端的箭头或斜线，如图 1-10 所示。

- 尺寸界线：表示所注尺寸的起止范围，用细实线绘制，并应由图形的轮廓线、轴线或对称中心线作为尺寸界线。尺寸界线应超出尺寸线 2～3mm。尺寸界线一般应与尺寸线垂直，必要时才允许倾斜。
- 尺寸线：用细实线绘制。标注线性尺寸时，尺寸线必须与所标注的线段平行，相同方向的各尺寸线之间的距离要均匀，间隔应大于 5mm。尺寸线不能用图上的其他线代替，也不能与其他图线重合或在其延长线上，并应尽量避免与其他的尺寸线或尺寸界线相交叉。
- 尺寸线终端：可以有箭头和斜线两种形式，如图 1-11 所示。箭头适用于各种类型的图样。机械图样尺寸线终端画箭头，箭头应画成细长形，箭头尖端与尺寸界线接触，不得超出或离开；斜线用细实线绘制，当尺寸线的终端采用斜线时，尺寸线与尺寸界线必须垂直。在同一张图样中只能采用一种尺寸线终端形式。
- 尺寸数字：线性尺寸的数字一般注写在尺寸线的上方，也允许注写在尺寸线的中断处。当没有足够的位置注写尺寸数字时，可引出标注。

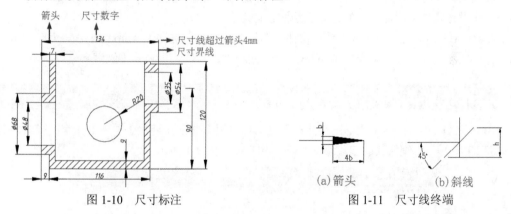

图 1-10　尺寸标注　　　　　　　　　　图 1-11　尺寸线终端

线性尺寸数字一般按图 1-12（a）所示的方法标注：水平方向的尺寸数字字头朝上；垂直方向的尺寸数字字头朝左；倾斜方向的尺寸数字字头趋于朝上。当必须在图中 30°范围内标注尺寸时，可按图 1-12（b）的形式标注。尺寸数字不允许被任何图线穿过，当不可避免时，必须将图线断开，如图 1-12（c）所示。

- 角度标注：尺寸界线应沿径向引出，尺寸线画成圆弧，圆心是角的顶点，尺寸数字应一律水平书写，如图 1-13（a）所示。角度标注一般注在尺寸线的中断处，必要时也可按图 1-13（b）的形式标注。

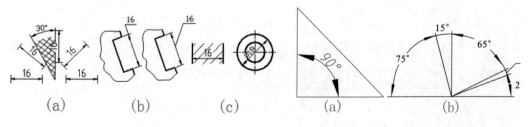

图 1-12　线性尺寸数字　　　　　　　　图 1-13　角度标注

国标还规定了一些注写在尺寸数字周围的标注尺寸的符号，例如，Φ 表示直径；t 表示板状零件厚度；R 表示半径；S 表示球面等。

第 2 章
AutoCAD 2017 入门

　　AutoCAD 是由美国 Autodesk 公司开发的通用计算机辅助设计软件，自 1982 年问世以来已经进行了 10 余次升级，其功能逐渐强大、日趋完善。AutoCAD 具有使用方便、交互式绘图、用户界面友好、体系结构开放等优点，同时它还具有开放式的结构、强大的二次开发能力和方便可靠的硬件接口，现已被广泛应用于机械、电子、建筑、汽车、测绘等各行业的设计工作中，是世界上工程设计领域应用最广泛的计算机绘图软件之一。

　　AutoCAD 2017 是 AutoCAD 系列软件中的最新版本，它贯彻了 Autodesk 公司为广大用户考虑的方便性和高效性，完全遵守 Windows 的界面标准，使广大用户易于掌握和学习。

2.1　操作界面

　　AutoCAD 2017 提供了【草图与注释】、【三维基础】、【三维建模】3 种工作空间模式。其中【草图与注释】是系统默认的工作空间，其工作界面如图 2-1 所示。

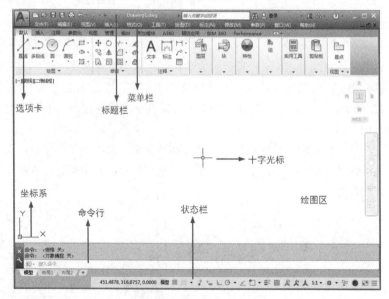

图 2-1　操作界面

2.1.1　标题栏

　　标题栏位于应用程序窗口的最上面，用于显示当前正在运行的程序名及文件名等信息。如果是 AutoCAD 的图形文件，其名称为 DrawingN.dwg（N 是数字，.dwg 是 AutoCAD 图形文件的扩展名）。单击标题栏右端的按钮 -ㅁ×，可以最小化、最大化或关闭程序窗口。

标题栏中的信息中心提供了多种信息来源。在文本框中输入要查询的问题或需要帮助的内容，单击【搜索】按钮 ，就可以获得相关的帮助；单击【登录】按钮 ，可以登录 Autodesk Online 服务；单击【应用程序】按钮，可以通过浏览器连接至 AutoCAD 网站，其中包含信息、帮助和下载内容，还可以访问 AutoCAD 社区；单击【帮助】按钮，可以访问 AutoCAD 2017 的帮助文件。

2.1.2 绘图区

工作界面中央的空白区域称为绘图窗口，也成为绘图区。

1．绘图窗口

绘图窗口是用户绘图的工作区域，所有的绘图结果都反映在这个窗口中。用户可以根据需要关闭其周围和里面的各个工具栏，以增大绘图空间。如果图纸比较大，需要查看未显示部分时，可以单击窗口右边与下边滚动条上的箭头，或拖动滚动条上的滑块来移动图样。在绘图窗口中除了显示当前的绘图结果外，还显示当前使用的坐标系类型及坐标原点和 X、Y、Z 轴的方向等。默认情况下，坐标系为世界坐标系（WCS）。

2．视口控件

视口控件显示在每个视口的左上角，提供更改视图、视觉样式和其他设置的便捷方式。

标签将显示当前视口的设置。例如，标签可能会读取【 - 】、【俯视】、【二维线框】，用户可以单击 3 个括号区域中的每一个项目来更改设置。

- 单击【 - 】号可显示选项，用于最大化视口、更改视口配置或控制导航工具的显示。
- 单击【俯视】以在几个标准和自定义视图之间选择。
- 单击【二维线框】来选择一种视觉样式。大多数其他视觉样式用于三维可视化。

3．WCS

WCS 是 AutoCAD 默认的、固定的坐标系，它包括 X 轴、Y 轴和 Z 轴。WCS 坐标轴的交汇处显示"口"字形标记，但坐标原点并不在坐标系的交汇点，而位于图形窗口的左下角，所有的位移都是相对于该原点计算的，并且沿 X 轴正向及 Y 轴正向的位移被规定为正方向，Z 轴由屏幕向外为其正方向。AutoCAD 还提供坐标系 UCS，即【用户坐标系】，用户可以选择、移动和旋转 UCS 图标以更改当前的 UCS。

4．光标

在绘图区域中，根据用户的操作更改光标的外观。

- 系统提示指定点位置，光标显示为十字光标。
- 系统提示选择对象时，光标将更改为一个称为拾取框的小方形。
- 未在命令操作中，光标显示为一个十字光标和拾取框光标的组合。
- 系统提示输入文字，光标显示为竖线。

上述光标按顺序显示如图 2-2 所示。

 提　示

　用户可以在【选项】对话框中更改十字光标和拾取框光标的大小。有关自定义这些元素和其他界面元素的详细信息，请参考【选项】对话框。

5．导航栏

导航工具栏如图 2-3 所示。

导航栏中有以下通用导航工具。

- ViewCube：指示模型的当前方向，并用于重定向模型的当前视图。
- SteeringWheels：用于在专用导航工具之间快速切换的控制盘集合。
- ShowMotion：用户界面元素，为创建和回放电影式相机动画提供屏幕显示，以便进行设计查看、演示和书签样式导航。
- 3Dconnexion：一套导航工具，用于使用 3Dconnexion 三维鼠标重新设置模型当前视图的方向。

导航栏中有以下特定于产品的导航工具。

- 平移：沿屏幕平移视图。
- 缩放工具：用于增大或减小模型当前视图比例的导航工具集。
- 动态观察工具：用于旋转模型当前视图的导航工具集。

图 2-2　显示效果　　　　　　　　　　　　图 2-3　导航栏

6．ViewCube 工具

ViewCube 是一种方便的工具，用来控制三维视图的方向。

7．【模型】和【布局】选项卡

绘图窗口的下方有【模型】和【布局】选项卡，单击它们可以在模型空间或图纸空间之间进行切换。

2.1.3　坐标系图标

坐标系图标位于绘图区的左下角，如图 2-4 所示。AutoCAD 2017 最大的特点在于它提供了使用坐标系统精确绘制图形的方法，用户可以准确地设计并绘制图形。AutoCAD 2017 中的坐标包括世界坐标系统（WCS）、用户坐标系统（UCS）等，系统默认的坐标系统为世界坐标系统。

图 2-4　坐标系图标

1．世界坐标系

世界坐标系统（World Coordinate System，WCS）是 AutoCAD 的基本坐标系统，当开始绘制图形时，AutoCAD 自动将当前坐标系设置为世界坐标系统。在二维空间中，它是由两个垂直并相交的坐标轴 X 和 Y 组成的，在三维空间中则还有一个 Z 轴。在绘制和编辑图形的过程中，世界坐标系的原点和坐标轴方向都不会改变。

世界坐标系坐标轴的交会处有一个“口”字形标记，它的原点位于绘图窗口的左下角，所有的位移都是相对于该原点计算的。在默认情况下，X 轴正方向水平向右，Y 轴正方向垂直向上，

Z轴正方向垂直屏幕平面向外，指向用户。

2. 用户坐标系统

在 AutoCAD 中，为了能够更好地辅助绘图，系统提供了可变的用户坐标系统（User Coordinate System，UCS）。在默认情况下，用户坐标系统与世界坐标系统相重合，用户可以在绘图的过程中根据具体需要来定义。

用户坐标的 X、Y、Z 轴，以及原点方向都可以移动或者旋转，甚至可以依赖于图形中某个特定的对象。尽管用户坐标系中 3 个轴之间仍然互相垂直，但是在方向及位置上却都有更大的灵活性。另外，用户坐标系统没有"口"字形标记。

3. 坐标的输入

在 AutoCAD 中，点的坐标可以用绝对直角坐标、绝对极坐标、相对直角坐标和相对极坐标来表示。在输入点的坐标时要注意以下几点。

- 绝对直角坐标是从（0,0）出发的位移，可以使用分数、小数或科学记数等形式表示点的 X、Y、Z 坐标值，坐标间用逗号隔开，如（4,5,6）。
- 绝对极坐标也是从（0,0）出发的位移，但它给定的是距离和角度。其中距离和角度用【<】分开，且规定 X 轴正向为 0°，Y 轴正向为 90°，如 10<60、25<45 等。
- 相对坐标是指相对于某一点的 X 轴和 Y 轴的位移，或距离和角度。它的表示方法是在绝对坐标表达式前加一个@号，如@5,10 和@6<30。其中，相对极坐标中的角度是新点和上一点连线与 X 轴的夹角。

在 AutoCAD 中，坐标的显示方式有 3 种，它取决于所选择的方式和程序中运行的命令。

- 【关】状态：显示上一个拾取点的绝对坐标，只有在一个新的点被拾取时，显示才会更新。但是，从键盘输入一个点并不会改变该显示方式，如图 2-5 所示。
- 绝对坐标：显示光标的绝对坐标，其值是持续更新的。该方式下的坐标显示是打开的，为默认方式，如图 2-6 所示。
- 相对坐标：当选择该方式时，如果当前处在拾取点状态，系统将显示光标所在位置相对于上一个点的距离和角度；当离开拾取点状态时，系统将恢复到绝对坐标状态。该方式显示的是一个相对极坐标，如图 2-7 所示。

2066.3958, 262.1474, 0.0000	2066.3958, 262.1474, 0.0000	1097.9562<338, 0.0000
图 2-5 坐标关	图 2-6 坐标开	图 2-7 显示相对极坐标

2.1.4 菜单栏

在自定义快速访问工具栏的弹出菜单中选择【显示菜单栏】，AutoCAD 2017 中文版的菜单栏就会出现在【功能区】选项板的上方，如图 2-8 所示。

| 文件(F) | 编辑(E) | 视图(V) | 插入(I) | 格式(O) | 工具(T) | 绘图(D) | 标注(N) | 修改(M) | 参数(P) | 窗口(W) | 帮助(H) |

图 2-8 菜单栏

菜单栏由【文件】、【编辑】、【视图】等命令组成，几乎包括了 AutoCAD 中全部的功能和命令。图 2-9 所示为 AutoCAD 2017 的【标注】菜单，从图中可以看到，某些菜单命令后面带【▶】、【…】、【Ctrl+O】、（W）之类的符号或组合键，用户在使用它们时应遵循以下约定。

- 命令后跟有【▶】符号，表示该命令之下还有子命令。
- 命令后跟有快捷键【(W)】，表示打开该菜单时，按下快捷键即可执行相应命令。
- 命令后跟有组合键【Ctrl+O】，表示直接按组合键即可执行相应命令。
- 命令后跟有【...】符号，表示执行该命令可打开一个对话框，以提供进一步的选择和设置。
- 命令呈现灰色，表示该命令在当前状态下不可以使用。

2.1.5　工具栏

快速访问工具栏位于应用程序窗口顶部（功能区上方或下方），可提供对定义的命令集的直接访问。AutoCAD 2017 的快速访问工具栏包含最常用操作的快捷按钮，方便用户使用。在默认状态下，快速访问工具栏中包含 7 个快捷按钮、【设置空间选项】按钮和【自定义快速访问工具栏】按钮。其中快捷按钮分别为【新建】、【打开】、【保存】、【另存为】、【打印】、【放弃】和【重做】按钮。自定义快速访问工具栏还可以添加、删除和重新定位命令和控件，以按用户的工作方式调整用户界面元素。还可以将下拉式菜单和分隔符添加到组中，并组织相关的命令。如果用户想在快速访问工具栏中添加或删除其他按钮，可以通过单击【自定义快速访问工具栏】按钮，在弹出的下拉菜单中进行设置，如图 2-10 所示。

图 2-9　【标注】菜单

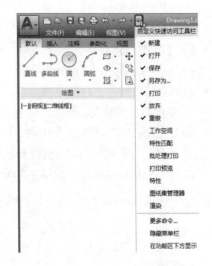

图 2-10　快速访问工具栏

2.1.6　命令行窗口

命令行窗口位于绘图窗口的底部，用于接收用户输入的命令，并显示 AutoCAD 的提示信息。在 AutoCAD 2017 中，命令行窗口可以拖放为浮动窗口，如图 2-11 所示。

AutoCAD 文本窗口是记录 AutoCAD 命令的窗口，是放大的命令行窗口，它记录了已执行的命令，也可以用来输入新命令。

在 AutoCAD 2017 中，打开文本窗口的常用方法有以下几种。

- 命令：TEXTSCR。

● 菜单命令：选择【视图】选项卡，在【窗口】面板中选择【用户界面】|【文本窗口】命令。

● 快捷键：按【F2】键。

按【F2】键打开 AutoCAD 文本窗口，它记录了对文档进行的所有操作，如图 2-12 所示。

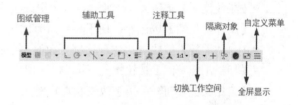

图 2-11　浮动窗口

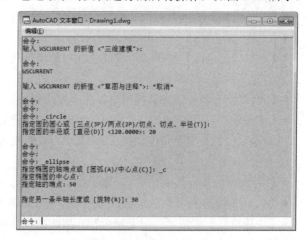

图 2-12　文本窗口

2.1.7　状态栏

状态栏位于 AutoCAD 操作界面的最下方，主要用于显示当前十字光标的坐标值，以及控制捕捉、栅格、正交、DUCS、DYN、线宽等选项的打开或关闭。AutoCAD 状态栏如图 2-13 所示。

状态栏各部分的作用工具和功能如下。

图 2-13　状态栏

1．坐标值

方便用户快速查看当前光标的位置，移动鼠标光标，坐标值也将随之变化。单击该坐标值区域，可关闭显示该功能。在 AutoCAD 中，坐标显示取决于所选择的模式和程序中运行的命令，共有【相对】、【绝对】和【地理】3 种模式。

2．辅助工具按钮组

用于设置 AutoCAD 的辅助绘图功能，均属于开关型按钮，即单击某个按钮，使其呈蓝底显示时表示启用该功能，再次单击该按钮使其呈灰底显示时则表示关闭该功能。其中各按钮的作用如下。

● 【推断约束】按钮：启用此模式后系统会自动在正在创建或编辑的对象与对象捕捉的关联对象或点之间应用约束。约束只在对象符合约束条件时才会应用，推断约束后不会重新定位对象。用户在创建几何图形时指定的对象捕捉将用于推断几何约束。但是，不支持交点、外观交点、延长线和象限点的对象捕捉，无法推断固定、平滑、对称、同心、等于和共线约束。

● 【捕捉模式】按钮：用于捕捉设定间距的倍数点和栅格点。

● 【栅格显示】按钮：用于在绘图区内显示栅格点，启用该功能后绘图区内自动显示栅格点。

- 【正交模式】按钮 ⌐：用于绘制二维平面图形的水平和垂直线段及正等轴测图中的线段。启用该功能后，光标只能在水平或垂直方向上确定位置，从而快速绘制水平线和垂直线。
- 【极轴追踪】按钮 ⌀ ▾：用于捕捉和绘制与起点水平线成一定角度的线段。
- 【对象捕捉】按钮 ▦：用于捕捉对象中的特殊点，如圆心、中点等。
- 【三维对象捕捉】按钮 ◈ ▾：用于捕捉三维对象中的特殊点，如顶点、边中点、面中点等。
- 【对象捕捉追踪】按钮 ∠：该功能和对象捕捉功能一起使用，用于追踪捕捉点在线性方向上与其他对象特殊点的交点。
- 【允许/禁止动态 UCS】按钮 ⌐：用于使用或禁止动态 UCS。
- 【动态输入】按钮 ⊢：用于使用动态输入。当开启此功能并输入命令时，十字光标附近将显示线段的长度及角度，按【Tab】键可在长度及角度值之间切换，并可输入新的长度及角度值。
- 【显示/隐藏线宽】按钮 ≡ ▾：用于在绘图区显示绘图对象的线宽。
- 【显示/隐藏透明度】按钮 ▦：用户可以控制对象和图层的透明度级别。
- 【快捷特性】按钮 ▤：用于禁止和开启快捷特性选项板。显示对象的快捷特性选项板，能帮助用户快捷地编辑对象的一般特性。
- 【选择循环】按钮 ▤：用于允许用户选择重叠的对象。
- 【模型】按钮 模型：用于转换到模型空间。
- 【快速查看布局】按钮 ▼：用于快速转换和查看布局空间。
- 【注释比例】按钮 ⚒ 1:1 / 100% ▾：用于更改可注释对象的注释比例。
- 【注释可见性】按钮 ⚒：用于显示所有比例的注释性对象。
- 【自动缩放】按钮 ⚒：注释比例更改时自动将比例添加至注释性对象。
- 【切换工作空间】按钮 ⚙ ▾：可以快速切换和设置绘图空间。
- 【自定义】按钮 ≡：用于改变状态栏的相应组成部分。
- 【全屏显示】按钮 ⛶：用于隐藏 AutoCAD 窗口中【功能区】选项板等界面元素，使 AutoCAD 的绘图窗口全屏显示。

3．状态栏菜单

在状态栏上单击【自定义】按钮 ≡，在弹出的快捷菜单中选择【显示】命令，系统即可弹出状态栏菜单。

2.1.8 快捷菜单

快捷菜单又称为上下文关联菜单。在绘图区域、工具栏、命令行、状态行、模型与布局选项卡及一些对话框上右击将会弹出不同的快捷菜单，该菜单中的命令与 AutoCAD 当前状态有关。它可以在不必启动菜单栏的情况下快速、高效地完成某些操作，使用也很方便。图 2-14 所示即为【草图与注释】空间模式下绘图区域中的快捷菜单。

图 2-14　【草图与注释】空间模式下的快捷菜单

2.1.9 【功能区】选项板

功能区由许多面板组成，这些面板被组织到各任务进行标记的选项卡中。功能区面板包含的很多工具和控件与工具栏和对话框中的相同。【功能区】选项卡位于绘图窗口的上方，用于显示基于任务的工作空间关联的按钮和控件。默认状态下，在【草图和注释】空间模式中，【功能区】选项板有 11 个选项卡：默认、插入、注释、参数化、视图、管理、输出、附加模块、Autodesk360、BIM360 和精选应用。每个选项卡包含若干个面板，每个面板又包含许多由图标表示的命令按钮，如图 2-15 所示。若想指定要显示的功能区选项卡和面板，在功能区上右击，然后在弹出的快捷菜单中单击或清除选项卡或面板的名称。

有些功能区面板会显示与该面板相关的对话框。对话框启动器由面板右下角的箭头图标表示。单击对话框启动器可以显示相关对话框，如图 2-16 所示。

图 2-15　【功能区】选项板　　　　　　　图 2-16　命令按钮

面板中没有足够的空间显示所有的工具按钮，面板标题中间的箭头按钮表示该面板是滑出式面板，可以展开该面板以显示其他工具和控件。在已打开的面板的标题栏上单击即可显示滑出式面板。默认情况下，当用户单击其他面板时，滑出式面板将自动关闭。若要使面板始终处于展开状态，单击滑出式面板左下角的图钉按钮。图 2-17 所示为单击【注释】选项卡中的【标注】按钮后的效果。

面板还具有浮动功能，如果用户从功能区选项板中拉出了面板，然后将其放入绘图区域或另一个监控器中，则该面板将在放置的位置浮动，如图 2-18 所示。浮动面板将一直处于打开状态，直到被放回功能区（即使在切换了功能区选项板的情况下也是如此）。

如果在某个工具按钮后面有下拉按钮，则表明该按钮下面还有其他的命令按钮，单击下拉按钮就会弹出菜单，显示其他的命令按钮。图 2-19 所示为单击【圆】命令按钮后面的下拉按钮所弹出的菜单。

图 2-17　单击【标注】按钮后的效果　　　图 2-18　浮动面板　　　图 2-19　下拉菜单

AutoCAD 2017 为了帮助用户了解每个工具的用途，当用户用光标指着某个工具按钮并停留一两秒时，光标的下面就会显示出该工具的提示信息，告诉用户此工具的功能和用法，同时显示出对该工具的简短说明及与该工具等价的命令行的命令名，如图 2-16 所示。

2.2　设置绘图环境

通常情况下，安装好 AutoCAD 2017 后就可以在其默认状态下绘制图形，但有时为了使用特殊的定点设备、打印机，或提高绘图效率，用户需要在绘制图形前先对系统参数进行必要的设置。

执行【工具】|【选项】命令，弹出【选项】对话框。在该对话框中包含【文件】、【显示】、【打开和保存】、【打印和发布】、【系统】、【用户系统配置】、【绘图】、【三维建模】、【选择集】、【配置】和【联机】11 个选项卡，如图 2-20 所示。

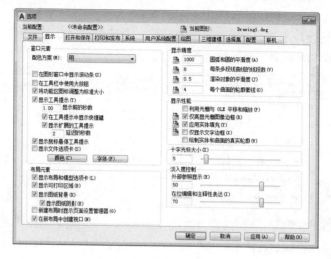

图 2-20　【选项】对话框

2.2.1　绘图单位设置

在 AutoCAD 2017 中，用户可以采用 1:1 的比例因子绘图。因此，所有的直线、圆和其他对象都可以以真实大小来绘制。例如，一个房间的进深是 3m，那么它也可以按 3m 的真实大小来绘制，在需要打印出图时，再将图形按图纸大小进行缩放。

下面将介绍如何设置绘图单位，其具体操作步骤如下。

Step 01 首先启动 AutoCAD 2017，在菜单栏中单击【格式】按钮，在弹出的下拉列表中选择【单位】选项，如图 2-21 所示。

Step 02 在弹出的【图形单位】对话框中设置绘图时使用的长度单位、角度单位，以及单位的显示格式和精度等参数，如图 2-22 所示。

图 2-21　选择【单位】选项

图 2-22　【图形单位】对话框

2.2.2　图形边界设置

在中文版 AutoCAD 2017 中，用户不仅可以通过设置参数选项和图形单位来设置绘图环境，还可以设置绘图图限。使用 LIMITS 命令可以在模型空间中设置一个想象的矩形绘图区域，也称为图限。它确定的区域是可见栅格指示的区域，也是执行【视图】|【缩放】|【全部】命令时决定显示多大图形的一个参数，如图 2-23 所示。

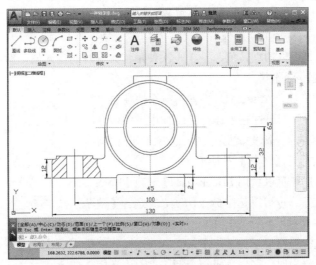

图 2-23　最大显示图形

2.3　AutoCAD 2017 的基本操作

任何一种软件都有其最基本的操作，AutoCAD 2017 也不例外。由于该软件友好的用户界面以及与 Word 类似的窗口设计，会使读者产生似曾相识的感觉，因此，更易于学习与记忆。

2.3.1　输入命令的方式

输入命令的方式有以下 3 种方式。

1．激活命令的方式

在 AutoCAD 中，【功能区】选项卡面板按钮、菜单命令、工具按钮、在命令行中输入命令、快捷菜单和系统变量大多是相互对应的，用户可以选择以下任何一种方式激活命令。

- 单击【功能区】选项板按钮执行命令。
- 菜单命令。
- 单击某个工具栏按钮执行命令。
- 使用命令行输入命令。
- 使用快捷菜单执行命令。
- 使用系统变量执行命令。

系统接收命令后会在命令行中显示命令选项及每一条指令的所选项，用户可根据提示信息按步骤完成命令。

2．使用命令行

在 AutoCAD 2017 中，用户可以在当前命令行提示下输入命令、对象参数等内容。其基本格式如下：

命令：_circle 指定圆的圆心或 [三点(3P)/两点(2P)/切点、切点、半径(T)]:
指定圆的半径或 [直径(D)] <50.0000>: 100

用户在使用时应遵循以下约定。

- 【[　]】是系统提供的选项，用【/】隔开。
- 【（　）】是执行该选项的快捷键。
- 【<　>】是系统提供的默认值，是上一次使用该命令时的输入值，默认值如满足要求，用户可直接按【Enter】键。

在【命令行】中右击，AutoCAD 将弹出一个快捷菜单，如图 2-24 所示。用户可以通过它来选择最近使用过的命令、复制选定的文字或全部命令历史、粘贴文字，对图形进行平移、缩放等操作，还可以打开【选项】对话框。

在命令行中，用户还可以使用【Backspace】键或【Delete】键删除命令行中的文字；也可以选中命令历史，并选择【粘贴到命令行】命令，将其粘贴到命令行中。

在绘图窗口，光标通常显示为【＋】形式。当光标移至菜单选项、工具与对话框中时，它会变成一个箭头。无论光标是【＋】形式还是箭头形式，当单击或者拖动鼠标键时，都会执行相应的命令或动作。在 AutoCAD 中，鼠标键是按照下述规则定义的。

图 2-24　快捷菜单

- 拾取键：通常指鼠标左键，用于指定屏幕上点的位置，也可以用来指定编辑对象、选择菜单选项、对话框按钮、工具栏按钮和菜单命令等。单击、双击都是对拾取键而言的。
- 【Enter】键：指鼠标右键，相当于【Enter】键，用于结束当前使用的命令。鼠标右键的操作取决于上下文，常用于右击弹出快捷菜单的操作。
- 鼠标滑轮：可以转动或按下。用户可以使用滑轮在图形中进行缩放和平移，而无须使用任何命令。

转动滑轮，图形将向前，放大；向后，缩小。默认情况下，缩放比例设定为 10%；每次转动滑轮都将按 10% 的增量改变缩放级别。

按住滑轮按钮并拖动鼠标：光标将变为【平移】光标，用户可以进行平移操作。

双击滑轮按钮：缩放到图形范围。

按住【Ctrl】键及滑轮按钮并拖动鼠标：使用操纵杆平移图形。

提　示

- 当使用【Shift】键和鼠标右键的组合时，系统将弹出一个快捷菜单设置捕捉点的方法。
- 利用 ZOOMFACTOR 系统变量可控制每次转动滚轮的增量变化，无论是向前还是向后。其数值越大，增量变化就越大。

3．使用键盘输入命令

在 AutoCAD 中，大部分的绘图、编辑功能都需要通过键盘输入来完成。用户可通过键盘输入命令和系统变量。此外，键盘还是输入文本对象、数值参数、点的坐标和进行参数选择的唯一方法。

2.3.2　实例——使用透明命令

在 AutoCAD 2017 中，透明命令是指在执行其他命令的过程中可以执行的命令。例如，用户在画圆时希望缩放视图，这时可以透明地激活 ZOOM 命令，即在输入的透明命令前输入单引号，或单击工具栏命令图标。完成透明命令后，将继续执行画圆命令。

许多命令和系统变量都可以穿插使用透明命令，这对编辑和修改大图形特别方便。常使用的透明命令多为修改图形设置的命令和绘图辅助工具命令，如 PAN、SNAP、GRID、ZOOM 等命令。命令行中透明命令的提示前有【>>】作为标记。

Step 01 启动 AutoCAD 2017 后，打开配套资源中的素材\第 2 章【轴承座.dwg】图形文件，如图 2-25 所示。

Step 02 在命令行中输入 C 命令，按【Enter】键进行确认，在命令行中输入'zoom 命令，如图 2-26 所示，并按【Enter】键确认。

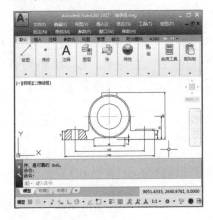

图 2-25　打开素材文件

图 2-26　执行'zoom 命令

Step 03 选择要放大的图形，如图 2-27 所示。

Step 04 恢复圆命令后，在适当的位置绘制一个半径为 15 的圆，效果如图 2-28 所示。

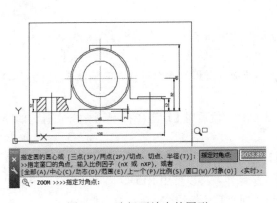

图 2-27　选择要放大的图形

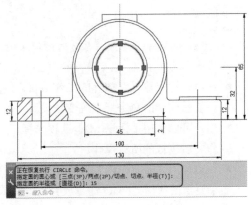

图 2-28　绘制圆

2.3.3　使用系统变量

系统变量用于控制 AutoCAD 2017 的某些功能和设计环境、命令的工作方式，它可以打开或关闭捕捉、栅格或正交等绘图模式，设置默认的填充图案，或存储当前图形和 AutoCAD 配置的有关信息。

系统变量通常有 6～10 个字符长的缩写名称。许多系统变量有简单的开关设置。用户可以在对话框中修改系统变量，也可以直接在命令行中修改系统变量。如 GRIDMODE 系统变量用来显示或关闭栅格，当在【输入 GRIDMODE 的新值<1>：】提示下输入 0 时可以关闭栅格显示，输入 1 时可以打开栅格显示。它实际上与 GRID 命令等价。有些系统变量则用来存储数值或文字，如 DATE 系统变量用来存储当前日期。

2.3.4　重复命令

在 AutoCAD 2017 中，用户可以使用多种方法来重复执行 AutoCAD 命令。

- 要重复执行上一个命令，可以按【Enter】键或空格键，或在绘图区域中右击，从弹出的快捷菜单中选择【重复】命令。
- 要重复执行最近使用的 6 个命令中的某一个命令，可以在命令窗口或文本窗口中右击，从弹出的快捷菜单中选择【最近使用的命令】子菜单中最近使用过的 6 个命令之一。
- 多次重复执行同一个命令，可以在命令提示下输入 MULTIPLE 命令，然后在【输入要重复的命令名：】提示下输入需要重复执行的命令。这样，AutoCAD 将重复执行该命令，直到用户按【Esc】键为止。

2.3.5　取消操作

在命令执行过程中，用户可以随时按【Esc】键终止执行任何命令，因为【Esc】键是 Windows 程序用于取消操作的标准键。

2.3.6　重做命令

在 AutoCAD 中用户可以使用 UNDO 命令按顺序放弃最近一个或撤销前面进行的多步操作。在命令提示行中输入 UNDO 命令，或单击快速访问工具栏按钮 ↶· 执行命令。这时命令提示行显示如下信息。

命令：UNDO
输入要放弃的操作数目或 [自动(A)/控制(C)/开始(BE)/结束(E)/标记(M)/后退(B)] <1>：
各选项意义如下。

- 在命令行中输入要放弃的操作数目。例如，要放弃最近的 5 个操作，应输入 5。AutoCAD 将显示放弃的命令或系统变量设置。
- 用户可以使用【标记(M)】选项来标记一个操作，然后用【后退(B)】选项放弃在标记的操作之后执行的所有操作。
- 可以使用【开始(BE)】选项和【结束(E)】选项来放弃一组预先定义的操作。

如果要重做使用 UNDO 命令放弃前一步或几步操作，可以使用 REDO 命令来进行。用户可以在命令提示行中输入 REDO 命令，或单击快速访问工具栏按钮 ↷· 执行命令。

2.3.7　坐标系

1．使用坐标系

在绘图过程中要对某个对象定位时，必须以某个坐标系作为参照，以便精确拾取点的位置。AutoCAD 中坐标系包括世界坐标系（WCS）和用户坐标系（UCS）。

（1）世界坐标系

WCS 是固定的坐标系，是 AutoCAD 默认的坐标系，其图标如图 2-29（a）所示。它包括 X 轴、Y 轴和 Z 轴。WCS 坐标轴的交汇处显示"口"字形标记，但坐标原点并不在坐标系的交汇点，而位于图形窗口的左下角。所有的位移都是相对于该原点计算的，并且沿 X 轴正向及 Y 轴正向的位移被规定为正方向，Z 轴由屏幕向外为其正方向。

（2）用户坐标系

在 AutoCAD 中，为了能够更好地辅助绘图，用户经常需要修改坐标系的原点和方向，这时世界坐标系将变为用户坐标系，即 UCS，如图 2-29（b）所示。UCS 的原点以及 X、Y、Z 轴方向都可以移动及旋转，甚至可以依赖于图形中某个特定的对象。尽管用户坐标系中 3 个轴之间仍然互相垂直，但是在方向及位置上却有更大的灵活性，其命令的调用方法如下。

- 在【视图】选项卡的【坐标】面板中，单击 UCS 按钮。
- 在命令行中执行 UCS 命令。

执行上述操作后，命令行提示：指定 UCS 的原点或 [面（F）/命名（NA）/对象（OB）/上一个（P）/视图（V）/世界（W）/X/Y/Z/Z 轴（ZA）] <世界>:，在该提示下可以选择相应的坐标系进行操作。

在 AutoCAD 2017 中，还可以通过在菜单栏中选择【工具】|【新建 UCS】命令，选择需要的坐标系，如图 2-30 所示。

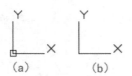

图 2-29　世界坐标系和用户坐标系的区别　　　　图 2-30　选择需要的坐标系

其中，各项 UCS 的含义介绍如下。

- UCS 按钮：启动 UCS 图标。
- 【已命名】按钮：管理已经定义的用户坐标系。
- 【世界】按钮：将 UCS 设置为世界坐标系。
- 【原点】按钮：移动原点来定义新的 UCS。

- X 按钮 : 绕 X 轴旋转当前 UCS。
- Y 按钮 : 绕 Y 轴旋转当前 UCS。
- Z 按钮 : 绕 Z 轴旋转当前 UCS。
- 【Z 轴矢量】按钮 : 用指定的正 Z 轴定义 UCS。
- 【在原点处显示 UCS 图标】按钮 : 仅在原点处显示 UCS 图标。
- 【视图】按钮 : 建立新的坐标系使其 XY 平面平行于屏幕。
- 【对象】按钮 : 基于选定对象定义新坐标系。
- 【面 UCS】按钮 : 基于选定的面定义新坐标系。
- 【三点】按钮 : 指定新的 UCS 原点及 X 轴、Y 轴方向。
- 【UCS 图标】按钮 : 控制 UCS 图标样式、大小和颜色等属性。

2．坐标的表示方法

在 AutoCAD 2017 中，点的坐标可以使用绝对直角坐标、绝对极坐标、相对直角坐标和相对极坐标 4 种方法表示，下面进行详细讲解。

（1）绝对直角坐标

笛卡儿坐标是从坐标原点开始，定位所有的点。可以使用分数、小数或科学计数等形式表示点的 X、Y、Z 坐标值，坐标间用逗号隔开。如图 2-31 中 A（2,2）点所示。

（2）绝对极坐标

极坐标使用距离和角度来定位点。按逆时针方向定义角度，规定 X 轴的正向为 0°，逆时针方向为正，顺时针方向为负。表示方法为输入距离和角度用【<】分开，如图 2-32 中所示的 C（40<40）点。

（3）相对直角坐标

相对直角坐标用于确定某点相对于前一点（而不是原点）的位置，它的表示方法是在笛卡儿坐标表达方式前加上【@】号。例如，如果上一点的笛卡儿坐标是（10,15），输入@5,8 后，所得到的点的笛卡儿坐标为（15,23）。图 2-31 中 B 点相对于 A 点的坐标为（@4,4）。

（4）相对极坐标

相对极坐标是指相对于某一点的距离和角度。它的表示方法是在极坐标表达方式前加上【@】号，如（@12<45）、（@70<-105），其中的角度是新点和上一点连线与 X 轴的夹角。如图 2-32 所示中 D 点相对于 C 点的坐标为（@50<60）。

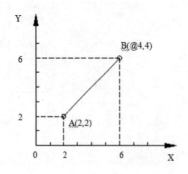

图 2-31　绝对、相对直角坐标

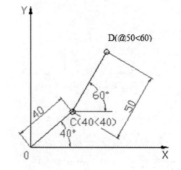

图 2-32　绝对、相对极坐标

3．控制坐标的显示

在绘图窗口中移动光标时，状态栏上将动态地显示当前位置的坐标。在 AutoCAD 2017 中，坐标显示取决于所选择的模式和程序中运行的命令，用户可以在状态栏坐标显示处右击，在弹出的快捷菜单中选择坐标显示的方式，共有 4 种。

- 特定：此模式显示上一个拾取点的绝对坐标，坐标不能动态更新，在拾取一个新点时，显示才会更新。但从键盘输入新点坐标时，状态栏的显示不会更新。
- 绝对：此模式显示光标的绝对坐标，坐标值动态更新。它是 AutoCAD 的默认方式。
- 相对：此模式显示光标的相对极坐标。当处在拾取点状态时，系统将显示光标所在位置相对于上一个点的距离和角度；当离开拾取点状态时，系统将恢复到绝对的模式下。
- 地理：光标显示地理位置的纬度和经度值。

2.3.8　管理图形文件

1．创建新图形文件

创建新图形文件的方法有如下 4 种。

- 单击【应用程序】按钮：在弹出的菜单中选择【新建】|【图形】命令。
- 快速访问工具栏：【新建】按钮。
- 菜单命令：【文件】|【新建】。
- 命令行：NEW。

启动新建命令后系统会打开【选择样板】对话框，如图 2-33 所示。

图 2-33　【选择样板】对话框

在【选择样板】对话框的文件类型中选择【图形（*.dwg）】，在打开方式中创建新图形。利用这种方式可以根据自己的需要对绘图环境进行设置，创建自己的模板，并将其保存为*.dwt 文件，在绘图时调用。建议初学者用这种方式开始绘制一幅新图。

在【选择样板】对话框的文件类型中选择【图形样板（*.dwt）】，在样板列表框中选中某一样板文件，这时在对话框右侧的【预览】框中将显示出该样板的预览图像。单击【打开】按钮，以选中的样板文件为样板，创建新图形。

样板文件中通常包含有与绘图相关的一些通用设置，如图层、线型、文字样式、尺寸标注样式等。此外还可以包括一些通用图形对象，如标题栏、图幅框等。利用样板创建新图形，可以避免每次绘制新图形时要进行的有关绘图设置、绘制相同图形对象等重复操作，从而提高了绘图效率，而且还保证了图形的一致性。

根据 AutoCAD 提供的样板文件创建新图形文件后，AutoCAD 一般情况下要显示出布局。例如，以样板文件 Tutorial-mArch 创建新图形文件后，可以得到图 2-34 所示的结果。

通过绘图窗口的选项卡可以看出，图 2-34 所示布局的名称为【Architectural 标题栏】。AutoCAD 的布局主要用于打印图形时确定图形相对于图纸的位置，但在绘图过程中还需要切换到模型空间，这时只需要单击【模型】选项卡。

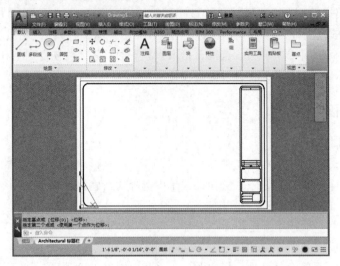

图 2-34　显示效果

2．打开图形文件

打开图形文件的方法有如下 4 种。

- 单击【应用程序】按钮：在弹出的菜单中选择【打开】|【图形】命令。
- 快速访问工具栏：【打开】按钮。
- 菜单命令：【文件】|【打开】。
- 命令行：OPEN。

启动命令后，系统会弹出【选择文件】对话框，如图 2-35 所示。在【选择文件】对话框的文件列表框中，选择需要打开的图形文件，在右侧的【预览】框中将显示出该图形的预览图像。默认情况下，打开的图形文件的格式为*.dwg 格式。

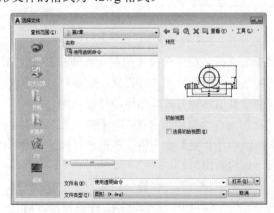

图 2-35　【选择文件】对话框

在 AutoCAD 中，用户可以用【打开】、【以只读方式打开】、【局部打开】和【以只读方式局部打开】4 种方式打开图形文件。当以【打开】、【局部打开】方式打开图形时，用户可以对打开的图形进行编辑；如果【以只读方式打开】、【以只读方式局部打开】方式打开图形时，用户则无法对打开的图形进行编辑。

如果用户选择用【局部打开】、【以只读方式局部打开】方式打开图形，这时将弹出【局部打开】对话框，如图 2-36 所示。用户可以在【要加载几何图形的视图】选项组中选择要打开的视图，在【要加载几何图形的图层】选项组中选择要打开的图层，然后单击【打开】按钮，即可在选定视图中打开选中图层上的对象。

3．打开多个图形文件

打开多个图形文件的方法有如下两种。

- 快速访问工具栏：【视图】选项卡|【界面】面板，如图 2-37 所示。
- 菜单命令：【窗口】|【层叠/水平平铺/垂直平铺/排列图标】。

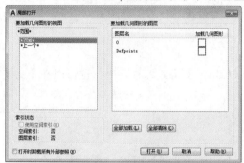

图 2-36　【局部打开】对话框　　　　图 2-37　【界面】面板

当用户需要快速参照其他图形、在图形之间复制和粘贴，或者使用定点设备，右击将所选对象从一个图形拖动到另一个图形中时，可以在单个 AutoCAD 任务中打开多个图形。

如果打开了多个图形文件，只要在该图形的任意位置单击便可将其激活。使用【Ctrl+F6】组合键或【Ctrl+Tab】组合键可以在打开的图形之间来回切换。但是，在某些时间较长的操作（例如，重生成图形）期间，不能切换图形。

使用【窗口】菜单可以控制在 AutoCAD 任务中显示多个图形的方式。既可以使打开的图形层叠显示，也可以将它们垂直或水平平铺，图 2-38 所示为用【层叠】方式打开多个文件的情况。如果有多个最小化图形，可以使用【排列图标】选项，使 AutoCAD 窗口中最小化图形的图标整齐排列；也可以从【窗口】菜单底部打开的图形列表中选择图形。

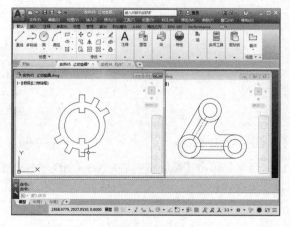

图 2-38　用【层叠】方式打开多个文件

4．保存图形文件

保存图形文件的方法有如下 4 种。

- 单击【应用程序】按钮A：在弹出的菜单中选择【保存】命令。
- 快速访问工具栏：【保存】按钮。
- 菜单命令：【文件】|【保存】。
- 命令行：QSAVE。

如果图形已命名，QSAVE 保存图形时就不显示【图形另存为】对话框，如图 2-39 所示。如果图形未命名，则显示【图形另存为】对话框。输入文件名并保存图形。也可以选择【另存为】命令，将当前图形以新的名字保存。QSAVE 命令只能在命令行中使用。

另存为图形文件的方法有如下 3 种。

- 单击【应用程序】按钮A：在弹出的菜单中选择【另存为】命令。
- 菜单命令：【文件】|【另存为】。
- 命令行：SAVEAS。

默认情况下，文件以【AutoCAD 2013 图形（*.dwg）】格式保存，用户也可以在【文件类型】下拉列表框中选择其他格式。

5．关闭图形文件

关闭图形文件的方法有如下 3 种。

- 单击【应用程序】按钮A：在弹出的菜单中选择【关闭】|【当前图形】命令。
- 菜单命令：【文件】|【关闭】。
- 命令行：CLOSE。

在绘图窗口中单击【关闭】按钮X也可以关闭当前的图形文件。

启动关闭命令后，如果当前图形没有保存，系统会打开 AutoCAD 警告对话框，询问是否保存文件，如图 2-40 所示。此时，单击【是】按钮或直接按【Enter】键，可以保存当前图形并将其关闭；单击【否】按钮，可以关闭当前图形但不保存；单击【取消】按钮则取消关闭当前图形文件操作，文件既不保存也不关闭。

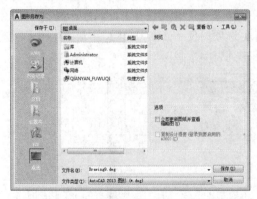

图 2-39 【图形另存为】对话框

图 2-40 【AutoCAD】对话框

如果当前图形文件没有命名，单击【是】按钮后，AutoCAD 将打开【图形另存为】对话框，要求用户确定图形文件存放的位置和名称。

6．退出系统

退出系统的方法有如下 3 种。

- 单击【应用程序】按钮■：在弹出的菜单中选择【退出 AutoCAD】命令。
- 菜单命令：【文件】|【退出】。
- 命令行：QUIT。

在标题栏中单击【关闭】按钮■也可以退出系统。

如果图形自最后一次保存后没有再修改，可直接退出 AutoCAD。如果图形已经修改，则在退出前系统会提示保存或放弃所做的修改。

2.4　综合应用——绘制挡圈

下面将通过实例来讲解如何绘制挡圈，其中主要使用坐标点、圆、偏移命令进行绘制，具体操作步骤如下。

Step 01 在命令行中输入 C 命令，按【Enter】键进行确认，在命令行中输入 0,0，按【Enter】键进行确认，将圆的半径设置为 200，如图 2-41 所示。

Step 02 在命令行中输入 O 命令，按【Enter】键进行确认，抬取 Step 01 绘制的圆，将圆内外侧偏移 10，如图 2-42 所示。

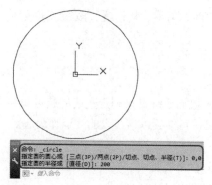

图 2-41　绘制圆

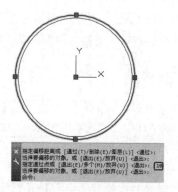

图 2-42　偏移对象

Step 03 在命令行中输入 C 命令，在命令行中输入 0,0，作为圆的圆心，分别绘制 60、100 的同心圆，如图 2-43 所示。

Step 04 再次使用【圆】工具，在命令行中输入 "-150,-23" 命令，将圆的半径设置为 20，如图 2-44所示。

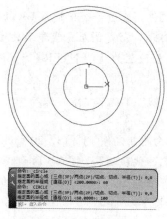

图 2-43　绘制同心圆

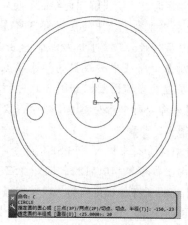

图 2-44　绘制圆

第 3 章
机械绘图工具

无论多么复杂的图形都是由普通图形组成的，而普通的图形则由点、面、线组成，本章将重点讲解默认的机械绘图工具，包括点、面、线图形绘制工具，通过本章的学习可以掌握基本绘图工具的使用方法。

3.1 直线类

线是 AutoCAD 中默认的图形对象之一，它包括直线、射线、构造线、多线、多段线、样条曲线和修订云线等，是构成图形最基本的元素之一。

3.1.1 直线段

直线命令用于绘制两点之间的线段，用户可以通过鼠标或键盘来确定直线的起点和终点。直线是 AutoCAD 中比较简单的对象，当绘制一条线段后，可继续以该线段的终点作为起点，然后指定另一终点，从而绘制首尾相连的封闭图形。

在 AutoCAD 2017 中，执行【直线】命令的方法有以下几种。

- 在菜单栏中执行【绘图】|【直线】命令。
- 在【默认】选项卡的【绘图】组中单击【直线】按钮。
- 在命令行中输入 LINE 命令。

3.1.2 实例——导柱

下面将通过实例讲解如何绘制导柱，具体操作步骤如下。

Step 01 打开配套资源中的素材\第 3 章\【导柱-素材.dwg】文件，在命令行中输入 LAYER 命令，弹出【图层特性管理器】选项板，单击【新建图层】按钮，新建图层并重命名为【中心线】和【轮廓】，将【中心线】的颜色设置为【红】，将线型设置为【CENTER】，并将【中心线】图层置为当前图层，如图 3-1 所示。

Step 02 在命令行中输入 LINE 命令，绘制一条长度为 50 的水平线及一条长度为 185 的垂直线段，如图 3-2 所示。

Step 03 在命令行中输入 OFFSET 命令，将垂直线段分别向两侧偏移 13、15、20 的距离，将水平线段向上偏移 8、10、122、125、152、155、180 的距离，偏移效果如图 3-3 所示。

Step 04 选择所有偏移得到的线段，在【默认】选项卡中单击【图层】面板，在弹出的下拉菜单中选择图层选项，在其下拉列表中选择【轮廓】图层，如图 3-4 所示。

Step 05 在命令行中输入 TRIM 命令，对图形对象进行修剪，修剪效果如图 3-5 所示。

Step 06 在命令行中输入 FILLET 命令，根据命令行的提示将半径设置为 5，对导柱最上方的两个角进行圆角处理，圆角效果如图 3-6 所示。

Step 07 在命令行中输入 LINE 命令，连接圆角的两个端点，然后将图层更改为【轮廓】图层，效果如图 3-7 所示。

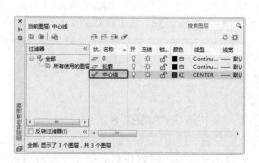

图 3-1　新建图层并设置参数

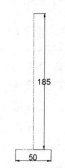

图 3-2　绘制线段

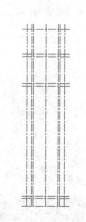

图 3-3　偏移效果

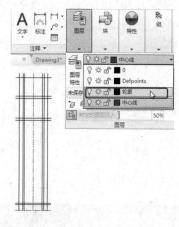

图 3-4　选择【轮廓】图层

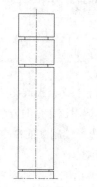

图 3-5　修剪效果

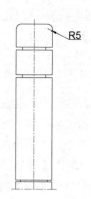

图 3-6　圆角效果

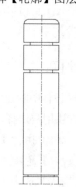

图 3-7　连接效果

3.1.3　构造线

构造线只有方向，没有起点和终点，一般作为辅助线使用。

在 AutoCAD 2017 中，执行【构造线】命令的方法有以下几种。

● 在菜单栏中执行【绘图】|【构造线】命令。

- 在【默认】选项卡的【绘图】组中单击【绘图】下拉按钮 绘图 ▼ ，在弹出的下拉列表中单击【构造线】按钮 ↗。
- 在命令行中输入 XLINE 命令。

执行上述命令后，具体操作过程如下。

命令：XLINE （执行 XLINE 命令）
指定点或 [水平(H)/垂直(V)/角度(A)/二等分(B)/偏移(O)]: （指定方向和位置）
指定通过点： （指定通过点坐标确定构造线方向）

在执行命令的过程中，各选项的含义如下。

- 水平：选择该选项即可绘制水平的构造线。
- 垂直：选择该选项即可绘制垂直的构造线。
- 角度：选择该选项即可按指定的角度创建一条构造线，如图 3-8 所示。
- 二等分：选择该选项即可创建已知角的角平分线。使用该选项创建的构造线平分指定的两条线间的夹角，且通过该夹角的顶点，如图 3-9 所示。绘制角平分线时，系统要求用户依次指定已知角的顶点、起点及终点。
- 偏移：选择该选项即可创建平行于另一个对象的平行线，如图 3-10 所示。这条平行线可以偏移一段距离与对象平行，也可以通过指定的点与对象平行。

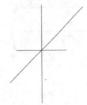  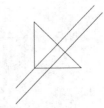

图 3-8　创建构造线　　　　图 3-9　等分角效果　　图 3-10　创建平行于另一个对象的平行线

3.2　圆类图形

在 AutoCAD 2017 中，圆类图形主要包括圆、圆弧、椭圆、椭圆弧、圆环，主要用来绘制孔、轴、轮、柱等图形对象，下面将对其进行详细介绍。

3.2.1　绘制圆

圆是机械设计中默认的图形对象之一，主要用来绘制孔、轴、轮、柱等。AutoCAD 提供了多种绘制圆的方式供用户选择，系统默认通过指定圆心和半径进行绘制。调用该命令的方法如下。

- 在菜单栏中执行【绘图】|【圆】命令，在弹出的子菜单中选择绘制圆的命令。
- 在【默认】选项卡的【绘图】组中单击【圆心，半径】按钮 ⊙。
- 在【默认】选项卡的【绘图】组中单击【圆】按钮 ⊞，在弹出的下拉列表中选择相应的命令绘制圆。
- 在命令行中输入 CIRCLE 或 C 命令。

3.2.2　实例——绘制吊钩

下面将通过实例讲解如何绘制挡圈，具体操作步骤如下。

Step 01 打开配套资源中的素材\第 3 章\【吊钩-素材.dwg】文件，在命令行中输入 LAYER 命令，

弹出【图层特性管理器】选项板，单击【新建图层】按钮，新建图层并重命名为【中心线】和
【轮廓】，将【中心线】的颜色设置为【红】，将线型设置为【CENTER】，并将【中心线】图
层置为当前图层，如图 3-11 所示。

Step 02 在命令行中输入 LINE 命令，绘制两条互相垂直且长度为 200 的水平和垂直线段，如图 3-12
所示。

图 3-11　新建图层并设置参数

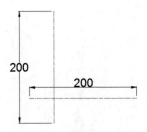

图 3-12　绘制线段

Step 03 在命令行中输入 OFFSET 命令，将水平线段向下偏移 15、向上偏移 110 的距离，将垂直
线段向右偏移 58、67 的距离，偏移效果如图 3-13 所示。

Step 04 将【轮廓】图层置为当前图层。在命令行中输入 CIRCLE 命令，以 A 点为圆心绘制两个
半径为 10、20 的圆，以 B 点为圆心绘制一个半径为 20 的圆，以 C 点为圆心绘制一个半径为 40
的圆，以 D 点为圆心绘制两个半径分别为 20、60 的圆，以 E 点为圆心绘制一个半径为 48 的圆，
绘制效果如图 3-14 所示。

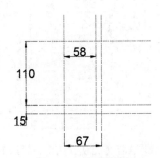

图 3-13　偏移效果

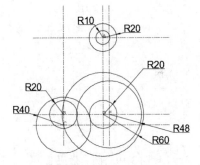

图 3-14　绘制圆效果

Step 05 在命令行中输入 OFFSET 命令，将 AD 点所在垂直线段向两侧偏移 15 的距离，偏移效果
如图 3-15 所示。

Step 06 选择偏移得到的两条垂直线段，将其转换到【轮廓】图层，转换后的显示效果如图 3-16 所示。

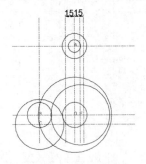

图 3-15　偏移效果

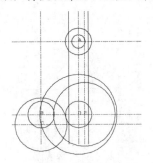

图 3-16　转换图层效果

Step 07 在命令行中输入 FILLET 命令，根据命令行的提示将圆角半径设置为 20，选择上面最大的圆，分别与左右侧黑色的垂直线段进行圆角处理，圆角效果如图 3-17 所示。

Step 08 在命令行中输入 FILLET 命令，根据命令行的提示将圆角半径设置为 40，选择最右侧黑色的垂直线段与半径为 48 的圆进行圆角处理，圆角效果如图 3-18 所示。

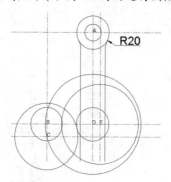

图 3-17　圆角效果 1

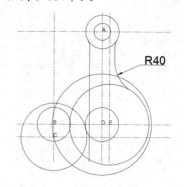

图 3-18　圆角效果 2

Step 09 在命令行中输入 FILLET 命令，根据命令行的提示将圆角半径设置为 60，选择最左侧黑色的垂直线段与以 D 点为圆心，半径为 20 的圆进行圆角处理，圆角效果如图 3-19 所示。

Step 10 选择【默认】选项卡，在【绘图】面板中单击【圆】按钮，在弹出的下拉菜单中选择【相切、相切、相切】选项，如图 3-20 所示。

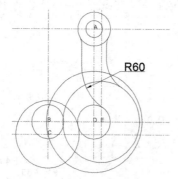

图 3-19　圆角效果 3

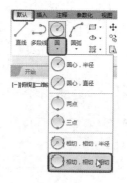

图 3-20　选择【相切、相切、相切】选项

Step 11 根据命令行的提示分别选择以 B、C、E 点为圆心的圆绘制出如图 3-21 所示的圆。

Step 12 在命令行中输入 TRIM 命令，对图形对象进行修剪，修剪效果如图 3-22 所示。

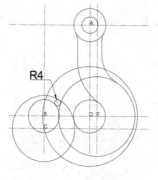

图 3-21　绘制圆

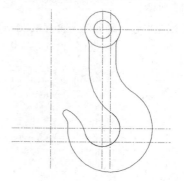

图 3-22　修剪效果

3.2.3　绘制圆弧

圆弧是指包含一定角度的圆周线，在工程图中出现得也非常多。对于它的绘制，AutoCAD 提供了很多种方法，本小节将详细介绍圆弧的绘制方法。

在 AutoCAD 2017 中，执行【圆弧】命令的方法有以下几种。

- 在菜单栏中执行【绘图】|【圆弧】命令，在弹出的子菜单中选择绘制圆弧的命令。
- 在【默认】选项卡的【绘图】组中单击【圆弧】按钮 ，在弹出的下拉列表中选择相应的命令绘制圆弧。
- 在命令行中输入 ARC 或 A 命令。

执行任一上述操作后，具体操作过程如下。

```
命令: A                                      //执行 ARC 命令
指定圆弧的起点或 [圆心(C)]:                   //在绘图区的任意位置单击, 将该点作为圆弧的起点
指定圆弧的第二个点或 [圆心(C)/端点(E)]: C      //输入圆心命令 C, 并按【Enter】键
指定圆弧的圆心:                              //在绘图区的任意位置单击, 将该点作为圆弧的中心
指定圆弧的端点(按住【Ctrl】键以切换方向)或 [角度(A)/弦长(L)]: A
                                            //输入角度命令 A, 并按【Enter】键
指定夹角(按住【Ctrl】键以切换方向):          //输入角度值, 并按【Enter】键
```

在 AutoCAD 2017 中给出了很多绘制圆弧的方式，这些方式都是根据起点、方向、中点、角度、终点、弦长等参数来确定的。绘制圆弧的各命令含义介绍如下。

- 三点：以指定 3 个点的方式绘制圆弧，如图 3-23 所示。
- 起点，圆心，端点：以圆弧的起点、圆心、端点方式绘制圆弧，如图 3-24 所示。
- 起点，圆心，角度：以圆弧的起点、圆心、圆心角方式绘制圆弧，如图 3-25 所示。

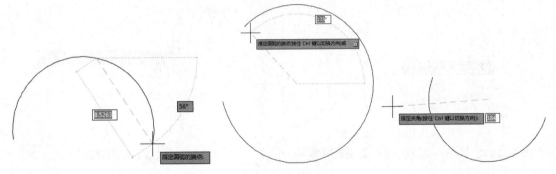

图 3-23　以三点绘制圆弧　　　图 3-24　以【起点，圆心，　　图 3-25　以【起点，圆心，
　　　　　　　　　　　　　　　　　　　端点】绘制圆弧　　　　　　　　角度】绘制圆弧

- 起点，圆心，长度：以圆弧的起点、圆心、弦长方式绘制圆弧，如图 3-26 所示。
- 起点，端点，角度：以圆弧的起点、端点、圆心角方式绘制圆弧，如图 3-27 所示。
- 起点，端点，方向：以圆弧的起点、端点、起点的切线方向方式绘制圆弧，如图 3-28 所示。
- 起点，端点，半径：以圆弧的起点、端点、半径方式绘制圆弧，如图 3-29 所示。
- 圆心，起点，端点：以圆弧的圆心、起点、端点方式绘制圆弧，如图 3-30 所示。
- 圆心，起点，角度：以圆弧的圆心、起点、圆心角方式绘制圆弧，如图 3-31 所示。
- 圆心，起点，长度：以圆弧的圆心、起点、弦长方式绘制圆弧，与之前的起点、圆心、长度方法类似，如图 3-32 所示。

● 连续：绘制其他直线或非封闭曲线后，选择【绘图】|【圆弧】|【连续】命令，系统将自动以刚才绘制的对象的终点作为即将绘制的圆弧起点，如图 3-33 所示。

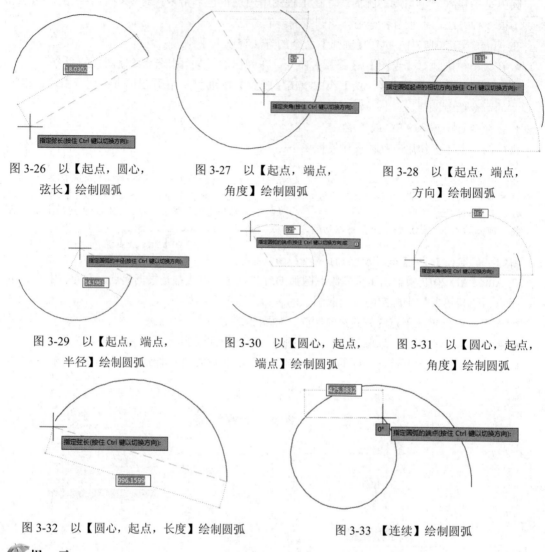

图 3-26 以【起点，圆心，
弦长】绘制圆弧

图 3-27 以【起点，端点，
角度】绘制圆弧

图 3-28 以【起点，端点，
方向】绘制圆弧

图 3-29 以【起点，端点，
半径】绘制圆弧

图 3-30 以【圆心，起点，
端点】绘制圆弧

图 3-31 以【圆心，起点，
角度】绘制圆弧

图 3-32 以【圆心，起点，长度】绘制圆弧

图 3-33 【连续】绘制圆弧

☂ 提 示

　　设置逆时针为角度方向，并输入正的角度值，则所绘制的圆弧是从起始点绕圆心沿逆时针方向给出；如果输入负角度值，则沿顺时针方向绘制圆弧。

3.2.4 实例——绘制拨叉轮

下面将通过实例讲解如何绘制拨叉轮，具体操作步骤如下。

Step 01 打开配套资源中的素材\第 3 章\【拨叉轮-素材.dwg】文件，在命令行中输入 LAYER 命令，弹出【图层特性管理器】选项板，单击【新建图层】按钮 ，新建图层并重命名为【辅助线】和【轮廓】，将【辅助线】的颜色设置为【红】，将线型设置为【CENTER】，并将【辅助线】图层置为当前图层，如图 3-34 所示。

Step 02 在命令行中输入 LINE 命令，绘制两条互相垂直的线段，如图 3-35 所示。

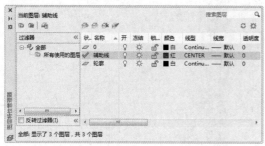

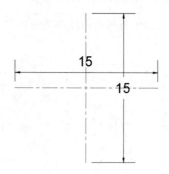

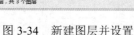

图 3-34 新建图层并设置   图 3-35 绘制线段

Step 03 在命令行中输入 ROTATE 命令，根据命令行提示指定线段交点为基点，将绘制的垂直线段分别旋转 8°、52°，旋转后的显示效果如图 3-36 所示。

Step 04 将【轮廓】图层置为当前。在命令行中输入 CIRCLE 命令，以交点为圆心，绘制两个半径分别为 1.25、3.5 的圆，绘制效果如图 3-37 所示。

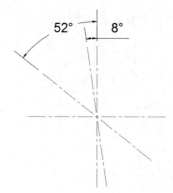

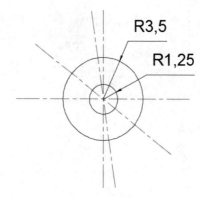

图 3-36 旋转效果   图 3-37 绘制圆效果

Step 05 使用【起点、端点、半径】工具，分别以旋转线段与大圆的交点为起点与端点，将半径设置为 1.5，绘制圆弧后的显示效果如图 3-38 所示。

Step 06 在命令行中输入 ARRAYPOLAR 命令，选择新绘制的圆弧作为阵列对象，以圆心为阵列中心点，将【项目数】设置为 6，将【填充角度】设置为 360°，阵列完成后的显示效果如图 3-39 所示。

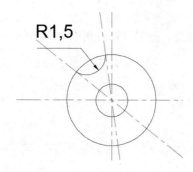

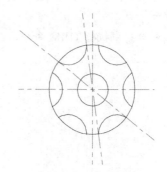

图 3-38 绘制圆弧   图 3-39 阵列效果

Step 07 在命令行中输入 TRIM 命令，对图形进行修剪，修剪效果如图 3-40 所示。

Step 08 将辅助线隐藏，在命令行中执行 XLINE 命令，根据命令行提示执行【垂直】命令，将通过点指定为圆心，绘制构造线效果如图 3-41 所示。

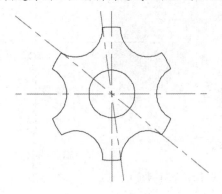

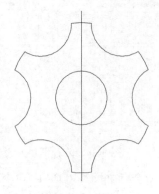

图 3-40　修剪效果　　　　　　　　　　　　　图 3-41　绘制构造线

Step 09 在命令行中输入 OFFSET 命令，将绘制的构造线分别向两侧偏移 0.25 的距离，偏移效果如图 3-42 所示。

Step 10 在命令行中输入 TRIM 命令，对图形对象进行修剪，修剪效果如图 3-43 所示。

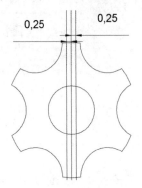

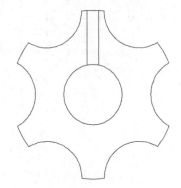

图 3-42　偏移效果　　　　　　　　　　　　　图 3-43　修剪效果

Step 11 在命令行中输入 FILLET 命令，对修剪后的两条垂直线段进行圆角处理，圆角效果如图 3-44 所示。

Step 12 在命令行中输入 ARRAYPOLAR 命令，选择两条垂直线段和圆角作为阵列对象，以圆心为阵列中心点，将【项目】设置为 6，将【填充角度】设置为 360°，阵列完成后的显示效果如图 3-45 所示。

Step 13 在命令行中执行 TRIM 命令，对图形对象进行修剪，修剪效果如图 3-46 所示。

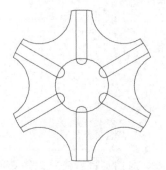

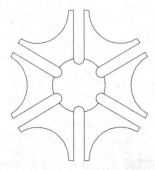

图 3-44　圆角效果　　　　　图 3-45　阵列效果　　　　　图 3-46　修剪效果

3.2.5　绘制圆环

在绘制圆环时，需要用户指定圆环的内径和外径，调用该命令的方法有以下两种。

- 在【默认】选项卡的【绘图】组中单击【绘图】按钮 ，然后在弹出的下拉列表中单击【圆环】按钮◎。
- 在命令行中输入 DONUT 或 DO 命令。

☂ **注　意**

在绘制圆环时，若内径值为 0，外径值为大于 0 的任意数值，绘制出的圆环就是一个实心圆。

3.2.6　实例——绘制墩座

下面将通过实例讲解如何绘制墩座，具体操作步骤如下。

`Step 01` 在命令行中输入 RECTANG 命令，绘制一个长度为 80、宽度为 60 的矩形，绘制效果如图 3-47 所示。

`Step 02` 在命令行中输入 OFFSET 命令，将绘制的矩形向内偏移 10 的距离，偏移效果如图 3-48 所示。

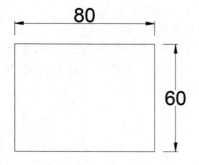

图 3-47　绘制矩形

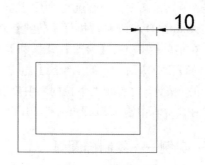

图 3-48　偏移效果

`Step 03` 在命令行中输入 LINE 命令，连接偏移得到的矩形的中线点，连接效果如图 3-49 所示。

`Step 04` 在命令行中输入 FILL 命令，根据命令行的提示执行【关】命令。然后在命令行中输入 DONUT 命令，根据命令行的提示将圆环的内径设置为 25，将圆环的外径设置为 35，指定圆环的中心为两条线段的交点，绘制圆环效果如图 3-50 所示。

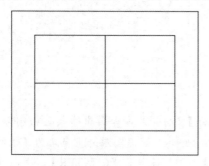

图 3-49　连接效果

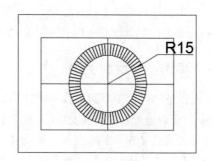

图 3-50　绘制圆环

`Step 05` 在命令行中输入 DONUT 命令，根据命令行的提示将圆环的内径设置为 10，将圆环 的外径设置为 14，指定圆环的中心为小矩形的四个端点，绘制 4 个圆环效果如图 3-51 所示。

Step 06 在命令行中输入 ERASE 命令，将多余的图形对象删除，删除后的效果如图 3-52 所示。

Step 07 在命令行中输入 FILLSET 命令，将圆角半径设置为 5，对大矩形的矩形圆角进行处理，圆角效果如图 3-53 所示。

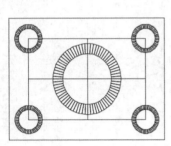
图 3-51　绘制圆环

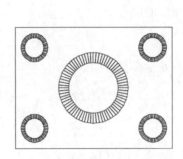
图 3-52　删除效果

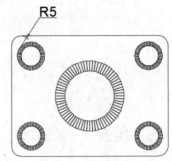
图 3-53　圆角效果

3.2.7　绘制椭圆

绘制椭圆时，系统默认须指定椭圆长轴与短轴的尺寸，绘制椭圆时可以通过轴端点、轴距离、绕轴线、旋转的角度或中心点几种不同的组合来绘制。

在 AutoCAD 2017 中，执行【椭圆】命令的方法有以下几种。

- 在菜单栏中执行【绘图】|【椭圆】命令，在弹出的子菜单中选择绘制椭圆的命令。
- 在【默认】选项卡的【绘图】组中单击【圆心】按钮 ⊕，或者单击【圆心】按钮 ⊕ 右侧的 ▾ 按钮，在弹出的下拉列表中单击【轴，端点】按钮 ⊕ 轴, 端点 。
- 在命令行中输入 ELLIPSE 或 EL 命令。

3.2.8　实例——绘制椭圆弧

绘制椭圆弧与绘制椭圆的方法类似。在 AutoCAD 2017 中，椭圆弧与椭圆命令相同，都是 ELLIPSE，但是命令行中的提示不同。

在 AutoCAD 2017 中，执行【椭圆弧】命令的方法有以下几种。

- 在菜单栏中选择【绘图】|【椭圆】|【圆弧】命令。
- 在【默认】选项卡的【绘图】组中单击【圆心】按钮 ⊕ 右侧的 ▾ 按钮，在弹出的下拉列表中单击【椭圆弧】按钮 ⊙ 椭圆弧 。
- 在命令行中执行 ELLIPSE 或 EL 命令。

3.2.9　实例——绘制手柄

下面讲解如何绘制手柄，具体操作步骤如下。

Step 01 打开配套资源中的素材\第 3 章\【手柄-素材.dwg】文件，在命令行中输入 LAYER 命令，弹出【图层特性管理器】选项板，单击【新建图层】按钮 ⊛，新建图层并重命名为【辅助线】和【轮廓】，将【辅助线】的颜色设置为【红】，将【线型】设置为【CENTER】，并将【辅助线】图层置为当前图层，如图 3-54 所示。

Step 02 在命令行中输入 LINE 命令，绘制两条互相垂直的长度为 150 的线段，绘制效果如图 3-55 所示。

图 3-54　新建图层并设置

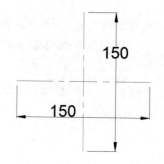

图 3-55　绘制线段

Step 03 在命令行中输入 OFFSET 命令，将垂直线段向左偏移 15、45 的距离，向右偏移 30 的距离，将水平线段向上和向下分别偏移 9 的距离，偏移效果如图 3-56 所示。

Step 04 将【轮廓】图层置为当前图层。在命令行中输入 ELLIPSE 命令，根据命令行的提示指定偏移线段的交点为椭圆长半轴的两个端点，指定另一半轴长度为 9，绘制椭圆效果如图 3-57 所示。

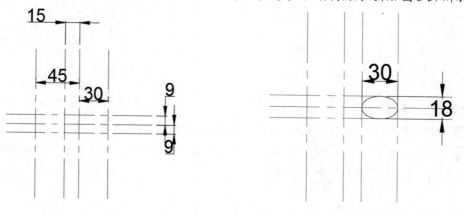

图 3-56　偏移效果

图 3-57　绘制椭圆

Step 05 在命令行中输入 LINE 命令，以左上角端点为起点，沿交点绘制一个长度为 30、宽度为 18 的四边形，绘制效果如图 3-58 所示。

Step 06 在命令行中输入 OFFSET 命令，将右侧黑色的垂直线段向右偏移 25 的距离，偏移效果如图 3-59 所示。

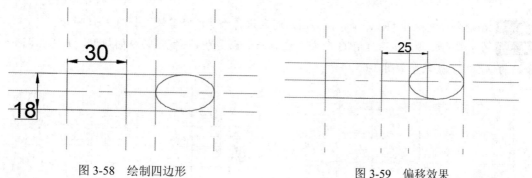

图 3-58　绘制四边形

图 3-59　偏移效果

Step 07 在【默认】选项卡的【绘图】组中，单击【圆弧】按钮 ，在弹出的下拉菜单中选择【起点、端点、半径】选项，如图 3-60 所示。

Step 08 执行【圆弧】命令后根据命令行的提示以四边形右上角的端点为起点，以偏移得到的垂直线段与椭圆的上交点为端点，将半径设置为 50，绘制圆弧效果如图 3-61 所示。

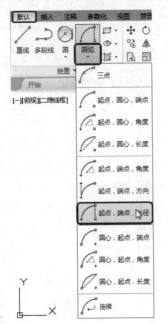

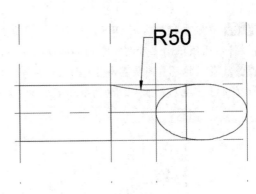

图 3-60　选择【起点、端点、半径】选项　　　　　　　　图 3-61　绘制圆弧

Step 09 在命令行中输入 TRIM 命令，对图形对象进行修剪，修剪效果如图 3-62 所示。

Step 10 在命令行中输入 MIRROR 命令，将绘制的圆弧作为镜像对象，以中间的水平线段作为镜像线进行镜像，镜像效果如图 3-63 所示。

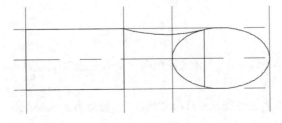

图 3-62　修剪效果　　　　　　　　　　　　　　图 3-63　镜像效果

Step 11 在命令行中输入 TRIM 命令，对图形对象进行修剪，修剪效果如图 3-64 所示。

Step 12 在命令行中输入 RECTANG 命令，绘制一个长度为 13、宽度为 9 的矩形，并将其调整到合适的位置，调整效果如图 3-65 所示。

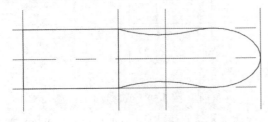

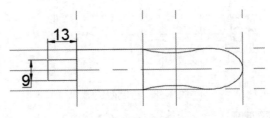

图 3-64　修剪效果　　　　　　　　　　　　　　图 3-65　绘制并调整矩形

3.3　平面图形

在 AutoCAD 2017 中，用户可以绘制多种矩形，如倒角矩形、圆角矩形，并可以设置边线的宽度与厚度。要绘制正多边形，可以使用内接圆法、外切圆法，或者通过指定边线位置与长度来绘制。

3.3.1　绘制矩形

矩形也就是长方形，在 AutoCAD 2017 中不但可以绘制常见的矩形，还可以绘制具有倒角、圆角等特殊效果的矩形。调用该命令的方法如下。

- 在菜单栏中执行【绘图】|【矩形】命令。
- 在【默认】选项卡的【绘图】组中单击【矩形】按钮 ▢ 。
- 在命令行中输入 RECTANG 或 REC 命令。

执行上述操作后，具体操作过程如下。

命令：REC　　　　　　　　　　　　　　　　　　　　　　（执行 REC 命令）
指定第一个角点或 [倒角(C)/标高(E)/圆角(F)/厚度(T)/宽度(W)]：　（指定一个角点或选择另一种绘制矩形的方式）
指定另一个角点或 [面积(A)/尺寸(D)/旋转(R)]：　　　　　　　（直接指定另一个角点位置或坐标值，或选择一种参数来确定另一个角点）

在执行矩形命令的过程中，各选项的含义如下。

- 倒角：设置矩形的倒角距离，以对矩形的各边进行倒角。倒角后的矩形效果如图 3-66 所示。
- 标高：设置矩形在三维空间中的基面高度，用于三维对象的绘制。
- 圆角：设置矩形的圆角半径，以对矩形进行圆角操作。在设计机械零件时，为了不使其棱角分明，以避免给用户带来伤害，在绘制矩形时一般都会对每条边进行圆角操作，该圆角为工艺倒角，大小依据实际情况而定。进行圆角操作后的效果如图 3-67 所示。
- 厚度：设置矩形的厚度，即三维空间 Z 轴方向的高度。该选项用于绘制三维图形对象。
- 宽度：设置矩形的线条宽度，设置宽度后的效果如图 3-68 所示。
- 面积：指定将要绘制的矩形的面积。在绘制时系统要求指定面积和一个维度（长度或宽度），AutoCAD 将自动计算另一个维度并完成矩形的绘制。
- 尺寸：通过指定矩形的长度、宽度和矩形另一角点的方向来绘制矩形。
- 旋转：指定将要绘制的矩形旋转的角度。

图 3-66　倒角矩形　　　　　　图 3-67　圆角矩形　　　　　图 3-68　设置宽度后的矩形

3.3.2　实例——绘制螺杆头部

下面将通过实例讲解如何绘制螺杆头部，具体操作步骤如下。

Step 01 打开配套资源中的素材\第 3 章\【螺杆头部-素材.dwg】文件，在命令行中输入 LAYER 命令，弹出【图层特性管理器】选项板，单击【新建图层】按钮 ⬚ ，新建图层并重命名为【辅助线】和【轮廓】，将【辅助线】的颜色设置为【红】，将【线型】设置为【CENTER】，并将【辅助线】图层置为当前图层，如图 3-69 所示。

Step 02 在命令行中输入 LINE 命令，绘制两条互相垂直的长度为 80 的线段，如图 3-70 所示。

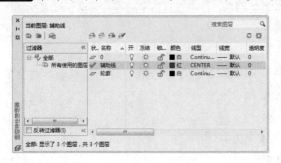

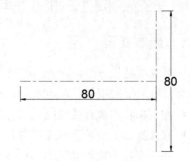

图 3-69　新建图层并设置参数　　　　　　　　图 3-70　绘制线段

Step 03 在命令行中输入 OFFSET 命令，将水平线段向两侧偏移 6.5 的距离，将垂直线段向左偏移 12.5、21、40、45、55 的距离，偏移效果如图 3-71 所示。

Step 04 将【轮廓】图层置为当前图层。在命令行中输入 RECTANG 命令，根据命令行的提示执行【倒角】命令，将第一个和第二个倒角距离设置为 1，绘制一个长度为 10、宽度为 16 的矩形，并将其调整到合适的位置，如图 3-72 所示。

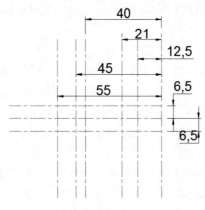

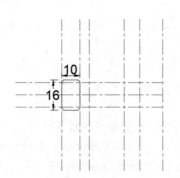

图 3-71　偏移效果　　　　　　　　　　　图 3-72　绘制矩形

Step 05 在命令行中输入 RECTANG 命令，根据命令行的提示执行【倒角】命令，将第一个和第二个倒角距离设置为 1，绘制一个长度为 19、宽度为 25 的矩形，并将其调整到合适的位置，如图 3-73 所示。

Step 06 在命令行中输入 LINE 命令，连接各交点，连接效果如图 3-74 所示。

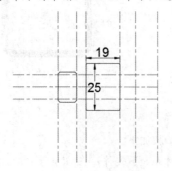

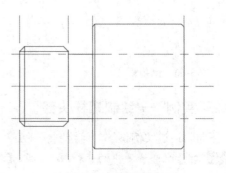

图 3-73　绘制矩形　　　　　　　　　　　图 3-74　连接线段

Step 07 在命令行中输入 CIRCLE 命令，以圆水平线与偏移得到的第二条垂直线段的交点为圆心，绘制一个半径为 15.4 的圆，绘制效果如图 3-75 所示。

Step 08 将辅助线隐藏。在命令行中输入 TRIN 命令，对图形对象进行修剪，修剪效果如图 3-76 所示。

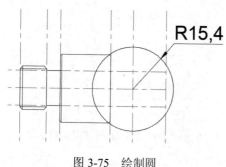

图 3-75　绘制圆

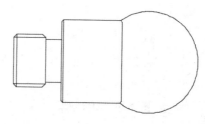

图 3-76　修剪效果

3.3.3　绘制正多边形

正多边形是很多机械设计图纸中必不可少的表达元素，如六角螺母、八边形等。在 AutoCAD 中，可以绘制边数为 3～1024 条的正多边形。该命令有以下几种调用方法。

- 在菜单栏中执行【绘图】|【多边形】命令。
- 在【默认】选项卡的【绘图】组中单击【矩形】按钮□右侧的·按钮，在弹出的下拉列表中单击【多边形】按钮⬡多边形。
- 在命令行中输入 POLYGON 或 POL 命令。

在绘制正多边形的过程中，可以通过指定多边形的边长或指定多边形中心点，以及其与圆相切/接等方式来进行绘制。在实际绘图过程中，应根据实际情况选择相应的方式。

3.3.4　实例——绘制螺母

下面将详细讲解如何绘制螺母，具体操作步骤如下。

Step 01 打开配套资源中的素材\第 3 章\【螺母-素材.dwg】文件，在命令行中输入 LAYER 命令，弹出【图层特性管理器】选项板，单击【新建图层】按钮🔲，新建图层并重命名为【辅助线】和【轮廓】，将【辅助线】的颜色设置为【红】，将【线型】设置为【CENTER】，并将【辅助线】图层置为当前图层，如图 3-77 所示。

Step 02 在命令行中输入 LINE 命令，绘制两条互相垂直的线段，将水平线段长度设置为 150，将垂直线段设置为 100，绘制效果如图 3-78 所示。

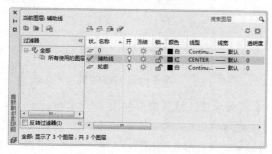

图 3-77　新建图层并设置

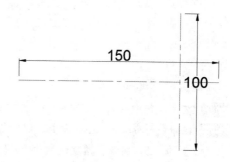

图 3-78　绘制线段

Step 03 在命令行中输入 OFFSET 命令，将垂直线段向左偏移 80 的距离，偏移效果如图 3-79 所示。

Step 04 将【轮廓】图层置为当前图层。在命令行中输入 RECTANG 命令，绘制一个长度为 35、宽度为 86 的矩形，并将其调整到合适的位置，如图 3-80 所示。

图 3-79　偏移效果　　　　　　　　　　　图 3-80　绘制矩形并调整位置

Step 05 在命令行中输入 CHAMFER 命令，根据命令行的提示执行【距离】命令，将两个倒角距离都设置为 2.5，对矩形左侧的两个交点进行倒角处理，倒角效果如图 3-81 所示。

Step 06 使用【分解】工具，将对象进行分解。在命令行中输入 OFFSET 命令，将最上面和最下面的水平线段向内偏移 23.3 的距离，偏移效果如图 3-82 所示。

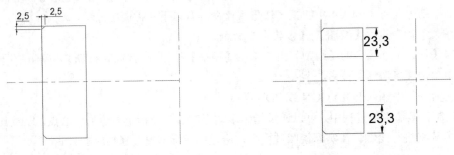

图 3-81　倒角效果　　　　　　　　　　　图 3-82　偏移效果

Step 07 在命令行中输入 LINE 命令，连接偏移线段的左端点与中间红色水平线，连接效果如图 3-83 所示。

Step 08 在命令行中输入 OFFSET 命令，将新绘制的垂直线段向右偏移 30 的距离，偏移效果如图 3-84 所示。

图 3-83　连接效果　　　　　　　　　　　图 3-84　偏移效果

Step 09 在命令行中输入 TRIM 命令，对图形对象进行修剪，修剪效果如图 3-85 所示。

Step 10 在命令行中输入 LINE 命令，以新绘制垂直线段的上端点为起点，按【Shift+@】组合键，将长度设置为 3.5，将旋转角度设置为 135°，将该倾斜线进行镜像操作，完成后的效果如图 3-86 所示。

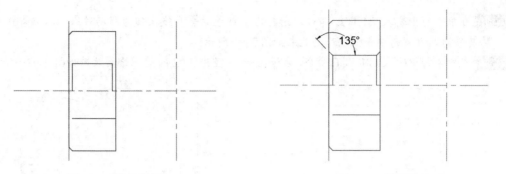

图 3-85　修剪效果　　　　　　　　　　　　　图 3-86　镜像效果

Step 11　在命令行中输入 ARC 命令，根据命令行的提示，执行【起点、端点、半径】命令，将半径设置为 28.5，绘制圆弧效果如图 3-87 所示。

Step 12　在命令行中输入 ARC 命令，根据命令行的提示，执行【起点、端点、角度】命令，将角度设置为 14°，绘制圆弧效果如图 3-88 所示。

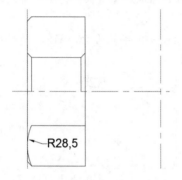

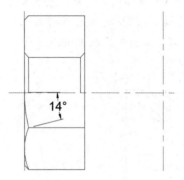

图 3-87　绘制圆弧　　　　　　　　　　　　　图 3-88　绘制圆弧

Step 13　在命令行中输入 HATCH 命令，根据命令行的提示执行【设置】命令，弹出【图案填充和渐变色】对话框，将【图案】设置为【JIS-WOOD】，将【比例】设置为 6，然后单击【确定】按钮，如图 3-89 所示。

Step 14　返回到绘图区，在需要填充的区域单击进行填充，填充效果如图 3-90 所示。

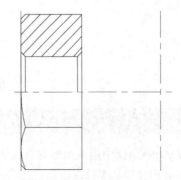

图 3-89　设置填充参数　　　　　　　　　　　图 3-90　填充效果

Step 15 在命令行中输入 MOVE 命令，选择右侧红色的垂直线段作为移动对象，以中心作为基点，将其移动到右侧的端点上，移动效果如图 3-91 所示。

Step 16 在命令行中输入 CIRCLE 命令，绘制一个半径为 37.2 的圆，绘制效果如图 3-92 所示。

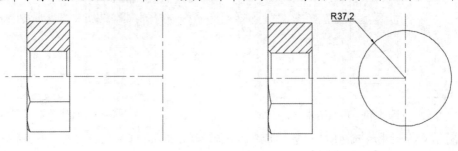

图 3-91　移动效果　　　　　　　　　　　　图 3-92　绘制圆

Step 17 在命令行中输入 POLINE 命令，根据命令行的提示将侧面数设置为 6，指定圆心为中心点，执行【外切于圆】命令，将半径设置为 37.2，然后使用【旋转】工具，将绘制的大边形旋转 150°，再调整位置，绘制多边形效果如图 3-93 所示。

Step 18 在命令行中输入 CIRCLE 命令，以圆心为圆心绘制一个半径为 20 的圆，绘制效果如图 3-94 所示。

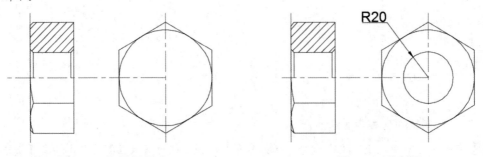

图 3-93　绘制多边形　　　　　　　　　　　图 3-94　绘制圆

Step 19 在命令行中输入 ARC 命令，根据命令行提示执行【圆心、起点、角度】命令，以圆心为圆心，向正下方引导鼠标将半径设置为 21.5，将角度设置为 270°，绘制圆弧效果如图 3-95 所示。

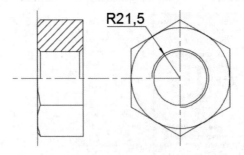

图 3-95　绘制圆弧

3.4　点

点是 AutoCAD 中组成图形对象最基本的元素，默认情况下点是没有长度和大小的，但是点的重要性可想而知。因此在绘制点之前可以对其样式进行设置，以便更好地显示及应用点。

如果在绘制点之前用户没有对点的样式及大小进行设置，那么绘制出来的点将很小，以致不可见。AutoCAD 2017 提供了很多种点的样式，用户可以根据不同的需要进行选择。设置点样式的操作方法如下。

- 在菜单栏中执行【格式】|【点样式】命令。
- 在命令行中输入 DDPTYPE。

执行以上两种方式中的任何一种方法，系统都弹出如图 3-96 所示的对话框。在该对话框中可以对点样式进行设置，设置完成后单击【确定】按钮即可。

图 3-96　【点样式】对话框

3.4.1　绘制单点或多点

本节来详细介绍一下绘制单点和多点的方法。

1. 绘制单点

绘制单点就是在执行命令后只能绘制一个点。在命令行中输入 POINT 或 PO 命令，具体操作过程如下。

```
命令:POINT                              //执行 POINT 命令
当前点模式: PDMODE=0  PDSIZE=0.0000      //系统提示当前的点模式
指定点:                                  //指定当前点的位置
```

在执行命令过程中，各选项的含义如下。

- PDMODE：控制点对象的显示方式，与【点样式】对话框中的点样式相对应，不同的值对应不同的点样式，其数值为 0～4、32～36、64～68、96～100，其中值为 0 时，显示为 1 个小圆点；值为 1 时不显示任何图形，但可以捕捉到该点，系统默认为 0。
- PDSIZE：控制点的大小，当该值为 0 时，点的大小为系统默认值，即为屏幕大小的 5%；当该值为负时，表示点的相对尺寸大小，相当于选中【点样式】对话框中的【相对于屏幕设置大小】单选按钮；当该值为正时，表示点的绝对尺寸大小，相当于选中【点样式】对话框中的【按绝对单位设置大小】单选按钮。

☂ **提　示**

> 在命令行分别输入 PDMODE 和 PDSIZE 后，可以重新指定点的样式和大小，这与在【点样式】对话框中设置点的样式效果是一样的。

2. 绘制多点

绘制多点就是在输入命令后一次能绘制多个点，直到按【Esc】键手动结束命令为止。绘制多点命令的调用方法如下。

- 在菜单栏中执行【绘图】|【点】|【多点】命令。
- 在【默认】选项卡的【绘图】组中单击【绘图】下拉按钮　　　　　绘图▼　　　　，在弹出的下拉列表中单击【多点】按钮。
- 在命令行中输入 POINT 命令，然后按【Enter】键，在绘图区任意位置单击绘制点，再次按【Enter】键，再在绘图区任意位置单击绘制点，依此类推。

3.4.2　等分点

绘制定数等分点即在指定的对象上绘制等分点，定数等分长度放置点或图块，一般用于辅助绘图图形。

在 AutoCAD 2017 中，执行【等分点】命令的方法有以下几种。

- 在菜单栏中执行【绘图】|【点】|【定数等分】命令。
- 在【默认】选项卡的【绘图】组中单击【绘图】下拉按钮 [绘图 ▼]，在弹出的下拉列表中单击【定数等分】按钮 。
- 在命令行中输入 DIVIDE 命令。

3.4.3 定距等分点

绘制定距等分点是指在选定的对象上按指定的长度绘制多个点对象，即该操作是先指定所要创建的点与点之间的距离，然后系统按照该间距值分割所选对象，并不是将对象断开，而是在相应的位置上放置点对象，以辅助绘制其他图形。绘制定距等分点有如下三种方法。

- 在菜单栏中执行【绘图】|【点】|【定距等分】命令。
- 在【默认】选项卡的【绘图】组中单击【绘图】下拉按钮 [绘图 ▼]，在弹出的下拉列表中单击【定距等分】按钮 。
- 在命令行中输入 MEASURE 或 ME 命令。

3.4.4 实例——棘轮

下面将通过实例讲解如何绘制棘轮，具体操作步骤如下。

Step 01 打开配套资源中的素材\第 3 章\【棘轮-素材.dwg】文件，在命令行中输入 LAYER 命令，弹出【图层特性管理器】选项板，单击【新建图层】按钮 ，新建图层并重命名为【辅助线】和【轮廓】，将【辅助线】的颜色设置为【洋红】，将【线型】设置置为【CENTER】，并将【辅助线】图层置为当前图层，如图 3-97 所示。

Step 02 在命令行中输入 LINE 命令，绘制两条互相垂直的线段，将垂直线段设置为 100，将水平线段设置为 150，绘制效果如图 3-98 所示。

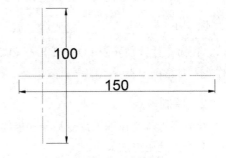

图 3-97　新建图层并设置参数　　　　　　　　　　图 3-98　绘制线段

Step 03 将【轮廓】图层置为当前图层。在命令行中输入 CIRCLE 命令，以两条线段的交点为圆心，分别绘制半径为 9、15、30 的圆矩，效果如图 3-99 所示。

Step 04 在命令行中输入 RECTANG 命令，绘制一个长度为 6、宽度为 4 的矩形，并将其调整到合适的位置，调整后的显示效果如图 3-100 所示。

Step 05 在命令行中输入 TRIM 命令，对图形对象进行修剪，修剪效果如图 3-101 所示。

Step 06 在命令行中输入 LINE 命令，以大圆的上象限点为起点，向下延伸输入 4，然后向右绘制水平线段以与圆的交点为端点，绘制完成后的效果如图 3-102 所示。

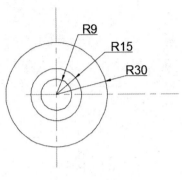

图 3-99　绘制圆

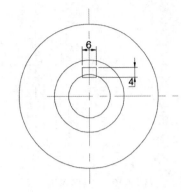

图 3-100　绘制矩形

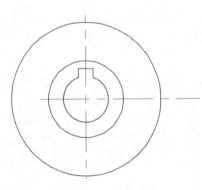

图 3-101　修剪效果

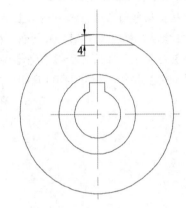

图 3-102　绘制线段

Step 07 在命令行中输入 ARRAYPOLAR 命令，选择新绘制的线段为阵列对象，将圆心作为阵列中心，将【项目】设置为 12，将【填充角度】设置为 360°，阵列后的显示效果如图 3-103 所示。

Step 08 在命令行中输入 RECTANG 命令，绘制一个长度为 22、宽度为 60 的矩形，然后将其调整到合适的位置，显示效果如图 3-104 所示。在命令行中输入 EXPLODE 命令，将绘制的矩形分解。

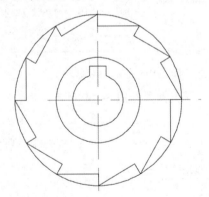

图 3-103　阵列效果

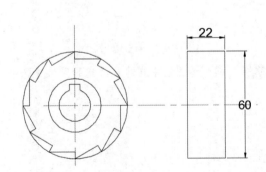

图 3-104　绘制矩形

Step 09 在命令行中输入 OFFSET 命令，将矩形的水平线段分别向内偏移 15、21 的距离，将右侧的垂直线段向左偏移 10 的距离，偏移效果如图 3-105 所示。

Step 10 在命令行中输入 TRIM 命令，对图形对象进行修剪，修剪后的显示效果如图 3-106 所示。

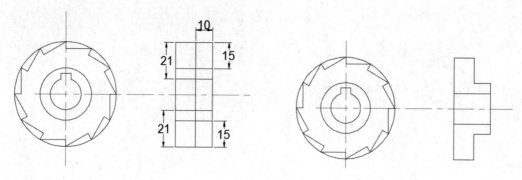

图 3-105　偏移效果　　　　　　　　　　　　　　　　　图 3-106　修剪效果

Step 11 在命令行中输入 OFFSET 命令，对修剪的最上面和最下面的水平线段分别向内偏移 4 的距离，将从上面数的第三条水平线向上偏移 2.9 的距离，偏移效果如图 3-107 所示。

Step 12 在命令行中输入 HATCH 命令，根据命令行的提示执行【设置】命令，弹出【图案填充和渐变色】对话框，在该对话框中将【图案】设置为【JIS-WOOD】，将【比例】设置为 6，然后单击【确定】按钮，如图 3-108 所示。

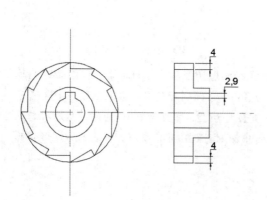

图 3-107　偏移效果　　　　　　　　　　　　　　　　图 3-108　设置填充参数

Step 13 返回到绘图区中在需要填充的区域单击即可填充，填充效果如图 3-109 所示。

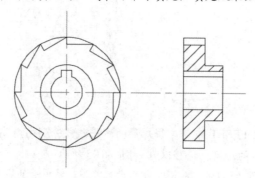

图 3-109　填充效果

3.5 多段线

多段线是由等宽或不等宽的直线或圆弧等多条线段构成的特殊线段，所构成的图形是一个整体，可对其进行整体编辑。

3.5.1 绘制多段线

在 AutoCAD 2017 中，执行【多段线】命令的方法有以下几种。

- 在菜单栏中执行【绘图】|【多段线】命令。
- 在【默认】选项卡的【绘图】组中单击【多段线】按钮 。
- 在命令行中输入 PLINE 或 PL 命令。

3.5.2 实例——绘制工字钢

下面将通过实例讲解如何绘制工字钢，具体操作步骤如下。

Step 01 打开配套资源中的素材\第 3 章\【工字钢-素材.dwg】文件，在命令行中输入 LAYER 命令，弹出【图层特性管理器】选项板，单击【新建图层】按钮 ，新建图层并重命名为【辅助线】和【轮廓】，将【辅助线】的颜色设置为【洋红】，将【线型】设置为【CENTER】，并将【辅助线】图层置为当前图层，如图 3-110 所示。

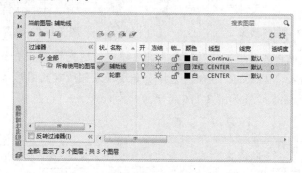

图 3-110 新建图层并设置参数

Step 02 在命令行中输入 LINE 命令，绘制一个长度为 50 的垂直线段，绘制效果如图 3-111 所示。

Step 03 将【轮廓】图层置为当前图层。在命令行中输入 PLINE 命令，以垂直线段上方的合适一点为起点，向左引导鼠标输入 20，向下输入 5，向右输入 15，向下输入 10，向左输入 15，向下输入 5，向右输入 20，并按【Enter】键确定，绘制图形效果如图 3-112 所示。

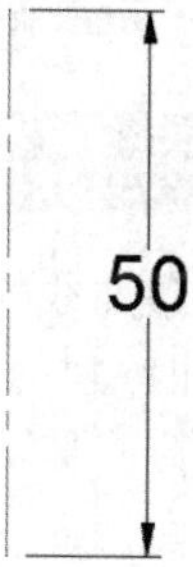

图 3-111 绘制线段

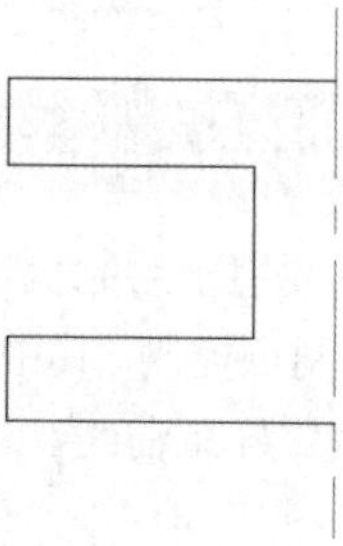

图 3-112 绘制多段线

Step 04 在命令行中输入 FILLET 命令，根据命令行的提示将半径设置为 3，对图形对象进行圆角处理，圆角效果如图 3-113 所示。

Step 05 在命令行中输入 HATCH 命令，根据命令行的提示执行【设置】命令，弹出【图案填充和渐变色】对话框，将【图案】设置为【JIS-WOOD】，将【比例】设置为 3，然后单击【确定】按钮，如图 3-114 所示。

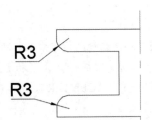

图 3-113 圆角效果

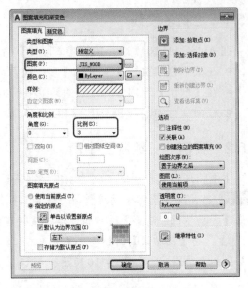

图 3-114 设置填充参数

Step 06 返回到绘图区中在需要填充的区域单击即可填充，填充效果如图 3-115 所示。

Step 07 在命令行中输入 MIRROR 命令，选择垂直线段左侧所有的图形对象，以垂直线段为镜像线，进行镜像操作，镜像效果如图 3-116 所示。

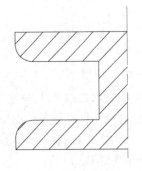

图 3-115 填充效果

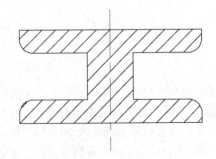

图 3-116 镜像效果

3.6 样条曲线

样条曲线主要用于绘制机械图形的波浪线、地形外貌轮廓线等。样条曲线的形状主要由数据点、拟合点与控制点控制。其中数据点在绘制样条曲线时确定，拟合点和控制点由系统自动产生，它们主要用于编辑样条曲线。

3.6.1 绘制样条曲线

样条曲线可以使绘制的曲线更加真实、美观，默认来设计某些曲线型工艺品的轮廓线。

在 AutoCAD 2017 中，执行【样条曲线】命令的方法有以下几种。

- 在菜单栏中执行【绘图】|【样条曲线】命令，再在弹出的子菜单中选择【拟合点】或【控制点】命令。
- 在【默认】选项卡的【绘图】组中单击【绘图】下拉按钮 [　　　　绘图 ▼　　　　] ，在弹出的下拉列表中单击【样条曲线拟合】按钮 ⏚ 或单击【样条曲线控制点】按钮 ⏚。
- 在命令行中输入 SPLINE 命令。
- 样条曲线使用拟合点或控制点进行定义。默认情况下，拟合点与样条曲线重合，而控制点定义控制框。控制框提供了一种便捷的方法，用来设置样条曲线的形状。每种方法都有其优点。

3.6.2 实例——绘制槽轮

下面将通过实例讲解如何绘制槽轮，具体操作步骤如下。

Step 01 打开配套资源中的素材\第 3 章\【槽轮-素材.dwg】文件，在命令行中输入 LAYER 命令，弹出【图层特性管理器】选项板，单击【新建图层】按钮 ⏚，新建图层并重命名为【辅助线】和【轮廓】，将【辅助线】的颜色设置为【洋红】，将【线型】设置为【CENTER】，并将【辅助线】图层置为当前图层，如图 3-117 所示。

Step 02 在命令行中输入 LINE 命令，绘制两条互相垂直的线段，将两条线段的长度都设置为 150，绘制效果如图 3-118 所示。

图 3-117　新建图层并设置参数

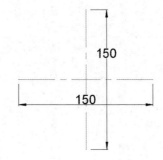

图 3-118　绘制线段

Step 03 在命令行中输入 ROTATE 命令，根据命令行的提示选择垂直线段作为旋转对象，指定交点为基点，然后执行【复制】命令，将旋转角度设置为 45° 和-45°，旋转后的效果如图 3-119 所示。

Step 04 将【轮廓】图层置为当前层，在命令行中输入 CIRCLE 命令，绘制两个半径分别为 10、20 的圆，绘制效果如图 3-120 所示。

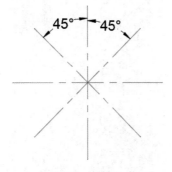

图 3-119　旋转效果

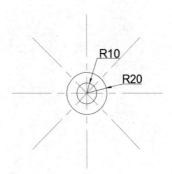

图 3-120　绘制圆

Step 05 在命令行中输入 RECTANG 命令，绘制一个长度为 3、宽度为 6 的矩形，绘制矩形效果如图 3-121 所示。

Step 06 在命令行中输入 TRIM 命令，对图形对象进行修剪，修剪效果如图 3-122 所示。

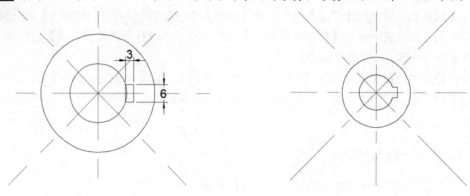

图 3-121　绘制矩形　　　　　　　　　　　　图 3-122　修剪效果

Step 07 在命令行中输入 OFFSET 命令，将水平线段向上偏移 22 的距离，偏移效果如图 3-123 所示。

Step 08 在命令行中输入 CIRCLE 命令，以偏移线段与左侧倾斜线的交点为圆心绘制一个半径为 9 的圆，绘制效果如图 3-124 所示。

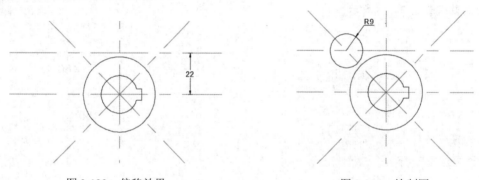

图 3-123　偏移效果　　　　　　　　　　　　图 3-124　绘制圆

Step 09 在命令行中输入 MIRROR 命令，将绘制的圆分别以中间的水平线和垂直线为镜像线进行镜像操作，镜像后的效果如图 3-125 所示。然后将偏移线段删除。

Step 10 在命令行中输入 OFFSET 命令，将左倾斜的线段分别向两侧偏移 9 的距离，偏移效果如图 3-126 所示。

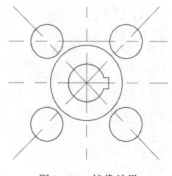 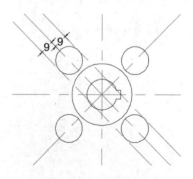

图 3-125　镜像效果　　　　　　　　　　　　图 3-126　偏移效果

Step 11 在命令行中输入 LINE 命令，以偏移线段与左上角圆的交点为起点，在两侧沿偏移线段绘制出 40 长的线段，绘制效果如图 3-127 所示，然后将偏移线段删除。

Step 12 在命令行中输入 LINE 命令，以新绘制的线段的端点为起点向垂直方向绘制长度为 5 的线段，绘制效果如图 3-128 所示。

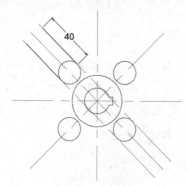
图 3-127　绘制线段 1

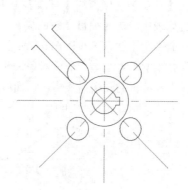
图 3-128　绘制线段 2

Step 13 在命令行中输入 MIRROR 命令，将绘制的线段分别以中间的水平线和垂直线为镜像线进行镜像操作，镜像后的效果如图 3-129 所示。

Step 14 在命令行中输入 ARC 命令，根据命令行的提示执行【起点、端点、半径】命令，绘制如图 3-130 所示的圆弧。

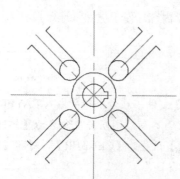
图 3-129　镜像效果

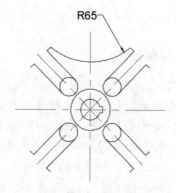
图 3-130　绘制圆弧

Step 15 在命令行中输入 ARRAYPOLAR 命令，将新绘制的圆弧作为阵列对象，以十字交点为阵列中心，将【项目】设置为 4，将【填充角度】设置为 360°，阵列效果如图 3-131 所示。

Step 16 在命令行中输入 TRIM 命令，对图形对象进行修剪，修剪效果如图 3-132 所示。

图 3-131　阵列效果

图 3-132　修剪效果

3.6.3 编辑样条曲线

对于编辑样条曲线的命令可以通过以下方法调用。

- 在菜单栏中执行【修改】|【对象】|【样条曲线】命令。
- 在【默认】选项卡的【修改】组中单击【修改】下拉按钮 ⬛ 修改 ▼ ⬛，在弹出的下拉列表中单击【编辑样条曲线】按钮图。
- 在命令行中输入 SPLINEDIT 命令。

样条曲线编辑命令是一个单对象编辑命令，用户一次只能编辑一个样条曲线对象。执行该命令并选择需要编辑的样条曲线后，在曲线周围将显示拟合点或控制点，如图 3-133 所示。可以根据命令行中的提示编辑样条曲线。

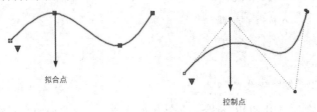

图 3-133　样条曲线

3.7　综合应用

通过前面基础知识的学习，下面将综合应用前面所学内容，便于更熟练地掌握。

3.7.1 绘制法兰

下面将讲解如何绘制法兰，具体操作步骤如下。

Step 01 打开配套资源中的素材\第 3 章\【法兰-素材.dwg】文件，在命令行中输入 LAYER 命令，弹出【图层特性管理器】选项板，单击【新建图层】按钮图，新建图层并重命名为【辅助线】和【轮廓】，将【辅助线】的颜色设置为【洋红】，将【线型】设置为【CENTER】，并将【辅助线】图层置为当前图层，如图 3-134 所示。

Step 02 在命令行中输入 LINE 命令，绘制两条互相垂直的线段，将长度设置为 200，绘制效果如图 3-135 所示。

图 3-134　新建图层并设置参数

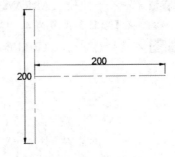

图 3-135　绘制线段

Step 03 将【轮廓】图层置为当前图层。在命令行中输入 RECTANG 命令，绘制一个长度和宽度为 100 的矩形，并将其调整到合适的位置，如图 3-136 所示。然后在命令行中输入 EXPLODE 命令，将绘制的矩形分解。

Step 04 在命令行中输入 ERASE 命令，将矩形的水平线段删除，删除效果如图 3-137 所示。

图 3-136 绘制矩形 　　　　　　　　　图 3-137 删除水平线段

Step 05 在命令行中输入 ARC 命令，根据命令行的提示执行【起点、端点、半径】命令，将半径设置为 60，绘制如图 3-138 所示的圆弧。

Step 06 在命令行中输入 MIRROR 命令，指定圆弧为镜像对象，以水平线段为镜像线，镜像效果如图 3-139 所示。

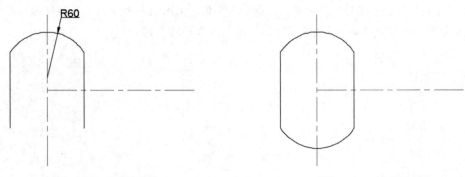

图 3-138 绘制圆弧 　　　　　　　　　图 3-139 镜像效果

Step 07 在命令行中输入 CIRCLE 命令，以交点为圆心，分别绘制半径为 21、23、43 的圆，绘制圆效果如图 3-140 所示。

Step 08 在命令行中输入 OFFSET 命令，将水平线段向两侧偏移 58 的距离，偏移效果如图 3-141 所示。

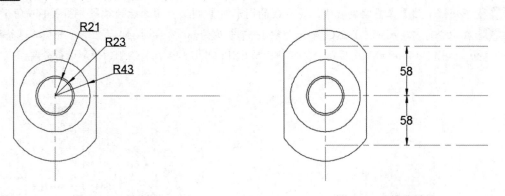

图 3-140 绘制圆 　　　　　　　　　图 3-141 偏移效果

Step 09 在命令行中输入 CIRCLE 命令，分别以偏移线段与垂直线段的交点为圆心绘制两个半径为 8 的圆，绘制圆效果如图 3-142 所示。

Step 10 在命令行中输入 ROTATE 命令，根据命令行的提示选择垂直线段作为旋转对象，指定中心点为基点，然后执行【复制】命令，分别将其旋转 45° 和-45°，旋转后的显示效果如图 3-143 所示。

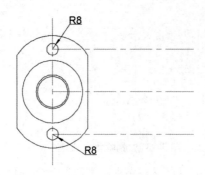

图 3-142　绘制圆　　　　　　　　　　　　　图 3-143　旋转效果

Step 11 将【辅助线】图层置为当前图层。在命令行中输入 CIRCLE 命令，绘制一个半径为 56 的圆，绘制效果如图 3-144 所示。

Step 12 将【轮廓】图层置为当前图层。在命令行中输入 CIRCLE 命令，以新绘制的圆与旋转线段的交点为圆心分别绘制 4 个半径为 6 的圆，绘制效果如图 3-145 所示。

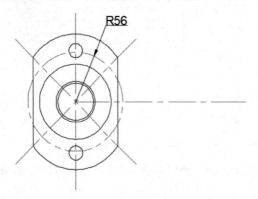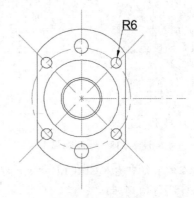

图 3-144　绘制圆　　　　　　　　　　　　　图 3-145　绘制效果

Step 13 使用【直线】工具绘制直线，将多余的图形对象删除，删除后的效果如图 3-146 所示。

Step 14 在命令行中输入 RECTANG 命令，绘制一个长度为 60、宽度为 154 的矩形，并将其调整到合适的位置，如图 3-147 所示。然后在命令行中输入 EXPLODE 命令，将绘制的矩形进行分解。

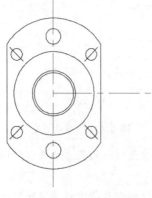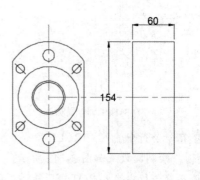

图 3-146　删除效果　　　　　　　　　　　　图 3-147　绘制矩形

Step 15 在命令行中输入 OFFSET 命令，将矩形左侧的垂直线段向右偏移 5、25 的距离，将矩形的水平线段分别向内偏移 35、41、56 的距离，偏移效果如图 3-148 所示。

Step 16 在命令行中输入 TRIM 命令，对图形对象进行修剪，修剪效果如图 3-149 所示。

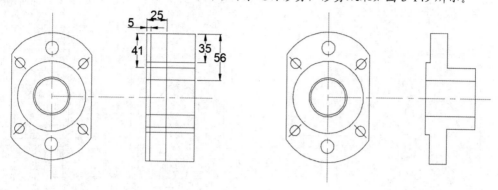

图 3-148 偏移效果 1   图 3-149 修剪效果 1

Step 17 在命令行中输入 OFFSET 命令，将最上面和最下面的水平线段分别向内偏移 11、27 的距离，偏移效果如图 3-150 所示。

Step 18 在命令行中输入 OFFSET 命令，将最右侧的垂直线段向左偏移 15、23 的距离，偏移效果如图 3-151 所示。

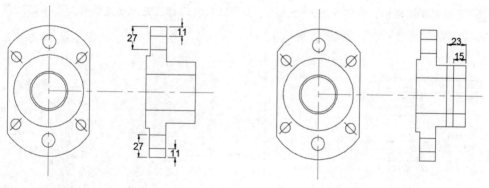

图 3-150 偏移效果 2   图 3-151 偏移效果 3

Step 19 在命令行中输入 TRIM 命令，对图形对象进行修剪，修剪效果如图 3-152 所示。

Step 20 在命令行中输入 CHAMFER 命令，对图形对象进行合适的倒角处理，倒角效果如图 3-153 所示。

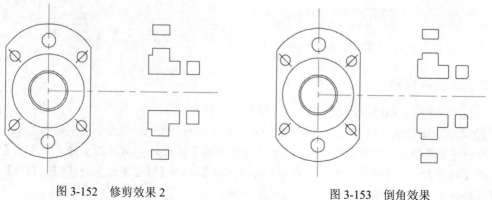

图 3-152 修剪效果 2   图 3-153 倒角效果

Step 21 在命令行中执行 LINE 命令，对图形对象进行连接，连接效果如图 3-154 所示。

Step 22 将【辅助线】图层置为当前图层。在命令行中输入 LINE 命令，绘制如图 3-155 所示的线段。

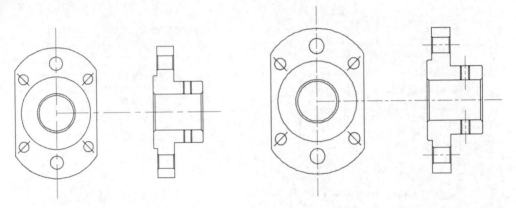

图 3-154　连接效果　　　　　　　　　　　　　　　图 3-155　绘制线段

Step 23 在命令行中输入 HATCH 命令，根据命令行的提示执行【设置】命令，弹出【图案填充和渐变色】对话框，将【图案】设置为【JIS-WOOD】命令，将【比例】设置为 6，然后单击【确定】按钮，如图 3-156 所示。

Step 24 返回到绘图区中，在需要填充的区域单击即可对其进行填充，填充效果如图 3-157 所示。

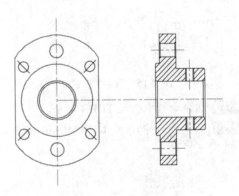

图 3-156　设置填充参数　　　　　　　　　　　　　　图 3-157　填充效果

3.7.2　绘制定位销

下面将详细讲解如何绘制定位销，具体操作步骤如下。

Step 01 打开配套资源中的素材\第 3 章\【定位销-素材.dwg】文件，在命令行中输入 LAYER 命令，弹出【图层特性管理器】选项板，单击【新建图层】按钮，新建图层并重命名为【辅助线】和【轮廓】，将【辅助线】的颜色设置为【洋红】，将【线型】设置为【CENTER】，并将【辅助线】图层置为当前图层，如图 3-158 所示。

Step 02 在命令行中输入 LINE 命令绘制一个长度为 200 的水平线段，绘制效果如图 3-159 所示。

图 3-158 新建图层并设置参数

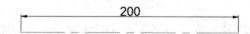

图 3-159 绘制水平线

Step 03 将【轮廓】图层置为当前图层。在命令行中输入 RECTANG 命令，绘制一个长度为 180、宽度为 40 的矩形，绘制效果如图 3-160 所示。然后在命令行中输入 EXPLODE 命令，将绘制的矩形分解。

Step 04 在命令行中输入 OFFSET 命令，将矩形的水平线段分别向内偏移 5 的距离，将右侧的垂直线段向右偏移 50、60 的距离，偏移效果如图 3-161 所示。

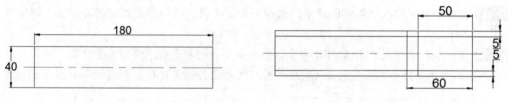

图 3-160 绘制矩形

图 3-161 偏移效果 1

Step 05 在命令行中输入 TRIM 命令，对图形对象进行修剪，修剪效果如图 3-162 所示。

Step 06 在命令行中输入 OFFSET 命令，将右侧的垂直线段向左偏移 47 的距离，将右侧的两条水平线段各向内偏移 3 的距离，偏移效果如图 3-163 所示。

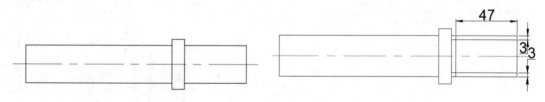

图 3-162 修剪效果 1

图 3-163 偏移效果 2

Step 07 在命令行中输入 TRIM 命令，对图形对象进行修剪，修剪效果如图 3-164 所示。

Step 08 在命令行中输入 LINE 命令，在距离图形对象为 10 的右侧绘制一条长度为 20 的垂直线段，并调整位置在同一中心点位置，如图 3-165 所示。

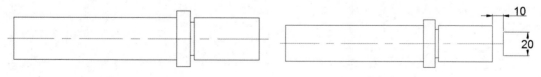

图 3-164 修剪效果 2

图 3-165 绘制线段

Step 09 在命令行中输入 LINE 命令，连接如图 3-166 所示的图形。

Step 10 在命令行中输入 OFFSET 命令，将左侧水平线段分别向内偏移 5 的距离，将左侧垂直线段向右偏移 30、68、118 的距离，偏移效果如图 3-167 所示。

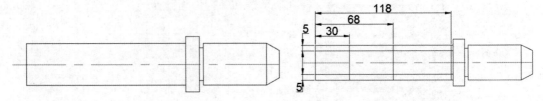

图 3-166　连接效果　　　　　　　　　　图 3-167　偏移效果

Step 11 在命令行中输入 TRIM 命令，对图形对象进行修剪，修剪后的显示效果如图 3-168 所示。

Step 12 在命令行中输入 LINE 命令，连接如图 3-169 所示的倾斜线。

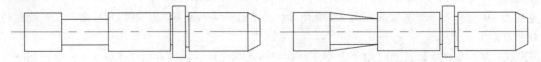

图 3-168　修剪效果　　　　　　　　　　图 3-169　连接倾斜线

Step 13 在命令行中输入 ERASE 命令，选择倾斜线之间的两条水平线并将其删除，删除效果如图 3-170 所示。

Step 14 在命令行中输入 CHAMFER 命令，根据命令行的提示执行【距离】命令，将第一个倒角距离和第二个倒角距离都设置为 1，然后对图形对象进行倒角处理，倒角效果如图 3-171 所示。

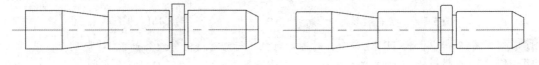

图 3-170　删除效果　　　　　　　　　　图 3-171　倒角效果

增值服务：扫码做
测试题，并可观看
讲解测试题的微
课程。

第 4 章
机械绘图编辑工具

AutoCAD 2017 提供了强大的图形编辑修改功能，可以帮助用户构造和组织图形，保证绘图的准确性，简化绘图操作，极大地提高了绘图效率。本章将重点讲解一些图形的编辑工具。

4.1 图形选择对象

在对图形进行编辑修改操作时，首先选择编辑的对象。选择的对象既可以是单个对象，也可以是对象编组。AutoCAD 2017 用蓝色亮显所选的对象构成选择集。

4.1.1 对象选择模式和方法

在 AutoCAD 2017 中，通过单击【应用程序】按钮，在弹出的菜单中选择【选项】命令，打开【选项】对话框，利用选项卡来确定模式、拾取框的大小等。选择对象的方法有单击对象逐个选取、利用矩形窗口或交叉窗口选择。可以选择新创建的对象，也可以选择以前的图形对象，还可以添加或删除对象。选择对象的命令是 SELECT。选择对象时，如果在命令行的【选择对象:】提示下输入【?】，将显示如下的提示信息。

```
命令: select
选择对象:?
*无效选择*
需要点或窗口(W)/上一个(L)/窗交(C)/框(BOX)/全部(ALL)/栏选(F)/圈围(WP)/圈交(CP)/编组
(G)/添加(A)/删除(R)/多个(M)/前一个(P)/放弃(U)/自动(AU)/单个(SI)/子对象(SU)/对象(O)
```

根据上面的提示信息，输入其中的大写字母即可指定对象选择模式，各选项的功能如下。

- 默认时可直接选择拾取对象，但此法精度不高，且每次只能选取一个对象，当选取大量对象时，就会显得麻烦。
- 窗口（W）：可通过两个角点绘制一个矩形区域来选择对象，所有位于矩形区域内的对象将被选中，区域外或只有部分在区域内的对象则不被选中，如图 4-1 所示。
- 上一个（L）：可选取图形窗口内可见对象中最后创建的对象，无论使用几次该选项，都只有一个对象被选中。
- 窗交（C）：使用交叉窗口选择对象，与用窗口选择对象类似，但使用此选项会使位于窗口之内或与窗口边界相交的对象全被选中，并以

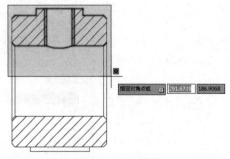

图 4-1　窗口选择

虚线显示矩形窗口，以此区别窗口选择，如图 4-2 所示。

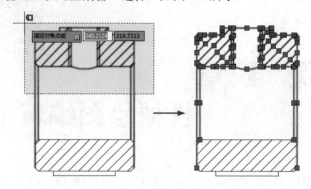

图 4-2　窗交选择

- 框（BOX）：是由【窗口】和【窗交】组合的一个选项，从左到右设置拾取框的两角点执行【窗口】选项，从右到左设置拾取框的两角点则执行【窗交】选项。
- 全部（ALL）：用来选取图形中没有被锁定、关闭或冻结的图层上的所有对象。
- 栏选（F）：通过绘制一条开放的多点栅栏来选择，所有与栅栏线相接触的对象均会被选中。图 4-3（a）所示为设置栅栏，图 4-3（b）所示为选中结果。

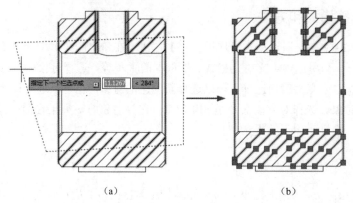

（a）　　　　　　　　　　　　　（b）

图 4-3　栏选选择

- 圈围（WP）：通过绘制一个不规则的、将被选对象包围在里面的封闭多边形，并用它作为拾取窗口。例如，多边形不封闭，系统将自动将其封闭。多边形可以是任何形状，但不能自身相交，如图 4-4 所示。

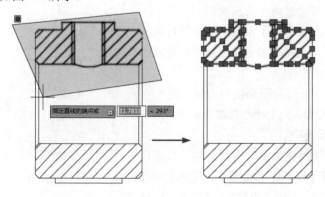

图 4-4　圈围选择

- 圈交（CP）：与窗交选项功能类似，也是通过绘制一个不规则的封闭多边形作为交叉式窗口来选取对象，所有在多边形内或与多边形相交的对象都被选中，如图 4-5 所示。
- 编组（G）：使用组名字来选择一个已定义的对象编组。
- 添加（A）：通过设置 PICKADD 系统变量把对象加入到选项中，设 1（默认）则后面所选择的对象均加入到选项中，设 0 则最近所选择的对象均加入选项中。

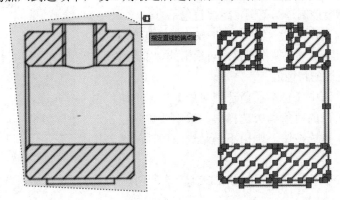

图 4-5　圈交选择

- 删除（R）：可从选择对象中（不是图中）移出已选取的对象，只需单击要移出的对象即可。
- 多个（M）：可以选取多个点但不高亮显示对象，这样可加速选取对象。在要选择的对象上单击，按【Enter】键确认。
- 前一个（P）：将最近的选项设置为当前选项。
- 放弃（U）：取消最近的对象选择操作，如最后一次选取的对象超过一个，将删除最后一次选取的所有对象。
- 自动（AU）：功能为自动选取对象，一旦第一次拾取一个对象，则被选取而【框模式】取消。
- 单个（SI）：其功能与其他选项配合使用，但提前使用【单个】选项，对象选取自动结束，而不用按【Enter】键。
- 子对象（SU）：用户可以逐个选择原始形状，这些形状是复合实体的一部分或三维实体上的顶点、边和面。可以选择这些子对象的其中之一，也可以创建多个子对象的选择集。选择集中可以包含多种类型的子对象。
- 对象（O）：结束选择【子对象】的功能，以便用户可以使用其他选择对象的方法。

4.1.2　快速选择

在 AutoCAD 2017 中，需要选择具有某些共同特点的对象时，可利用【快速选择】对话框，根据所选择对象的图层、线型、颜色、图案填充等要求和特征来进行选择。具体操作有以下几点。

- 在菜单栏中选择【工具】下拉菜单中的【快速选择】命令。
- 在【默认】选项卡中单击【实用工具】面板中的【快速选择】按钮 ⬚。
- 在绘图窗口中右击，在弹出的快捷菜单中选择【快速选择】命令。

打开图 4-6 所示的【快速选择】对话框，然后按所选的功能进行选择。各选项功能如下。

- 应用到：选择过滤条件的应用范围，可以用于整个范围，也可用于当前选择。

- 【选择对象】按钮 ⊕：单击该按钮将切换到绘图窗口中，并根据当前所指定的过滤条件来选择对象，选完后按【Enter】键结束选择，回到【快速选择】对话框中。
- 对象类型：指定要过滤的对象类型。
- 特性：指定作为过滤条件的对象特性。
- 运算符：指定控制过滤范围，运算符包括：=、<>、<、>、*、全部选择等。"<"和">"操作符对某些对象特性是不可用的，"*"操作符仅对可编辑的文本起作用。
- 值：设置过滤的特性值。
- 如何应用：选中【包括在新选择集中】单选按钮，由满足过滤条件的对象构成选择集；选中【排除在新选择集之外】单选按钮，则由不满足过滤条件的对象构成选择集。

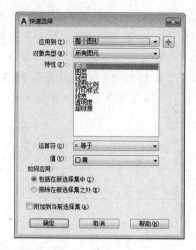

图 4-6　【快速选择】对话框

- 附加到当前选择集：指定由 QSELECT 命令所创建的选择集是追加到当前还是替代当前选择集。

4.1.3　实例——快速选择对象

下面介绍如何利用【快速选择】对话框选择图形，其具体操作步骤如下。

Step 01　打开配套资源中的素材\第 4 章\【快速选择对象.dwg】图形文件，如图 4-7 所示。

Step 02　在命令行中执行 QSELECT 命令，在弹出的对话框中选择【特性】列表框中的【颜色】选项，将【运算符】设置为【=等于】，将【值】的颜色设置为【蓝】，如图 4-8 所示。

Step 03　设置完成后，单击【确定】按钮，即可选中相应属性的对象，如图 4-9 所示。

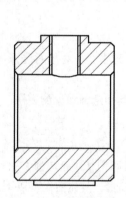

图 4-7　打开素材文件

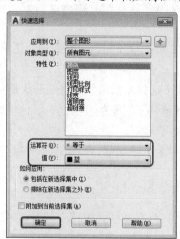

图 4-8　【快速选择】对话框

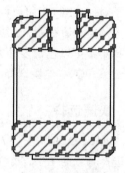

图 4-9　选择对象

4.2　删除及恢复类命令

本节将讲解关于 AutoCAD 的删除及恢复类命令，其中包括【删除】命令、【恢复】命令和【清除】命令。

4.2.1　删除命令

如果所绘制的图形不符合要求或绘制有误，则可以使用删除命令 ERASE 把它删除。执行删除命令主要有以下 4 种方法。

- 在命令行中输入 ERASE 命令。
- 在菜单栏中执行【修改】|【删除】命令。
- 单击【修改】工具栏中的【删除】按钮。
- 在快捷菜单中执行【删除】命令。

当选择多个对象时，多个对象都被删除；若选择的对象属于某个对象组，则该对象组的所有对象都被删除。

4.2.2　恢复命令

若不小心误删除了图形，可以使用恢复命令 OOPS 恢复误删除的对象，执行恢复命令，主要有以下 3 种方法。

- 单击【标准】工具栏中的【放弃】按钮。
- 在命令行中输入【OOPS】或【U】命令。
- 使用【Ctrl+Z】组合键。

4.2.3　清除命令

此命令与删除命令的功能完全相同，执行清除命令，主要有以下两种方法。

- 在菜单栏中执行【编辑】|【删除】命令。
- 使用【Delete】键。

执行上述命令后，根据系统提示选择要清除的对象，按【Enter】键执行清除命令。

4.3　对象编辑

使用夹点工具和特性功能可以方便直接地进行对象编辑操作，这是编辑对象非常方便和快捷的方法。

4.3.1　夹点工具

夹点就是绘图对象上的控制点，当选中对象后，在对象上将显示若干个小方块，这些小方块用来标记被选中对象的夹点。默认情况下，夹点始终是打开的，其显示的颜色和大小可以进行设置。对不同的对象，用来控制其特征的夹点的位置和数量是不同的。

在 AutoCAD 2017 中，夹点是一种集成的编辑模式，实用性强，可以对对象进行拉伸、移动、旋转、缩放以及镜像操作，为绘制图形提供一种方便快捷的编辑途径。

夹点的状态有以下两种。

- 热态：是指被单击激活的夹点。在热态下，用户可以直接通过拖动夹点来编辑对象。
- 冷态：是指未被单击激活的夹点。

AutoCAD 2017 允许用户通过 5 种方法来设置夹点操作模式：拉伸、移动、旋转、缩放和镜像。当用户单击任意夹点使其变为热态后，可以使用默认夹点模式【拉伸】或按【Enter】键或空格键来循环浏览其他 4 种夹点模式。也可以在选定的夹点上右击，如图 4-10 所示，以查看快捷菜单上的所有可用选项。

对于很多对象，也可以将光标悬停在夹点上以访问具有特定于对象（有时为特定于夹点）的编辑选项的菜单，如图 4-11 所示。

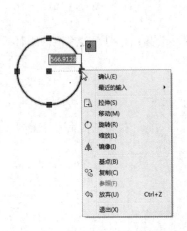

图 4-10　在选定的夹点上右击

图 4-11　快捷菜单

1. 拉伸对象

在不执行任何命令的情况下选择对象，显示其夹点，然后单击其中一个夹点，则该夹点就被当作拉伸的基点进行操作，如图 4-12 所示。

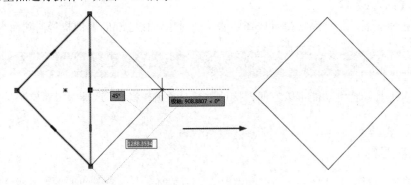

图 4-12　拉伸对象

命令行显示如下提示信息。

```
**拉伸**
指定拉伸点或[基点(B)/复制(C)/放弃(U)/退出(X)]:
```

默认情况下，指定拉伸点后将把对象拉伸或移动到新的位置。

- 基点（B）：重新指定拉伸基点。
- 复制（C）：允许指定一系列的拉伸点，以实现多次拉伸。
- 放弃（U）：取消上一步操作。
- 退出（X）：退出当前操作。

2．移动对象

移动对象仅是位置上的平移，对象的大小和方向不会被改变。要准确地移动对象，可使用捕捉模式、坐标、夹点和对象捕捉模式。利用夹点编辑模式确定基点后，在命令行提示下输入 MO 进入移动模式，命令行显示信息如下。

＊＊移动＊＊
指定拉伸点或[基点(B)/复制(C)/放弃(U)/退出(X)]：

通过输入点的坐标或拾取点的方式指定平移对象的目的点后，即可以基点为平移起点、以目的点为终点将所选对象平移到新位置，如图 4-13、图 4-14 所示。

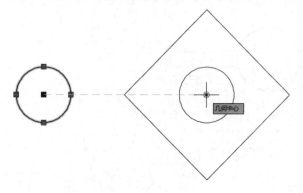
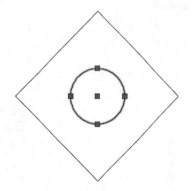

图 4-13　选择圆的基点　　　　　　　　　　图 4-14　移动对象的位置

3．旋转对象

在夹点编辑模式下，指定基点后，在命令行提示下输入 RO 进入旋转模式，则命令行会显示旋转信息。

默认状况下，输入旋转的角度值或通过拖动方式指定了旋转角度后，即可将对象绕基点旋转指定的角度。选择【旋转】夹点模式后，AutoCAD 提示如下。

指定旋转角度或[基点(B)/复制(C)/放弃(U)/参照(R)/退出(X)]：

4．缩放对象

在夹点编辑模式下指定基点后，在命令行提示下输入 SC 进入缩放模式，命令行会提示【比例缩放】。

在默认情况下，指定了缩放的比例因子后，将相对于基点进行缩放对象的操作。当比例因子大于 1 时，放大对象；当比例因子为小于 1 的正数时，缩小对象。选择【缩放】夹点模式后，AutoCAD 提示如下。

指定比例因子或[基点(B)/复制(C)/放弃(U)/参照(R)/退出(X)]：

5．镜像对象

镜像操作时将会删除原对象。在夹点编辑模式下指定基点后，在命令行输入 MI 进入镜像模式，命令行将提示【镜像】。

指定镜像对称线上的第二点以后，将以基点作为镜像线上的第一个点，新指定的点为镜像线上的第二个点，将对象进行镜像操作并删除原对象。

4.3.2　实例——修改对象特性

下面介绍如何修改对象特性，其具体操作步骤如下。

`Step 01` 打开配套资源中的素材\第 4 章\【修改对象特性-素材.dwg】图形文件，在命令行中执行

MATCHPROP 命令，选择如图 4-15 所示的对象，按【Enter】键进行确认。

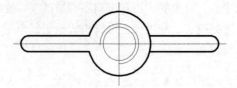

图 4-15　打开素材文件

Step 02 选择如图 4-16 所示的对象，匹配特性后的效果如图 4-17 所示。

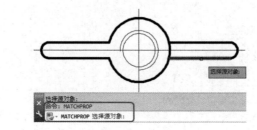

图 4-16　选择图形对象

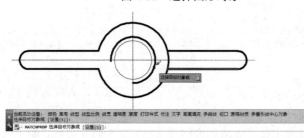

图 4-17　匹配特性

如果选择【设置(S)】选项，则可打开【特性设置】对话框，勾选一个或多个复选框，可指定相应要复制的特性，如图 4-18 所示。

【特性设置】对话框各选项功能如下。

- 颜色：用于将目标对象的颜色改为源对象的颜色，适用于所有对象。
- 图层：用于将目标对象所在的图层改为源对象所在的图层，适用于所有对象。
- 线型：用于将目标对象的线型改为源对象的线型，除【属性】、【填充图案】、【多行文字】、【点】和【视区】等对象外。

图 4-18　【特性设置】对话框

- 线型比例：用于将目标对象的线型比例改为源对象的线型比例，除【属性】、【填充图案】、【多行文字】、【点】和【视区】等对象外。
- 线宽：用于将目标对象的线宽改为源对象的线宽，适用于所有对象。
- 透明度：将目标对象的透明度更改为源对象的透明度，此选项适用于所有对象。
- 厚度：用于将目标对象的厚度改为源对象的厚度，适用于【圆弧】、【属性】、【圆】、【直线】、【点】、【文字】、【二维多段线】、【面域】和【跟踪】等对象。

- 打印样式：用于将目标对象的打印样式改为源对象的打印样式，如果当前是依赖颜色的打印样式模式，则该选项无效，该选项适用于所有对象。
- 文字：用于将目标对象的文字样式改为源对象的文字样式，只适用于单行和多行文字对象。
- 标注：用于将目标对象的标注样式改为源对象的标注样式，只适用于【标注】、【引线】和【公差】对象。
- 图案填充：用于将目标对象的填充图案改为源对象的填充图案，只适用于填充图案对象。
- 多段线：用于将目标多段线的线宽和线型的生成特性改为源多段线的特性。
- 视口：用于将目标视口特性改为与源视口相同，包括打开/关闭显示锁定标准或自定义的缩放、着色模式、捕捉、栅格及 UCS 图标的可视化和位置。
- 表格：用于将目标对象的表格样式改为与源表格相同，只适用于表格对象。
- 材质：（在 AutoCAD LT 中不可用），除基本的对象特性之外，将更改应用到对象的材质。如果没有为源对象而是为目标对象指定了材质，则将从目标对象中删除材质。
- 阴影显示：（在 AutoCAD LT 中不可用），除基本的对象特性之外，将更改阴影显示。对象可以投射阴影、接收阴影、投射和接收阴影或者可以忽略阴影。
- 多重引线：除基本对象特性外，还将目标对象的多重引线样式和注释性特性更改为源对象的多重引线样式和特性，仅适用于多重引线对象。

4.3.3 特性匹配

对象特性包含一般特性和几何特性。一般特性包括对象的颜色、线型、图层及线宽等，几何特性包括对象的尺寸和位置，这两个特性可以在【特性】窗口和【特性匹配】窗口中设置和修改。

1.【特性】窗口

特性命令的调用方法有如下 3 种。

- 【默认】选项卡|【特性】面板|【特性】。
- 菜单命令：【修改】|【特性】。
- 命令行：PROPERTIES。

激活命令后打开的【特性】窗口如图 4-19 所示，左图为无选择状态，右图为选择圆状态。右击【特性】窗口的标题栏，弹出图 4-20 所示的快捷菜单，可根据需要进行选择。

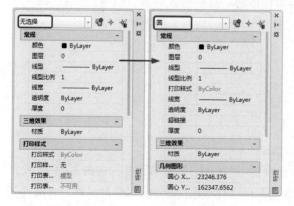

图 4-19 【特性】窗口

图 4-20 快捷菜单

【特性】窗口显示了当前所选对象的所有特性和特性值，当选中多个对象时，将显示它们的共有特性。【特性】窗口的具体功能如下。

- 对象类型：选择一个对象后，窗口内列出该对象的全部特性和当前设置；选择同一类型的多个对象，则窗口内列出这些对象的共有特性和当前设置；选择不同类型的多个对象，则窗口内只列出这些对象的基本特性和当前设置，如颜色、图层、线型、线型比例、打印样式、线宽、超链接及厚度等。
- 工作状态：打开【特性】窗口不影响在 AutoCAD 环境中的各种操作。
- 切换 PICKADD 系统变量值按钮 ：单击该按钮可以修改 PICKADD 系统变量的值，决定是否能选择多个对象进行编辑。
- 选择对象按钮 ：单击该按钮切换到绘图窗口，以选择其他对象。
- 快速选择按钮 ：单击该按钮将打开【快速选择】对话框，可快速创建供编辑用的选择集。
- 特性栏：双击对象的特性栏可显示该特性所有可能的取值。
- 修改特性值：修改所选对象的特性时，可直接输入新值、从下拉列表中选择值、通过对话框改变值，或利用【选择对象】按钮在绘图页改变坐标值。

2．特性匹配

【特性匹配】是将一个对象的某些或所有特性复制到其他一个或多个对象中，可复制的特性有颜色、图层、线型、线型比例、线宽、厚度和打印样式以及尺寸标注、文本和阴影图案等。执行命令方法如下。

- 菜单命令：【修改】|【特性匹配】。
- 【默认】选项卡|【特性】组|【特性匹配】按钮 。
- 命令行：MATCHPROP。

4.4　复制类命令

复制类命令包括偏移、复制、镜像、阵列等命令，下面将通过实例分别进行介绍。

4.4.1　偏移命令

偏移工具可以对指定的直线、圆、圆弧等对象作同心偏移复制。

偏移命令的调用方法有如下 3 种。

- 【修改】组：【偏移】按钮 。
- 菜单命令：【修改】|【偏移】。
- 命令行：OFFSET。

4.4.2　实例——拨叉样件

下面介绍如何偏移图形，其具体操作步骤如下。

`Step 01` 打开配套资源中的素材\第 4 章\【拨叉样件-素材.dwg】图形文件，如图 4-21 所示。

`Step 02` 在命令行中输入 O 命令，按两次【Enter】键进行确认，选择要偏移的对象，如图 4-22 所示。

`Step 03` 将其向外偏移 5.5，偏移后的效果如图 4-23 所示。

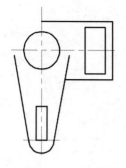

图 4-21　打开素材文件

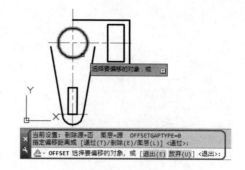

图 4-22　选择要偏移的对象

各选项的功能及注意事项如下。

- 通过(T)：生成通过某一点的偏移对象，可重复提示，以便偏移多个对象。
- 如指定偏移距离，则选择要偏移复制的对象，然后指定偏移方向，以复制出对象，指定距离值必须大于 0。
- 只能以直接方式拾取对象，一次选择一个对象。
- 点、图块属性和文本对象不能被偏移。
- 使用【偏移】命令复制对象时，复制结果不一定与原对象相同，直线是平行复制，圆及圆弧是同心复制，如图 4-24 所示。

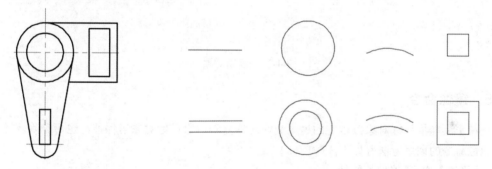

图 4-23　偏移后的效果　　　　图 4-24　使用【偏移】工具复制对象后的效果

4.4.3　复制命令

复制工具可以将对象进行一次或多次复制，源对象仍保留，复制生成的每个对象都是独立的。复制命令的调用方法有如下 3 种。

- 【修改】组：【复制】按钮 。
- 菜单命令：【修改】|【复制】。
- 命令行：COPY。

4.4.4　实例——复制端盖

下面通过实例来讲解如何复制对象，其具体操作步骤如下。

Step 01　打开配套资源中的素材\第 4 章\【端盖-素材.dwg】图形文件，如图 4-25 所示。

Step 02　使用【圆】工具，在如图 4-26 所示的位置处绘制一个半径为 5 的圆。

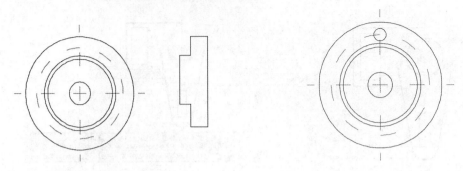

图 4-25　打开素材文件　　　　　　　　　　　图 4-26　绘制圆

Step 03 在命令行中输入 CO 命令，选择刚才绘制的圆作为复制的对象，指定圆的基点，对其进行复制，效果如图 4-27 所示。

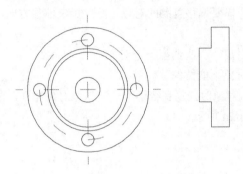

图 4-27　复制对象

4.4.5　镜像命令

镜像工具能将目标对象按指定的镜像线作对称复制，原目标对象可保留，也可删除。

镜像命令的调用方法有如下 3 种。

- 【修改】组：【镜像】按钮。
- 菜单命令：【修改】|【镜像】。
- 命令行：MIRROR。

4.4.6　实例——镜像套筒

下面通过实例来讲解如何镜像套筒，其具体操作步骤如下。

Step 01 打开配套资源中的素材\第 4 章\【套筒-素材.dwg】图形文件，如图 4-28 所示。

Step 02 使用【镜像】工具，选择要镜像的对象，如图 4-29 所示，按【Enter】键进行确认。

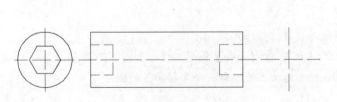

图 4-28　打开素材文件

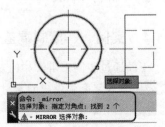

图 4-29　选择要镜像的对象

Step 03 指定镜像线的第一点和第二点，如图 4-30 所示。

Step 04 在命令行中输入 N 命令，镜像对象，效果如图 4-31 所示。

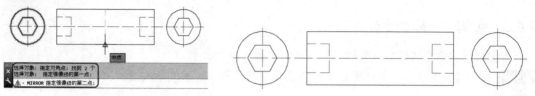

图 4-30　指定镜像线的第一点和第二点　　　　　　　图 4-31　镜像对象

4.4.7　阵列命令

阵列工具可以创建以阵列模式排列的对象副本，有 3 种类型的阵列：矩形、路径和极轴，系统默认为矩形阵列。

1．矩形阵列

在矩形阵列中，项目分布到任意行、列和层的组合。

矩形阵列命令的调用方法有如下 3 种。

- 【修改】组：【矩形阵列】按钮 。
- 菜单命令：【修改】|【阵列】|【矩形阵列】。
- 命令行：arrayrect。

2．环形阵列

环形阵列是将图形对象以一个圆形进行阵列复制，项目将围绕指定的中心点或旋转轴以循环运动均匀分布。

环形阵列命令的调用方法有如下 3 种。

- 【修改】组：【环形】按钮 。
- 菜单命令：【修改】|【阵列】|【环形阵列】。
- 命令行：arraypolar。

```
命令：_arraypolar
选择对象：找到 1 个 （选择小圆作为环形阵列的对象）
选择对象：
类型 = 极轴 关联 = 是
指定阵列的中心点或 [基点(B)/旋转轴(A)]：（指定大圆圆心）
输入项目数或 [项目间角度(A)/表达式(E)] <4>：6
指定填充角度(+=逆时针、-=顺时针)或 [表达式(EX)] <360>:180
按【Enter】键接受或 [关联(AS)/基点(B)/项目(I)/项目间角度(A)/填充角度(F)/行(ROW)/
层(L)/旋转项目(ROT)/退出(X)] <退出>：
```

在执行命令的过程中，各选项的含义如下。

- 项目总数和填充角度：通过中心、总角度和阵列对象之间的角度来控制环形阵列。【项目间角度】选项为灰色时，表示不可选。
- 项目总数和项目间的角度：通过中心、复制份数和阵列对象之间的角度来控制环形阵列。【填充角度】选项为灰色时，表示不可选。
- 复制时旋转项目：指定在阵列时是否将复制的对象旋转。
- 基点：输入环形阵列的中心点坐标，也可单击右边按钮指定阵列的中心点。

- 填充角度和项目间的角度：通过中心、复制份数和总角度来控制环形阵列。【项目总数】选项为灰色时，表示不可选。

4.4.8 实例——阵列手轮

下面通过实例来讲解如何阵列手轮，其具体操作步骤如下。

Step 01 使用【圆】工具，在绘图区中的任意位置指定圆心，依次输入 50、45、10、5，绘制同心圆，如图 4-32 所示。

Step 02 使用【直线】工具，连接半径为 50 的圆上象限点与圆心，如图 4-33 所示。

Step 03 使用【偏移】工具，将垂直线段分别向左、右偏移 2，将源直线删除，如图 4-34 所示。

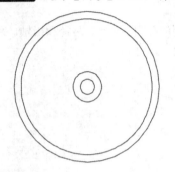 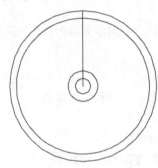 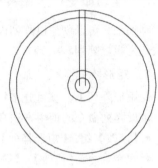

图 4-32　绘制圆　　　　　　　图 4-33　绘制直线　　　　　　　图 4-34　偏移线段

Step 04 使用【环形阵列】工具，选择 Step 03 偏移的直线，拾取圆心为中心点，将【项目数】设置为 6，将【填充角度】设置为 360，如图 4-35 所示。

Step 05 使用【分解】工具，分解图形对象，如图 4-36 所示。

Step 06 使用【正多边形】工具，在命令行中输入 4，拾取圆心为正多边形的中心点，输入 I，拾取半径为 5 的圆上象限点，绘制正多边形，如图 4-37 所示。

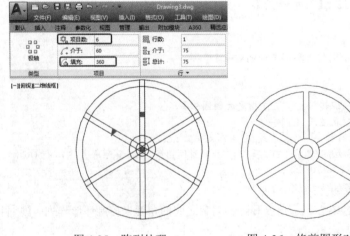 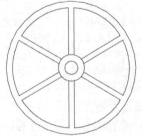 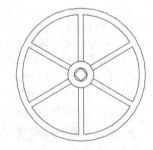

图 4-35　阵列处理　　　　　　图 4-36　修剪图形对象　　　　图 4-37　绘制正多边形

在执行命令的过程中，各选项的含义如下。

- 基点：指定阵列的基点。
- 计数：分别指定行和列的值。
- 表达式：使用数学公式或方程式获取值。

- 关联：指定在阵列中创建项目是否作为关联阵列对象或独立对象存在。执行阵列命令时如果在关联选项中选择【是】选项，则阵列后的对象是关联阵列对象，用户可以通过编辑阵列的特性和源对象，对阵列对象进行修改和编辑；如果选择【否】选项，则创建的阵列项目作为独立对象存在，更改其中一个项目不影响其他项目。

由于在前面矩形阵列中选择了关联选项，所以阵列对象作为整体可以进行编辑和修改，方法如下：在绘图页双击阵列对象，系统会弹出【阵列】面板和所选对象的快捷特性选项板，如图 4-38 和图 4-39 所示，用户可以利用它们对所选的阵列对象进行编辑和修改。例如，用户可以修改行和列的数量及行和列的间距等特性。

图 4-38　【阵列】面板

用户还可以使用所选对象的夹点进行编辑，矩形阵列的 6 个夹点如图 4-40 所示，用户可以根据夹点给出的提示信息对矩形阵列对象进行相应的修改和编辑。

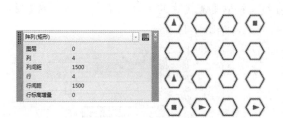

图 4-39　快捷特性选项板

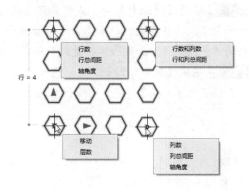

图 4-40　夹点显示

☂ **提　示**

> 在矩形阵列中，行偏移和列偏移有正负之分。默认情况下，若行偏移为正值，则行添加在上面；反之，则添加在下面。若列偏移为正值，则列添加在右侧；反之，则添加在左侧。

4.5　改变图形位置、角度及大小

改变图形位置、角度及大小是指按照指定要求改变当前图形或图形中某部分的位置。主要包括移动、旋转和缩放。

4.5.1　移动命令

移动工具可在指定方向上按指定距离移动对象，使对象进行重新定位。

移动命令的调用方法有如下 3 种。

- 【修改】组：【移动】按钮 ✛。
- 菜单命令：【修改】|【移动】。

- 命令行：MOVE。

4.5.2 旋转命令

旋转工具可将所选择的对象按指定基点旋转一个角度，确定新的位置。

旋转命令的调用方法有如下 3 种。

- 【修改】组：【旋转】按钮 ⟳。
- 菜单命令：【修改】|【旋转】。
- 命令行：ROTATE。

4.5.3 实例——绘制网套叶片

下面通过实例来讲解如何制作网套叶片，其中主要用到直线、圆弧、阵列、修剪、镜像工具，具体操作步骤如下。

Step 01 使用【直线】工具，在绘图区中指定一点作为起点，绘制长度为 120 的垂直直线，再次使用【直线】工具，绘制一条长度为 40 的水平直线，并与垂直直线相互平分，如图 4-41 所示。

Step 02 使用【圆弧】工具，拾取垂直直线的上端点作为圆弧的起点，水平直线的左端点作为圆弧的第二点，垂直直线的下端点作为圆弧的端点，绘制圆弧，重复使用【圆弧】命令，绘制相对应的另一段圆弧，并删除水平直线，如图 4-42 所示。

Step 03 使用【环形阵列】工具，选择垂直的直线。拾取垂直直线的上端点为中心点，将【项目数】设置为 8，将【填充】角度设置为 35，进行阵列，如图 4-43 所示。

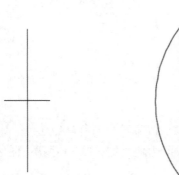

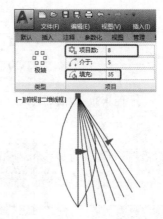

图 4-41　绘制直线　　　　图 4-42　绘制圆弧　　　　图 4-43　阵列效果

Step 04 使用【分解】工具，将阵列的对象进行分解，使用【修剪】工具，修剪图形对象，如图 4-44 所示。

Step 05 使用【镜像】工具，选择阵列的直线以垂直直线为镜像轴线，进行镜像处理，如图 4-45 所示。

Step 06 使用【环形阵列】工具，选择所有的对象，以垂直直线的上端点作为中心点，将【项目数】设置为 16，将【填充】角度设置为 360，如图 4-46 所示。

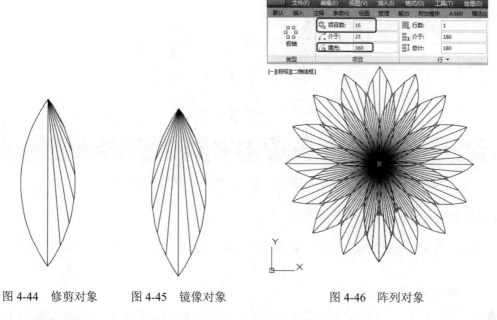

图 4-44　修剪对象　　图 4-45　镜像对象　　　　图 4-46　阵列对象

4.5.4　缩放命令

缩放工具可以将对象按指定的比例因子相对于基点进行尺寸缩放，比例因子大于 0 而小于 1 时缩小对象，比例因子大于 1 时放大对象。

缩放命令的调用方法有如下 3 种。

- 【修改】组：【缩放】按钮 ▣。
- 菜单命令：【修改】|【缩放】。
- 命令行：SCALE。

4.5.5　实例——缩放曲柄

下面将通过实例来讲解如何缩放曲柄对象，其具体操作步骤如下。

Step 01　打开配套资源中的素材\第 4 章\【曲柄-素材.dwg】图形文件，如图 4-47 所示。

Step 02　使用【缩放】工具，选择如图 4-48 所示的对象。

Step 03　按【Enter】键进行确认，指定基点，将【缩放比例因子】设置为 2，如图 4-49 所示。

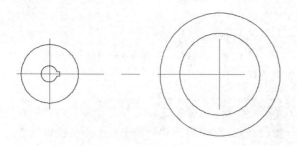

图 4-47　打开素材文件

图 4-48　选择要缩放的对象

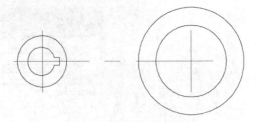

图 4-49　缩放效果

4.6　改变几何特性

本节主要通过打断、圆角、倒角等命令来讲解如何改变几何特性。

4.6.1　打断命令

打断工具可部分删除对象或把对象分解成两部分。打断对象主要有两种方式。下面分别进行介绍。

1．将对象打断于一点

将对象打断于一点是指将整条线段分离成两条独立的线段，但线段之间没有空隙。调用该命令的方法如下。

- 在【默认】选项卡的【修改】组中，单击　　修改 ▼　　按钮，在弹出的下拉列表中单击【打断于点】按钮。
- 在命令行中执行 BREAK 或 BR 命令。

2．以两点方式打断对象

以两点方式打断对象是指在对象上创建两个打断点，使对象以一定的距离断开。调用该命令的方法如下。

- 在【默认】选项卡的【修改】组中，单击【打断】按钮。
- 显示菜单栏，选择【修改】|【打断】命令。
- 在命令行中执行 BREAK 或 BR 命令。

图 4-50 和图 4-51 所示分别为将图形对象打断于一点和打断于两点的效果。

图 4-50　打断于一点　　　　　　　　　　图 4-51　打断于两点

☂ 提　示

默认情况下，以选择对象时的拾取点作为第一个断点，然后再指定第二个断点。如果直接选取对象上的另一点或者在对象的一端之外拾取一点，这时将删除对象上位于两个拾取点之间的部分。在确定第二个打断点时，如果在命令行输入@，则可以使第一个和第二个断点重合，从而将对象一分为二。如果对圆、矩形等封闭图形使用打断命令，AutoCAD 将沿逆时针方向把第一断点到第二断点之间的那段圆弧删除。

4.6.2 实例——打断轴承座

下面介绍如何打断图形，其具体操作步骤如下。

Step 01 打开配套资源中的素材\第 4 章\【轴承座-素材.dwg】图形文件，如图 4-52 所示。

Step 02 单击【修改】选项组中的【打断】按钮▣，选择如图 4-53 所示的对象。

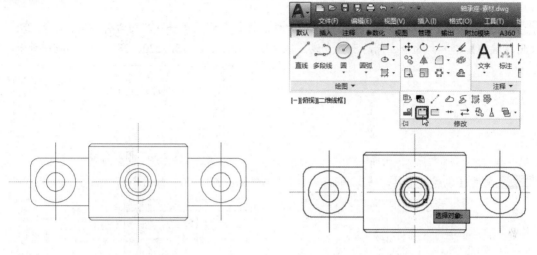

图 4-52 打开素材文件　　　　　　　　图 4-53 选择要打断的对象

Step 03 指定打断的第一点和第二点，即可将对象进行打断，效果如图 4-54 所示。

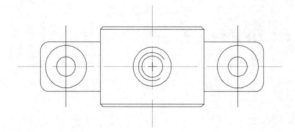

图 4-54 打断对象

4.6.3 圆角命令

圆角工具可以对对象用一个指定半径的圆弧来修圆角。

圆角命令的调用方法有如下 3 种。

- 【修改】组：【圆角】按钮◻。
- 菜单命令：【修改】|【圆角】。
- 命令行：FILLET。

对对象修圆角的方法与对对象修倒角的方法相似，但【倒圆】允许对两条平行线倒圆角，此时圆角半径为两条平行线距离的一半。各选项功能如下。

- 多段线(P)：可以当前所设置的圆角半径对多段线的各交点修圆角。
- 半径(R)：指定圆角半径的尺寸。
- 修剪(T)：设置修圆角后是否保留原拐角边，修圆角后是否对圆角边进行修剪。
- 多个(U)：可以对多个对象修圆角。

4.6.4 实例——绘制电动机

下面介绍绘制电动机，其具体操作步骤如下。

Step 01 打开配套资源中的素材\第 4 章\【电动机-素材.dwg】图形文件，使用【直线】工具，拾取直线的左端点，向右引导鼠标，输入 5，按【F8】键开启正交模式，向上引导鼠标，输入 80，如图 4-55 所示。

Step 02 使用【直线】工具，拾取垂直直线的上端点作为直线的第一点，向右引导鼠标输入 285，使用【偏移】工具，选择左侧的垂直直线，依次输入 40、50、70、220、285，如图 4-56 所示。

图 4-55　绘制直线　　　　　　　　　　　图 4-56　偏移直线

Step 03 使用【偏移】工具，将上侧边依次向下偏移 10、60、70，如图 4-57 所示。

图 4-57　偏移线段

Step 04 使用【修剪】工具，修剪图形对象，如图 4-58 所示。

图 4-58　修剪对象

Step 05 使用【圆角】工具，在命令行中输入 R，将【圆角半径】设置为 10，按【Enter】键进行确认，在命令行中输入 M，按【Enter】键进行确认，对图形进行圆角，如图 4-59 所示。

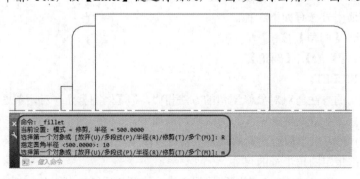

图 4-59　圆角对象

Step 06 使用【镜像】工具，选择如图 4-60 所示的部分，作为镜像的对象。

Step 07 对其进行镜像处理，效果如图 4-61 所示。

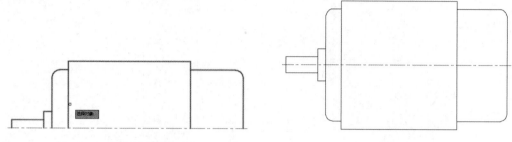

图 4-60　选择要镜像的对象　　　　　图 4-61　镜像处理

Step 08 使用【矩形】工具，绘制长度为 130、宽度为 10 的矩形，然后使用【移动】工具，调整矩形的位置，如图 4-62 所示。

Step 09 使用【修剪】工具，修剪图形对象，如图 4-63 所示。

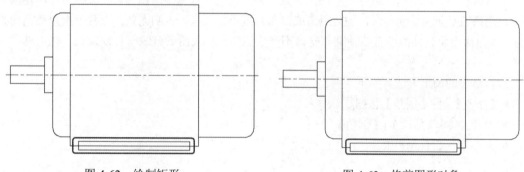

图 4-62　绘制矩形　　　　　　　图 4-63　修剪图形对象

Step 10 使用【旋转】工具，选择水平的辅助线，指定直线的中点作为基点，在命令行中输入 C，将【旋转角度】设置为 270，效果如图 4-64 所示。

Step 11 使用【圆】工具，依次绘制半径为 4、6 的两个圆，将其放置在如图 4-65 所示的位置处。

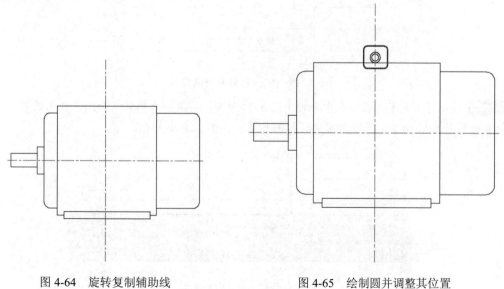

图 4-64　旋转复制辅助线　　　　　图 4-65　绘制圆并调整其位置

Step 12 使用【修剪】和【夹点】工具，修剪对象，如图 4-66 所示。

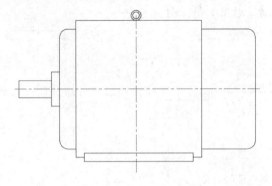

图 4-66　修剪图形对象

4.6.5　倒角命令

默认情况下，需要选择进行倒角的两条直线，但这两条直线必须相邻，然后按所选倒角的大小对这两条直线倒角。倒角时，倒角距离或倒角角度不能太大，否则无效；当两个倒角距离均为 0 时，倒角命令将延伸两条直线使其相交，不产生倒角；如果两条直线平行或发散，则不能产生倒角。

倒角命令的调用方法有如下 3 种。

- 【修改】组：【倒角】按钮。
- 菜单命令：【修改】|【倒角】。
- 命令行：CHAMFER。

4.6.6　实例——调节螺杆

下面将讲解如何倒角调节螺杆，其具体操作步骤如下。

Step 01 打开配套资源中的素材\第 4 章\【调节螺杆-素材.dwg】图形文件，如图 4-67 所示。

图 4-67　打开素材文件

Step 02 使用【倒角】工具，在命令行中输入 D 命令，将第一个和第二个倒角距离设置为 1，在命令行中输入 M 命令，对图形对象进行倒角处理，如图 4-68 所示。

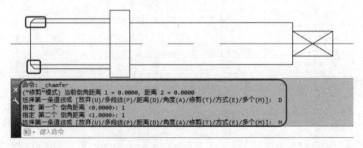

图 4-68　倒角后的效果

4.6.7 拉伸命令

使用拉伸命令可以将所选择的图形对象按照规定的方向和角度进行拉伸或缩短，并且被选对象的形状会发生变化。该命令的调用方法如下。

- 在【默认】选项卡的【修改】组中，单击【拉伸】按钮 ⬚。
- 在命令行中执行 S 或 STRETCH 命令。
- 菜单命令：【修改】|【拉伸】。

4.6.8 实例——拉伸多用扳手

下面将讲解如何拉伸多用扳手，其具体操作步骤如下。

Step 01 打开配套资源中的素材\第 4 章\【多用扳手-素材.dwg】图形文件，如图 4-69 所示。

Step 02 使用【拉伸】工具，选择要拉伸的对象，如图 4-70 所示。

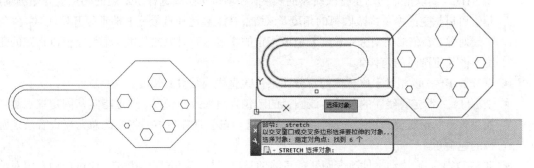

图 4-69　打开素材文件　　　　　　　　　　图 4-70　选择要拉伸的对象

Step 03 按【Enter】键进行确认，指定基点，如图 4-71 所示。

Step 04 向左引导鼠标，输入 50，效果如图 4-72 所示。

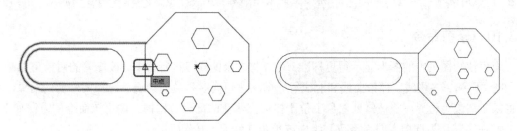

图 4-71　指定拉伸基点　　　　　　　　　　图 4-72　拉伸后的效果

拉伸必须通过框选或围选的方式才能进行，如圆、椭圆和块都无法进行拉伸。拉伸命令既可以拉伸实体，又可以移动实体。若选择的对象全部在选择窗口内，则拉伸命令可以将对象从基点移动到终点；若选择对象只有部分在选择窗口内，则拉伸命令可以对实体进行拉伸。

对于直线、圆弧、区域填充和多段线等对象，若其所有部分均在选择窗口内，它们将被移动；若只有一部分在选择窗口内，则遵循以下拉伸原则。

- 直线：位于窗口外的端点不动，位于窗口内的端点移动。
- 圆弧：与直线类似，但圆弧的弦高保持不变，需调整圆心的位置和圆弧的起始角和终止角的值。
- 区域填充：位于窗口外的端点不动，位于窗口内的端点移动。

- 多段线：与直线和圆弧类似，但多段线两端的宽度、切线方向及曲线拟合信息均不变。
- 其他对象：如果其定义点位于选择窗口内，对象可移动，否则不动。

4.6.9 拉长命令

拉长工具在编辑直线、圆弧、多段线、椭圆弧和样条曲线时经常使用，它可以拉长或缩短线段，以及改变弧的角度。可以将更改指定为百分比、增量、最终长度或角度。调用该命令的方法如下。

- 在【默认】选项卡的【修改】组中，单击【拉长】按钮 ⬚。
- 在命令行中执行 LENGTHEN 命令。
- 菜单命令：【修改】|【拉长】。

在执行命令过程中，各选项的含义如下。

- 增量(DE)：以指定的增量修改对象的长度，该增量从距离选择点最近的端点处开始测量。差值可以指定的增量修改圆弧的角度，该增量从距离选择点最近的端点处开始测量。正值扩展对象，负值修剪对象。长度差值以指定的增量修改对象的长度；角度差值以指定的角度修改选定圆弧的包含角。
- 百分数(P)：以相对于原长度的百分比来修改直线或圆弧的长度。
- 全部(T)：给定直线新的总长度或圆弧的新包含角来改变长度。通过指定从固定端点测量的总长度的绝对值来设定选定对象的长度。【全部】选项也按照指定的总角度设置选定圆弧的包含角。
- 动态(DY)：允许动态地改变圆弧或直线的长度。打开动态拖动模式，通过拖动选定对象的端点之一来更改其长度，其他端点保持不变。

☂ **提 示**

默认情况下，选择对象后，系统会显示出当前选中对象的长度和包含角等信息。

4.6.10 修剪命令

为了使绘图页中的图形显示得更标准，可以将多余的线段进行修剪，被修剪的对象可以是直线、圆、圆弧、多段线、样条曲线和射线等。剪切边也同时是被剪切边。选择要修剪的对象，系统将以剪切边为边界，将被修剪对象上位于拾取点一侧的部分剪切掉。调用该命令的方法如下。

- 在【默认】选项卡的【修改】组中，单击【修剪】按钮 ⬚。
- 显示菜单栏，选择【修改】|【修剪】命令。
- 在命令行中执行 TRIM 或 TR 命令。

4.6.11 实例——绘制三角板

下面讲解如何通过【修剪】命令来绘制三角板，其具体操作步骤如下。

`Step 01` 按【F8】键开启正交模式，使用【多段线】工具，指定一点作为多段线的起点，向下引导鼠标输入 22.5，向右引导鼠标输入 40，在命令行中输入 C 命令，将多段线进行闭合，如图 4-73 所示。

`Step 02` 使用【偏移】工具，选择绘制的三角形，将其向内部偏移 5，如图 4-74 所示。

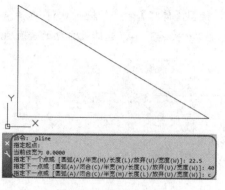

图 4-73　绘制三角形

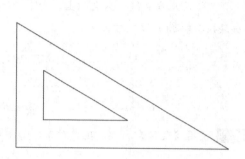

图 4-74　偏移三角形

Step 03　使用【圆】工具，绘制三个半径为 1 的圆，如图 4-75 所示。

Step 04　使用【修剪】工具，修剪图形对象，如图 4-76 所示。

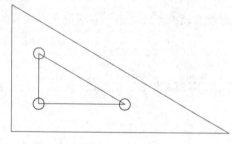

图 4-75　绘制圆

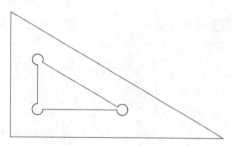

图 4-76　修剪图形对象

4.6.12　延伸命令

延伸工具用于要延伸对象的端点延伸到指定的边界，这些边界可以是直线、圆弧等。调用该命令的方法如下。

- 【修改】组：单击【修剪】右侧的下三角按钮，然后单击【延伸】按钮。
- 菜单命令：【修改】|【延伸】。
- 命令行：EXTEND 或 EX。

延伸命令的使用方法与修剪命令的使用方法相似，区别是使用延伸命令时，如果按【Shift】键的同时选择对象，则执行修剪命令；使用修剪命令时，如果按【Shift】键的同时选择对象，则执行延伸命令。

4.6.13　实例——绘制螺丝刀

下面将讲解如何绘制螺丝刀，其具体操作步骤如下。

Step 01　使用【矩形】工具，分别绘制长度为 40×16、10×8、5×4、65×2 的 4 个矩形，使用【移动】工具，调整对象的位置，如图 4-77 所示。

Step 02　使用【圆角】工具，在命令行中输入 R，将【圆角半径】设置为 2，对左侧的两个矩形进行圆角处理，输入 1，对左侧的第三个矩形进行圆角处理，效果如图 4-78 所示。

图 4-77　绘制矩形

图 4-78　圆角处理

Step 03 使用【分解】命令，将右侧的矩形进行分解，使用【偏移】命令，输入 0.5，选择最右侧的上、下两条水平直线，分别向上、向下进行偏移，依次输入 3、4，选择最右侧的垂直直线，向左偏移，如图 4-79 所示。

图 4-79　偏移线段

Step 04 使用【延伸】工具，延伸对象，如图 4-80 所示。

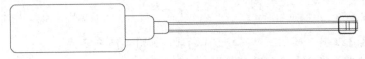

图 4-80　延伸图形对象

Step 05 使用【多段线】工具，分别连接延伸的交点与最右侧矩形的右上、右下角点，效果如图 4-81 所示。

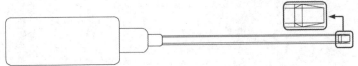

图 4-81　绘制多段线

Step 06 使用【修剪】工具，修剪绘图区中需要修剪的线段，并使用【删除】命令删除不需要的线段，如图 4-82 所示。

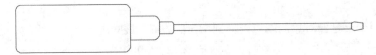

图 4-82　修剪对象

Step 07 使用【矩形】工具，绘制 35×1.5 的矩形，如图 4-83 所示。

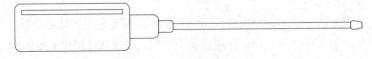

图 4-83　绘制矩形

Step 08 使用【阵列】工具，选择绘制矩形，将【列数】设置为 1，将【行数】设置为 5，将【介于】设置为-2.75，如图 4-84 所示。

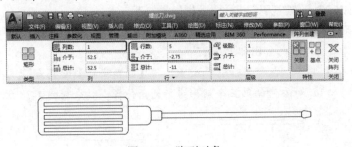

图 4-84　阵列对象

4.6.14 分解命令

对于由矩形块等多个对象编组成的组合对象,如果要对单个成员进行编辑,就需先将它分解,输入【分解】命令后,选择要分解的对象后按【Enter】键,即可分解图形并结束该命令。

分解命令的调用方法有如下 3 种。

- 【修改】组:【分解】按钮 。
- 菜单命令:【修改】|【分解】。
- 命令行:EXPLODE。

4.6.15 合并命令

为了更好地绘制图形,可以将类似的图形进行合并(合并后的图形也可以进行分解),下面进行具体讲解。

合并图形是指将相似的图形对象合并为一个对象,可以合并的对象包括圆弧、椭圆弧、直线、多段线和样条曲线等。调用该命令的方法如下。

- 在【默认】选项卡的【修改】组中,单击 修改 ▼ 按钮,在弹出的下拉列表中单击【合并】按钮 。
- 显示菜单栏,选择【修改】|【合并】命令。
- 在命令行中执行 JOIN 或 J 命令。

命令行将显示如下提示信息。

命令: JOIN
选择源对象或要一次合并的多个对象:

选择需要合并的另一部分对象,按【Enter】键,即可将这些对象合并。

对于直线的合并可以将多条在同一直线方向上的线段合并成一条直线。图 4-85 和图 4-86 所示分别为两段同一条线上的两个线段的合并前后效果。

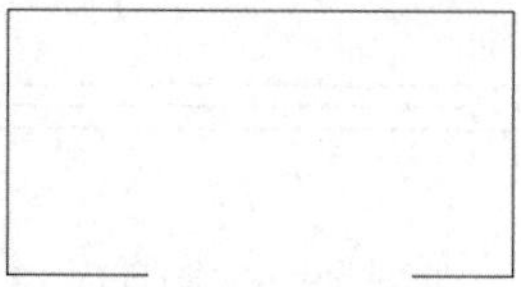

图 4-85 合并前　　　　　　　　　　　　图 4-86 合并后

如果选择【闭合(L)】选项,表示可以将选择的任意一段圆弧闭合为一个整圆。选择图 4-87 中的圆弧,执行该命令后,将得到一个完整的圆,效果如图 4-88 所示。

图 4-87 合并前 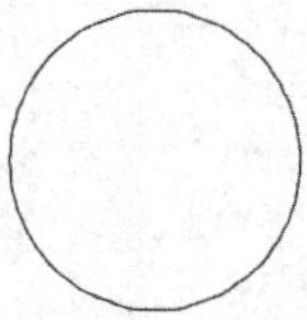　　　　　　　　　　　　图 4-88 合并后效果

 提　示

构造线、射线和闭合的对象无法合并。

4.7 综合应用

本节将通过几个实例来讲解本章介绍的相关命令在实际设计中的应用。

4.7.1 绘制开口销

下面讲解如何绘制开口销，练习本章所讲知识，巩固提高。

Step 01 打开配套资源中的素材\第4章\【开口销-素材.dwg】图形文件，如图4-89所示。

Step 02 使用【圆】工具，绘制半径为1.8的圆，按【F8】键开启正交功能，以圆心作为左端点绘制长度为30的直线，如图4-90所示。

图4-89 打开素材文件　　　　　　　　　　　图4-90 绘制圆和直线

Step 03 使用【偏移】工具，将圆向内部偏移0.9，将直线向上、向下偏移0.9，如图4-91所示。

Step 04 使用【修剪】工具，修剪图形对象，如图4-92所示。

图4-91 偏移对象　　　　　　　　　　　图4-92 修剪图形对象

Step 05 使用【拉长】工具，在命令行中输入T命令，按【Enter】键进行确认，将【长度】设置为22.5，选择上端的直线，按【Enter】键结束命令，如图4-93所示。

Step 06 使用【直线】工具，绘制直线，如图4-94所示。

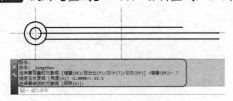
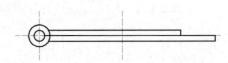

图4-93 拉长结果　　　　　　　　　　　图4-94 绘制直线

Step 07 使用【圆】工具，在如图4-95所示的位置处绘制一个半径为0.9的圆。

Step 08 使用【图案填充】工具，将【图案填充图案】设置为【ANSI31】，将【图案填充比例】设置为0.1，对图形进行填充，如图4-96所示。

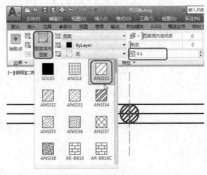

图4-95 绘制圆　　　　　　　　　　　图4-96 填充图案

Step 09　按【Enter】键进行确认，效果如图 4-97 所示。

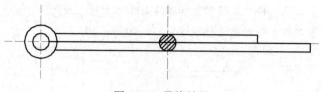

图 4-97　最终效果

4.7.2　绘制齿轮

下面将根据本章所介绍的知识来绘制齿轮，其具体操作步骤如下。

Step 01　打开配套资源中的素材\第 4 章\【齿轮-素材.dwg】图形文件，开启线宽模式，使用【矩形】工具，绘制长度为 90、宽度为 312 的矩形，如图 4-98 所示。

Step 02　使用【分解】工具，分解图形对象，使用【偏移】工具，将上侧边依次向下偏移 4.5、108、6、75、114，如图 4-99 所示。

Step 03　使用【倒角】工具，在命令行中输入 D，将第一个和第二个倒角距离设置为 1.5，在命令行中输入 M，然后对图形对象进行倒角处理，如图 4-100 所示。

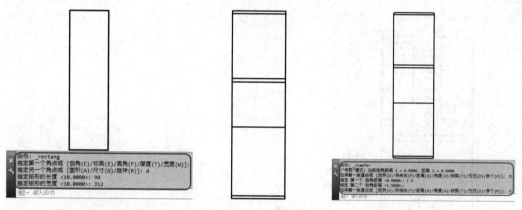

图 4-98　绘制矩形　　　　　图 4-99　偏移对象　　　　　图 4-100　倒角对象

Step 04　在空白位置使用【矩形】工具，绘制 1.5×81、30×78、27×40 的矩形，如图 4-101 所示。

Step 05　使用【倒角】工具，在命令行中输入 D 命令，将第一个和第二个倒角距离设置为 1.5，在命令行中输入 M，对图形进行倒角处理，如图 4-102 所示。

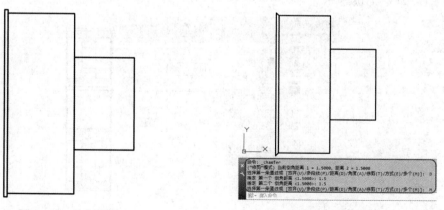

图 4-101　绘制矩形　　　　　　　图 4-102　倒角对象

Step 06 使用【镜像】工具，将对象进行镜像处理，如图 4-103 所示。

Step 07 使用【移动】工具，将对象移动至如图 4-104 所示的位置处。

Step 08 使用【镜像】工具，将对象进行镜像处理，如图 4-105 所示。

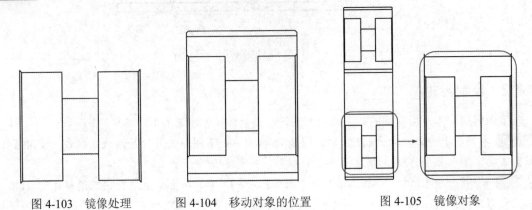

图 4-103　镜像处理　　　图 4-104　移动对象的位置　　　图 4-105　镜像对象

Step 09 使用同样的方法，绘制如图 4-106 所示的对象。

Step 10 在命令行中输入 LA 命令，弹出【图层特性管理器】选项板，将【细实线】图层置为当前图层，如图 4-107 所示。

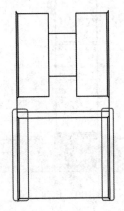

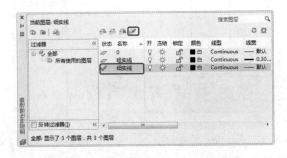

图 4-106　绘制完成后的效果　　　　　图 4-107　将【细实线】图层置为当前图层

Step 11 使用【图案填充】工具，将【图案填充图案】设置为【ANSI31】，将【图案填充比例】设置为 1，如图 4-108 所示。

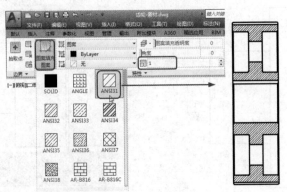

图 4-108　填充图案

Step 12　在命令行中输入 LA 命令，弹出【图层特性管理器】选项板，将【粗实线】图层置为当前图层，如图 4-109 所示。

Step 13　使用【圆】工具，绘制一个半径为 156 的圆，使用【偏移】工具，将其向内部偏移 16.5、79.5、22.5，如图 4-110 所示。

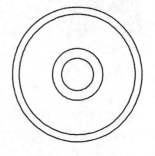

图 4-109　将【细实线】图层置为当前图层　　　　　　图 4-110　偏移对象

Step 14　使用【圆】工具，绘制半径为 19.5 的圆，使用【环形阵列】工具，选择绘制的圆形对象，指定基点，将【项目数】设置为 6，将【行数】设置为 1，如图 4-111 所示。

Step 15　使用【矩形】工具，绘制长度为 20、宽度为 12 的矩形，并移动对象的位置，如图 4-112 所示。

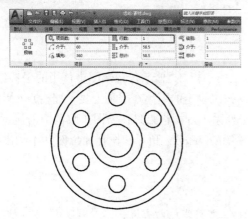

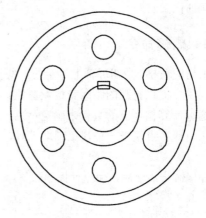

图 4-111　环形阵列　　　　　　　　　　　　图 4-112　移动对象的位置

Step 16　将图层切换至【细实线】图层，使用【样条曲线】工具，绘制样条曲线，如图 4-113 所示。

Step 17　使用【分解】工具，将阵列的对象进行分解，使用【修剪】工具，修剪图形对象，如图 4-114 所示。

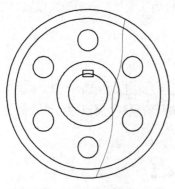

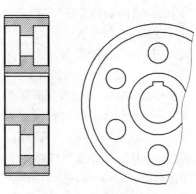

图 4-113　绘制曲线　　　　　　　　　　　　图 4-114　修剪图形对象

第 5 章
机械绘图辅助工具

AutoCAD 2017 提供了很多用于精确绘图的辅助工具，用来帮助用户实现精确定位及辅助绘图。本章将介绍几种常用的辅助绘图工具——栅格、捕捉、正交、观察图形、查询工具，利用这些工具可以提高工作效率，增加绘图的精确性。

5.1 辅助定位命令

辅助工具具有定位的功能，通过使用栅格、捕捉、正交、推断约束等功能可以为用户提供更加精确的位置。

5.1.1 栅格命令

所谓的栅格，是在屏幕上显示的一些指定位置上的小点，类似于传统制图中使用的坐标纸，可以向用户提供直观的距离和位置参照。AutoCAD 按照设定的距离在屏幕上显示栅格点，用户可以通过计算栅格点的数目来确定距离。在世界坐标系中，栅格点只在绘图极限范围内显示。事实上，栅格点仅是一种视觉辅助工具，并不是图形的一部分，所以在图样输出时并不输出栅格点。

栅格命令激活后，命令行提示如下。

命令：grid

指定栅格间距(X) 或 [开(ON)/关(OFF)/捕捉(S)/主栅格线(M)/自适应(D)/图形界限(L)/跟随(F)/纵横向间距(A)] <当前>:指定值或输入选项

各选项的含义如下。

- 指定栅格间距（X）：要求用户输入一个数值，AutoCAD 以输入值为间距，设置水平和垂直两方向上等距的栅格点。如果在输入的数值后加一个 X，则以捕捉间距的倍数来设置栅格点的间距。例如，输入的数值为 3X，则意味着每隔 3 个捕捉点的距离设置一个栅格点。
- 开（ON）：打开栅格显示。
- 关（OFF）：关闭栅格显示。
- 捕捉（S）：设置栅格间距等于捕捉间距。
- 主栅格线（M）：分别设置栅格点在水平方向和垂直方向上的间距，可以在这两个方向上设置不等距的栅格点。指定主栅格线相对于次栅格线的频率。将以除二维线框之外的任意视觉样式显示栅格线而非栅格点。
- 自适应（D）：控制放大或缩小时栅格线的密度。
- 图形界限（L）：显示超出 Limits 命令指定区域的栅格。
- 跟随（F）：更改栅格平面以跟随动态 UCS 的 XY 平面。该设置也由 GRIDDISPLAY 系统变量控制。

- 纵横向间距（A）：沿 X 和 Y 方向更改栅格间距，可具有不同的值。当前捕捉样式为【等轴测】时，【宽高比】选项不可用。

单击状态栏上的【栅格】按钮，可以在栅格的"打开"和"关闭"两种状态之间进行切换，栅格打开的状态如图 5-1 所示。另外，按【F7】键或【Ctrl+G】组合键也可以对栅格的开、关进行切换。

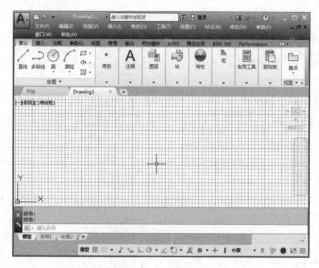

图 5-1　显示栅格

☂ 提　示

　　在设置栅格时，要注意间距不要设得太小，否则将会使栅格点太密而无法显示，或导致图形模糊及屏幕重画太慢。

5.1.2　捕捉命令

捕捉可以限制光标按照事先设置的距离移动。由于捕捉命令能强制光标按设置的距离移动，因此可以精确地在绘图区域内拾取与捕捉间距成倍数的点。当栅格间距和捕捉间距设置成相等的时候，其效果就十分明显了。

但当用键盘输入坐标值时，该输入数据不受捕捉的影响。

捕捉命令激活后，命令行提示如下。

命令：SNAP
指定捕捉间距或[打开 (ON)/关闭(OFF)/纵横向间距(A)/传统(L)/样式(S)/类型(T)] <当前>：
指定距离、输入选项或按【Enter】键
各选项的含义如下。

- 指定捕捉间距：此为默认选项。要求用户输入捕捉间距数值，AutoCAD 以输入值设置捕捉间距，激活捕捉模式。
- 打开（ON）：打开捕捉模式，使用捕捉栅格的当前设置激活捕捉模式。
- 关闭（OFF）：关闭捕捉模式，但保留当前设置。
- 纵横向间距（A）：分别在水平方向和垂直方向上设置不同的间距。
- 样式（S）：设置捕捉栅格为【标准模式】或【等轴测模式】。标准模式指通常的矩形栅格（默认设置），设置与当前 UCS 的 XY 平面平行的矩形捕捉栅格。X 间距与 Y 间距可能不同。在等轴测模式下，可以为绘制等轴测图提供方便。设置捕捉位置最初在 30°和 150°角处的等轴测捕捉栅格。等轴测捕捉不能有不同的【纵横向间距】值。直线栅格不跟随等轴测捕捉栅格。ISOPLANE 确定十字光标是位于上等轴测平面（30°和 150°角）、左等轴测平面（90°和 150°角），还是位于右等轴测平面（30°和 90°角）。

- 类型（T）：让用户设置捕捉的类型。它有两种类型供用户选择，即【极轴捕捉】和【栅格捕捉】。该设置也由 SNAPTYPE 系统变量控制。

单击状态栏上的【捕捉】按钮▒，可以在捕捉模式打开和关闭两种状态之间进行切换。另外，用【F9】键也可以进行捕捉模式打开与关闭的切换。

5.1.3 正交命令

该命令用于打开和关闭正交模式。在正交模式下，只能画出平行于 X 轴或者平行于 Y 轴的直线，约束光标在水平方向或垂直方向移动。

正交命令激活后，命令行提示如下。

命令：ORTHO
输入模式 [开(ON)/关(OFF)] <关>：

各选项的含义如下。

- 开（ON）：打开正交模式。
- 关（OFF）：默认方式，关闭正交模式。

单击状态栏上的【正交】按钮⌐，可以在正交模式打开和关闭两种状态之间进行切换，如图 5-2 和图 5-3 所示。另外，用【F8】键也可以进行正交模式打开与关闭的切换。

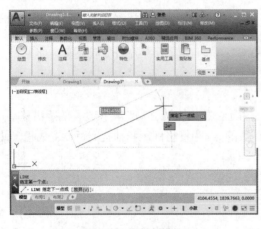

图 5-2 非正交模式

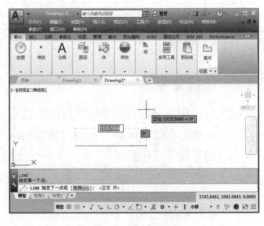

图 5-3 正交模式

☂ **提 示**

> 打开正交模式后，可以很方便地画出水平线和垂直线。画线时，光标的位置不一定是线段的终点，它可以确定线段的方向，这取决于在 X 和 Y 两个方向上哪个方向的增量大。

5.1.4 推断约束

推断约束可以在创建和编辑几何对象时自动应用几何约束。启用【推断约束】模式会自动在正在创建或编辑的对象与对象捕捉的关联对象或点之间应用约束。

在 AutoCAD 2017 中，执行该命令的方法有以下几种。

- 【参数化】选项卡的【几何】面板中，单击【对话框启动器】按钮。
- 在菜单栏中执行【参数】|【几何约束】命令。

在状态栏上的【推断约束】按钮上右击，在弹出的快捷菜单中选择【推断设置】命令，打开【约束设置】对话框，如图 5-4 所示，用户可以对几何约束进行设置。

打开【约束设置】对话框时，用户在创建几何图形时指定的对象捕捉将用于推断几何约束。但是，不支持下列对象捕捉：交点、外观交点、延长线和象限点。

在打开推断约束的情况下移动、复制或拉伸时，如果已编辑对象的基点是该对象的有效约束点，则可以在编辑

图 5-4　【约束设置】对话框

的对象和要捕捉到的对象之间应用重合、垂直、平行或相切约束。例如，如果直线被拉伸并被捕捉到另一直线的端点，将在这两条直线的端点之间应用重合约束。

当从有效的约束点移动、复制或拉伸对象，同时沿另一对象上的有效约束点垂直或水平进行对象跟踪时，可以在对象之间应用垂直或水平约束。

单击状态栏上的【推断约束】按钮或使用【Ctrl＋Shift＋I】组合键都可以在推断模式"打开"和"关闭"两种状态之间进行切换。

5.2　草图设置

除了使用上述方法来进行栅格、捕捉、正交模式等功能外，AutoCAD 为辅助用户精确地绘图，如拾取图形对象上的某些特定点，或按指定的方向进行追踪等，提供了对象捕捉、极轴追踪等功能，系统按照事先设置好的对象捕捉模式对点的位置进行捕捉，从而实现精确作图。例如，用户要在已经画好的图形上拾取直线的中点、两直线的交点、圆心点或切点等，就必须使用对象捕捉功能，并事先设置好相应的对象捕捉模式。当处于对象捕捉模式时，只要将光标移动到一个捕捉点上，AutoCAD 就会显示出一个几何图形（称为捕捉标记）和捕捉提示。通过在捕捉点上显示的捕捉标记和捕捉提示，可以表明所选的点以及捕捉模式是否正确。AutoCAD 将根据所选择的捕捉模式来显示捕捉标记，不同的捕捉模式会显示出不同形状的捕捉标记。用户可以方便地通过【草图设置】对话框对它们进行设置。

在 AutoCAD 2017 中，执行该命令的方法有以下几种。

- 在菜单栏中执行【工具】|【绘图设置】命令。
- 在命令行中输入 DSETTINGS 命令。
- 右击状态栏上的【栅格】或【捕捉】等按钮，并在弹出的快捷菜单中选择【设置】命令。

命令激活后，将弹出【草图设置】对话框，如图 5-5 所示。【草图设置】对话框中包含 7 个选项卡，以下对它们的用途进行详细说明。

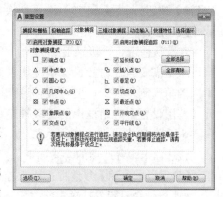

图 5-5　【草图设置】对话框

5.2.1　捕捉和栅格

【捕捉和栅格】选项卡可对栅格和捕捉进行设置。该选项卡中各选项的含义如下。

- 【启用捕捉】复选框：打开或关闭捕捉模式。
- 【捕捉间距】选项组。
  - ➢ 捕捉 X 轴间距：设置 X 方向上的捕捉间距。
  - ➢ 捕捉 Y 轴间距：设置 Y 方向上的捕捉间距。

  【X 轴间距和 Y 轴间距相等】复选框：设置 X 轴和 Y 轴间距相等。
- 【启用栅格】复选框：打开或关闭栅格显示。
- 【栅格间距】选项组。
  - ➢ 栅格 X 轴间距：设置栅格的 X 向间距。
  - ➢ 栅格 Y 轴间距：设置栅格的 Y 向间距。
- 【捕捉类型】选项组。
  - ➢【栅格捕捉】单选按钮：设置栅格捕捉。
  - ➢【矩形捕捉】单选按钮：设置普通的矩形栅格。
  - ➢【等轴测捕捉】单选按钮：设置等轴测栅格。
  - ➢ PolarSnap 单选按钮：设置按角度追踪捕捉。
- 【栅格行为】选项组：用于设置【视觉样式】下栅格线的显示样式（三维线框除外）。

【自适应栅格】复选框：用于限制缩放时栅格的密度。

【允许以小于栅格间距的间距再拆分】复选框：用于是否能够以小于栅格间距的间距来拆分栅格。

【显示超出界限的栅格】复选框：用于确定是否显示图限之外的栅格。

【跟随动态 UCS】复选框：跟随动态 UCS 的 XY 平面而改变栅格平面。

5.2.2　极轴追踪

极轴追踪控制自动追踪设置，按事先给定的角度增量来追踪点。当 AutoCAD 要求指定一个点时，系统将按预先设置的角度增量来显示一条无限延伸的辅助线，用户可以沿着辅助线追踪得到光标点。单击状态栏上的【极轴】按钮 ⟳ 或按【F10】键可切换角度追踪的打开或关闭状态。

在默认情况下，极轴追踪的角度增量是 90°，用户可根据需要自己另行设置角度增量值，还可以选择不同的角度测量方式。要对极轴追踪进行设置，需打开【草图设置】对话框中的【极轴追踪】选项卡，如图 5-6 所示。

该选项卡中各选项的含义如下。

【启用极轴追踪】复选框：用于打开或关闭极轴追踪功能。

- 【极轴角设置】选项组。
  - ➢【增量角】下拉列表框：用于选择角度增量值。

图 5-6　【极轴追踪】选项卡

如果【增量角】下拉列表框中不含有需要的角度值，则需先选中【附加角】复选框，然后单击【新建】按钮输入一个新的角度增量值。如果要删除一个角度增量值，则在选中该角度增量值后单击【删除】按钮。

- 【对象捕捉追踪设置】选项组：设定对象捕捉追踪选项。
- ➢【仅正交追踪】单选按钮：当对象捕捉追踪打开时，仅显示已获得的对象捕捉点的正交（水平/垂直）对象捕捉追踪路径。
- ➢【用所有极轴角设置追踪】单选按钮：将极轴追踪设置应用于对象捕捉追踪。使用对象捕捉追踪时，光标将从获取的对象捕捉点起沿极轴对齐角度进行追踪。

 提 示

单击状态栏上的【极轴】和【对象追踪】按钮也可以打开或关闭极轴追踪和对象捕捉追踪。

- 【极轴角测量】选项组：该区域中可以选择角度的测量方式。
- ➢【绝对】单选按钮：可以基于当前 UCS 确定极轴追踪角度。
- ➢【相对上一段】单选按钮：可以基于最后绘制的线段确定极轴追踪角度。

5.2.3 对象捕捉

【对象捕捉】选项卡可以控制对象捕捉设置。使用执行对象捕捉设置（也称为对象捕捉），可以在对象上的精确位置指定捕捉点。选择多个选项后，将应用选定的捕捉模式，以返回距离靶框中心最近的点。按【Tab】键以在这些选项之间循环。【对象捕捉】选项卡如图 5-7 所示。

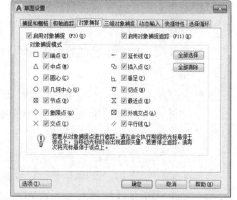

图 5-7 【对象捕捉】选项卡

该选项卡中各选项的含义如下。

- 【启用对象捕捉】复选框：打开或关闭执行对象捕捉。当对象捕捉打开时，在【对象捕捉模式】下选定的对象捕捉处于活动状态。
- 【启用对象捕捉追踪】复选框：打开或关闭对象捕捉追踪。使用对象捕捉追踪，在命令行中指定点时，光标可以沿基于其他对象捕捉点的对齐路径进行追踪。要使用对象捕捉追踪，必须打开一个或多个对象捕捉。
- 【对象捕捉模式】选项组：列出可以在执行对象捕捉时打开的对象捕捉模式。AutoCAD 提供了多种对象捕捉模式，其中常用的模式如下。

端点：捕捉圆弧、椭圆弧、直线、多行、多段线线段、样条曲线、面域或射线最近的端点，或捕捉宽线、实体或三维面域的最近角点。

中点：捕捉圆弧、椭圆、椭圆弧、直线、多行、多段线线段、面域、实体、样条曲线或参照线的中点。

几何中心：捕捉多段线、二维多段线和二维样条曲线的几何中心点。只有规则的图形才有几何中心，像正方形、正三角形。而每个几何图形都有几何中心（比如三角形就是三条中线的交点），当为均匀介质的规则几何图形时，几何重心就在几何中心。

交点：捕捉圆弧、圆、椭圆、椭圆弧、直线、多行、多段线、射线、面域、样条曲线或参照线的交点。如果第一次拾取时选择了一个对象，则系统接着提示用户选择第二个对象。【延伸交点】不能用作执行对象捕捉模式。

圆心：捕捉圆、圆弧、椭圆、椭圆弧的中心点。

象限点：捕捉圆、圆弧、椭圆、椭圆弧上的象限点，即位于弧上 0°、90°、180° 和 270° 处的点。

- 节点：捕捉由 POINT 命令绘制的点对象。捕捉到点对象、标注定义点或标注文字原点。
- 插入点：捕捉一个块、文本对象或外部引用等的插入点。
- 垂足：捕捉圆弧、圆、椭圆、椭圆弧、直线、多线、多段线、射线、面域、实体、样条曲线或构造线的垂足。当正在绘制的对象需要捕捉多个垂足时，将自动打开【递延垂足】捕捉模式。可以用直线、圆弧、圆、多段线、射线、参照线、多行或三维实体的边作为绘制垂直线的基础对象。可以用【递延垂足】在这些对象之间绘制垂直线。当靶框经过【递延垂足】捕捉点时，将显示 AutoSnap 工具提示和标记。
- 切点：捕捉圆弧、圆、椭圆、椭圆弧或样条曲线的切点。当正在绘制的对象需要捕捉多个切点时，将自动打开【递延切点】捕捉模式。可以使用【递延切点】来绘制与圆弧、多段线圆弧或圆相切的直线或构造线。当靶框经过【递延切点】捕捉点时，将显示标记和 AutoSnap 工具提示。
- 最近点：捕捉在直线、圆、圆弧、多段线、椭圆、椭圆弧、射线、样条曲线等处对象上离光标最近的点。
- 延长线：当光标经过对象的端点时，显示临时延长线或圆弧，以便用户在延长线或圆弧上指定点。
- 外观交点：捕捉不在同一平面但在当前视图中看起来可能相交的两个对象的视觉交点。【延伸外观交点】不能用作执行对象捕捉模式。【外观交点】和【延伸外观交点】不能和三维实体的边或角点一起使用。
- 平行线：将直线段、多段线线段、射线或构造线限制为与其他线性对象平行。指定线性对象的第一点后，请指定平行对象捕捉。与在其他对象捕捉模式中不同，用户可以将光标和悬停移至其他线性对象，直到获得角度。然后，将光标移回正在创建的对象。如果对象的路径与上一个线性对象平行，则会显示对齐路径，用户可将其用于创建平行对象。

在【草图设置】对话框中的【对象捕捉】选项卡中，可以选择一种或多种对象捕捉模式，每个复选框前面都有一个小几何图形，这就是捕捉标记。如果要全部选取所有的对象捕捉模式，可单击对话框中的【全部选择】按钮；要清除所有的对象捕捉模式，则单击对话框中的【全部清除】按钮。另外，通过设置【启用对象捕捉】复选框，可以控制对象捕捉的"打开"和"关闭"。

🌂 **提 示**

> 单击状态栏中的【对象捕捉】按钮□，可打开或关闭当前的对象捕捉设置。按【F3】键或【Ctrl+F】组合键，也可以实现打开或关闭当前的对象捕捉设置。

5.2.4 三维对象捕捉

【三维对象捕捉】选项卡控制三维对象的执行对象捕捉设置。使用执行对象捕捉设置（也称为对象捕捉），可以在对象上的精确位置指定捕捉点。选择多个选项后，将应用选定的捕捉模式，以返回距离靶框中心最近的点，按【Tab】键可以在这些选项之间循环。【三维对象捕捉】选项卡如图 5-8 所示。

　　该选项卡中各选项的含义如下。

- 【启用三维对象捕捉】复选框：打开和关闭三维对象捕捉。当对象捕捉打开时，在【三维对象捕捉模式】下选定的三维对象捕捉处于活动状态。

- 【对象捕捉模式】选项组：列出三维对象捕捉模式。

顶点：捕捉到三维对象的最近顶点。

边中点：捕捉到面边的中点。

面中心：捕捉到面的中心。

节点：捕捉到样条曲线上的节点。

垂足：捕捉到垂直于面的点。

最靠近面：捕捉到最靠近三维对象面的点。

- 全部选择：打开所有三维对象捕捉模式。

- 全部清除：关闭所有三维对象捕捉模式。

图 5-8　【三维对象捕捉】选项卡

5.2.5　动态输入

　　在 AutoCAD 2017 中，使用动态输入功能可以在光标位置处显示标注输入和命令提示等信息，从而极大地方便了绘图。【动态输入】选项卡如图 5-9 所示，用户通过设置可以控制指针输入、标注输入、动态提示以及绘图工具提示外观。

　　该选项卡中各选项的含义如下。

- 【启用指针输入】复选框：打开指针输入。如果同时打开指针输入和标注输入，则标注输入在可用时将取代指针输入（DYNMODE 系统变量）。

【指针输入】：工具提示中的十字光标位置的坐标值将显示在光标旁边。命令提示用户输入点时，可以在工具提示（而非命令窗口）中输入坐标值。

图 5-9　【动态输入】选项卡

【预览区域】：显示指针输入的样例。

【设置】按钮：显示【指针输入设置】对话框，设置指针的格式和可见性。

- 【可能时启用标注输入】复选框：打开标注输入。标注输入不适用于某些提示输入第二个点的命令（DYNMODE 系统变量）。

【标注输入】：当命令行提示用户输入第二个点或距离时，将显示标注和距离值与角度值的工具提示。标注工具提示中的值将随光标移动而更改。可以在工具提示中输入值，而不用在命令行上输入值。

【预览区域】：显示标注输入的样例。

【设置】按钮：显示【标注输入设置】对话框，可以设置标注的可见性。

- 【动态提示】：需要时将在光标旁边显示工具提示中的提示，以完成命令。可以在工具提示中输入值，而不用在命令行上输入值。用户还可以利用它在创建和编辑几何图形时动态查看标注值。输入数值，如长度和角度，通过【Tab】键可以在这些值之间进行切换。

【预览区域】：显示动态提示的样例。

【在十字光标附近显示命令提示和命令输入】复选框：显示【动态输入】工具提示中的提示（DYNPROMPT 系统变量）。

【随命令提示显示更多提示】复选框：控制是否显示使用【Shift】键和【Ctrl】键进行夹点操作的提示（DYNINFOTIPS 系统变量）。

【绘图工具提示外观】：显示【工具提示外观】对话框。

5.2.6　快捷菜单

【快捷特性】选项卡用于显示【快捷特性】选项卡的设置，如图 5-10 所示。

该选项卡中各选项的含义如下。

- 【选择时显示快捷特性选项板】复选框：是否在选择对象时显示【快捷特性】选项板，具体取决于对象类型（QPMODE 系统变量）。PICKFIRST 系统变量必须打开，才能显示【快捷特性】选项板。或者可以输入 QUICKPROPE RTIES 命令来选择对象。

- 【选项板显示】选项组：设定【快捷特性】选项板的显示设置。

图 5-10　【快捷特性】选项卡

- 【针对所有对象】单选按钮：设置【快捷特性】选项板，以显示选择的任何对象，而不只是在自定义用户界面（CUI）编辑器中指定为显示特性的对象类型。

- 【仅针对具有指定特性的对象】单选按钮：设置【快捷特性】选项板，以仅显示在自定义用户界面（CUI）编辑器中指定为显示特性的对象类型。

- 【选项板位置】选项组：控制在何处显示【快捷特性】选项板。

- 【由光标位置决定】单选按钮：【快捷特性】选项板将显示在相对于光标的位置（QPLOCA TION 系统变量）。

- 【象限点】：指定相对于光标的 4 个象限之一，以显示相对于光标位置的【快捷特性】选项板。默认位置为光标的右侧上方。

- 【距离（以像素为单位）】：用光标指定距离（以像素为单位）以显示【快捷特性】选项板。可以指定 0～400 的整数值。

【固定】单选按钮：在固定位置显示【快捷特性】选项板。可以通过拖动选项板指定一个新位置（QPLOCATION 系统变量）。

- 【选项板行为】选项组：设置【快捷特性】选项板的行为。

- 【自动收拢选项板】复选框：【快捷特性】选项板仅显示指定数量的特性。当光标滚过时，该选项板展开。

- 【最小行数】：设置当【快捷特性】选项板收拢时显示的特性数量，可以指定 1～30 的整数值。

5.2.7 选择循环

【选择循环】选项卡允许用户选择重叠的对象。可以配置【选择循环】选项卡的显示设置，如图 5-11 所示。

该选项卡中各选项的含义如下。

- 【允许选择循环】复选框：还可以通过 SELECTIONCY CLING 系统变量设定此选项。

- 【显示选择循环列表框】复选框：显示【选择循环】列表框。

- 【由光标位置决定】单选按钮：相对于光标移动列表框。

- 【象限点】：指定光标将列表框定位到的象限。

- 【距离（以像素为单位）】：指定光标与列表框之间的距离。

图 5-11 【选择循环】选项卡

- 【固定】单选按钮：列表框不随光标一起移动，仍在原来的位置。若要更改列表框的位置，请单击并拖动。

- 【显示标题栏】复选框：若要节省屏幕空间，请关闭标题栏。

5.3 捕捉设置

对象捕捉模式可以用两种方式来执行：自动捕捉和临时捕捉。用户可以根据绘图需要选择对象捕捉的执行方式，并可以对捕捉的模式进行设置。

5.3.1 自动捕捉和临时捕捉

- 自动捕捉方式：自动捕捉的对象捕捉模式一旦设置，则在用户关闭系统、改变设置或者使用临时捕捉方式之前一直是有效的。在设置对象捕捉模式时，用户可以同时设置多种对象捕捉模式，例如，可以同时设置端点、中点、圆心等多种模式。在同时设置多种模式的情况下，AutoCAD 2017 将捕捉离用户指定点最近的模式点。另外，当对象上有多个符合条件的捕捉目标时，可按【Tab】键来循环选择该对象上的捕捉目标。

- 临时捕捉方式：如果在画图过程中系统要求指定一个点时，可以用所需的对象捕捉模式名来响应，则此时的对象捕捉模式为临时捕捉方式。临时捕捉方式是最优先的方式，它将中断任何当前运行的对象捕捉模式，而执行单点覆盖方式的对象捕捉模式。

临时捕捉方式是临时打开了相应的对象捕捉模式。捕捉到一个点后，该对象捕捉模式自动关闭。因此，这种方式是一次性的、临时的。

设置临时方式的对象捕捉模式，对于在命令运行过程中选择单个点极为有用。用户可以按以下方法设置临时捕捉模式。

- 右击状态栏上的【对象捕捉】按钮，在弹出的快捷菜单中选择捕捉模式，同时也可以观察到用户设置好的自动捕捉模式，如图 5-12 所示。

- 使用快捷菜单。按住【Shift】键的同时右击，将在当前光标所在位置弹出快捷菜单。快捷菜单中包含各种对象捕捉模式，用该快捷菜单设置对象捕捉模式，如图 5-13 所示。

图 5-12　自动捕捉模式　　　　　　　　　　图 5-13　快捷菜单

- 通过键盘在命令行输入每一种对象捕捉模式名字的头 3 个字母。例如，"end"表示端点，"cen"表示圆心。

5.3.2　自动捕捉设置

　　所谓自动捕捉，就是当用户把光标放在一个对象上时，系统会自动捕捉到该对象上的所有符合条件的目标，并显示出相应的标记。如果把光标放在目标上多停留一会，系统还会显示该捕捉的提示。这样，用户在选点之前可以预览和确认捕捉目标。因此，当有多个符合条件的目标点时，就不容易捕捉到错误的点。

　　单击【应用程序】按钮可以快速访问【选项】对话框，选择对话框中的【绘图】选项卡，设置自动捕捉。用以下方法也可以打开【选项】对话框。

- 在菜单栏中执行【工具】|【选项】命令。
- 在命令行中输入 OPTIONS 命令。
- 在绘图区中右击，在弹出的快捷菜单中选择【选项】命令。

　　打开【绘图】选项卡后，可在该选项卡中的【自动捕捉设置】选项组内进行自动捕捉设置，如图 5-14 所示。

　　各选项的说明如下。

- 【自动捕捉设置】选项组。

　　【标记】复选框：用来打开或关闭显示捕捉标记，以表示目标捕捉的类型和指示捕捉点的位置。该复选框被选中后，当靶框经过某个对象时，则该对象上符合条件的捕捉点上就会出现相应的标记。

　　【磁吸】复选框：用来打开或关闭自动捕捉磁吸。捕捉磁吸帮助把靶框锁定在捕捉点上，就像打开栅格捕捉后，光标只能在栅格点上移动一样。

　　【显示自动捕捉工具提示】复选框：用来打开或关闭捕捉提示。捕捉提示打开时，则当靶框移动到捕捉点上时，将显示描述捕捉目标的名字。

　　【显示自动捕捉靶框】复选框：用来控制是否显示靶框。打开后将会在光标的中心显示一个正方形的【靶框】。

　　【颜色】按钮：控制捕捉标记的显示颜色。单击该按钮打开【图形窗口颜色】对话框，如图

5-15 所示。用户在右端颜色下拉列表框中选择一种颜色，完成对所选界面元素的颜色设置。

- 【自动捕捉标记大小】选项组：用于控制捕捉标记的大小。用鼠标按住滑块左右拖动，就可以减小或增大捕捉标记的图形。
- 【靶框大小】选项组：用于设置靶框的大小。左右拖动滑块，就可以减小或增大靶框。目标捕捉使用靶框来确定要拾取的点，AutoCAD 仅对落入靶框内的对象使用目标捕捉。当靶框经过某个对象时，则该对象上符合条件的捕捉点上就会出现相应的标记。

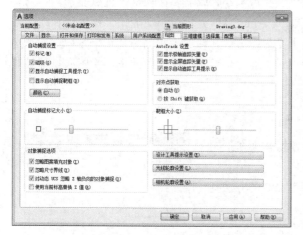

图 5-14　【绘制】选项卡

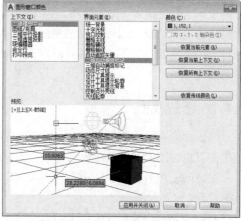

图 5-15　【图形窗口颜色】对话框

5.3.3　自动追踪

自动追踪可以帮助用户按指定的角度或与其他对象的特定关系来确定点的位置。自动追踪能够显示出许多临时辅助线，帮助用户在精确的角度或位置上创建图形对象。

自动追踪的设置方法与自动捕捉的设置方法相似，都要打开【选项】对话框中的【绘图】选项卡，见图 5-14。

对话框中的【AutoTrack 设置】选项组用于设置辅助线的显示方式。各选项的说明如下。

- 【显示极轴追踪矢量】复选框：控制是否显示角度追踪的辅助线。
- 【显示全屏追踪矢量】复选框：控制辅助线的显示方式。如果选中该复选框，则辅助线通过整个图形窗口；如果取消选择，则辅助线只从目标捕捉点到当前光标位置处。
- 【显示自动追踪工具提示】复选框：控制是否显示自动追踪提示。该提示显示了目标捕捉的类型、辅助线的角度以及从前一点到当前光标的距离。

自动追踪包括两种追踪方式：极轴追踪和对象捕捉追踪。极轴追踪是按事先给定的角度增量来追踪点；对象捕捉追踪是按与对象的某种特定的关系（如交点）来追踪，这种特定的关系确定了一个事先并不知道的角度。因此可以这样说，如果追踪的方向（角度）已知，则用角度追踪；而如果追踪的方向未知，则只能用对象捕捉追踪。极轴追踪和对象捕捉追踪可以同时使用。

对象捕捉追踪将沿着基于对象捕捉点的辅助线方向追踪。在打开对象捕捉追踪功能之前，必须先打开对象捕捉功能，然后通过单击状态栏上的 【对象追踪】按钮 或按【F11】键来切换打开或关闭对象捕捉追踪模式。

激活一个绘图命令。当要求输入点的位置时，移动光标到一个对象捕捉点。不要单击它，只是暂时停顿即可获取。已获取的点显示一个【+】标记，可同时获取多个点。如果要清除已获取的点，则可将光标再次移动到该获取点的标记处，系统便会清除该获取点。从获取点移开鼠标，在屏幕上将显示一条通过此点的水平（垂直或以一定角度倾斜）的临时辅助线。沿辅助线移动鼠标，按捕捉提示的数据，可追踪拾取到符合要求的点。

5.4　观察图形视图

在绘图过程中常常需要把图形以任何比例放大或缩小，或需要在视口中重点显示图形的某一部位，以便更清晰、更容易地读图或编辑图样。AutoCAD 显示控制功能在工程设计和绘图领域的应用极其广泛，它可以控制图形在屏幕上的显示方式，即放大和缩小某一个区域，但是实体对象的真实尺寸并不改变。灵活掌握和使用这些命令，对于提高绘图效率、绘图质量都是非常必要的。

5.4.1　缩放视图

缩放命令用来改变视图的显示比例，以便操作者在不同的比例下观察图形。缩放命令菜单如图 5-16 所示。

在 AutoCAD 2017 中，执行【缩放视图】命令的方法有以下几种。

- 在菜单栏中执行【视图】|【缩放】命令。
- 在导航栏中单击【缩放】按钮。
- 在命令行中输入 ZOOM 命令。

激活缩放命令，命令行提示如下。

命令：zoom
指定窗口的角点，输入比例因子 (nX 或 nXP)，或者
[全部 (A) / 中心 (C) / 动态 (D) / 范围 (E) / 上一个 (P) / 比例
(S) / 窗口 (W) / 对象 (O)] <实时>:

各选项的意义如下。

图 5-16　缩放命令菜单

- 全部（A）：用于在当前视口中显示整个图形，大小取决于图形界限设置或有效绘图区域的大小。在平面视图中，将图形缩放到栅格界限或当前范围两者中较大的区域中。在三维视图中，ZOOM 的【全部】选项与它的【范围】选项等价，即使图形超出了栅格界限也能显示所有对象。

- 中心（C）：缩放显示由中心点和放大比例（或高度）所定义的窗口。高度值较小时增加放大比例，高度值较大时减小放大比例。该选项要求确定一个中心点和放大比例。命令行继续提示如下信息。

指定中心点：　　　　　　　　　　　　　　（指定点）
输入比例或高度 <当前值>：　　　　　　　　（输入值或按【Enter】键默认当前值）

- 动态（D）：动态缩放是通过定义一个视图框，显示选定的图形区域，而且用户可以移动视图框和改变视图框的大小。进入动态缩放模式时，在屏幕中将显示一个带【×】的矩形方框，该矩形框表示新的窗口，移动鼠标可以确定矩形框的大小。单击，此时选择窗口中心的【×】消失，显示一个位于右边框的方向箭头，拖动鼠标可改变选择窗口的大小，以确定选择区域大小。最后按【Enter】键，即可缩放图形。

- 范围（E）：该选项将图形在视口内最大限度地显示出来。由于它总是引起视图重生，所

以不能透明执行。

- 上一个（P）：缩放显示上一个视图。最多可恢复此前的 10 个视图。
- 比例（S）：以指定的比例因子缩放显示。系统提示：输入比例因子（nX 或 nXP）。输入的值后面跟着 x，根据当前视图指定比例。例如，输入 0.5x 使屏幕上的每个对象显示为原大小的 1/2。输入值并后跟 xp，指定相对于图纸空间单位的比例。例如，输入 0.5xp 以图纸空间单位的 1/2 显示模型空间。创建每个视口以不同的比例显示对象的布局。
- 窗口（W）：缩放显示由两个角点定义的矩形窗口框定的区域。
- 对象（O）：缩放以便尽可能大地显示一个或多个选定的对象并使其位于绘图区域的中心。可以在启动 ZOOM 命令之前或之后选择对象。
- 实时：该选项用于交互缩放当前图形窗口。选择该项后，光标变为带有加号（+）和减号（-）的放大镜，按住光标向上移动将放大视图，向下移动将缩小视图。

5.4.2　平移视图

平移视图命令是在不改变显示窗口的大小、图形中对象的相对位置和比例的情况下，仅重新定位图形的位置。就像一张图纸放在面前，你可以来回移动图纸，把要观察的部分移到眼前一样，使图中的特定部分位于当前的视区中，以便查看图形的不同部分。用户除了可以左、右、上、下平移视图外，还可以使用【实时】平移和【定点】平移两种模式。

1．实时平移

实时平移命令的调用方法有如下 3 种。

- 在菜单栏中执行【视图】|【平移】|【实时】命令。
- 在导航栏中单击【平移】按钮。
- 在命令行中输入 PAN 命令。

启动实时平移命令后光标变为手形光标，按住鼠标上的拾取键可以锁定光标于相对视口坐标系的当前位置，图形显示随光标向同一方向移动。当显示到所需要的部位释放拾取键则平移停止，用户可根据需要调整鼠标，以便继续平移图形。当到达逻辑范围（图纸空间的边缘）时，将在此边缘上的手形光标上显示边界栏，即逻辑范围处于图形顶部、底部还是两侧，将相应显示出水平（顶部或底部）或垂直（左侧或右侧）边界栏，如图 5-17 所示。

| 上边界 | 右边界 | 下边界 | 左边界 |

图 5-17　显示边界栏

任何时候要停止平移，按【Esc】键或【Enter】键结束操作。

2．定点平移

在 AutoCAD 2017 中，执行【顶点平移】命令的方法如下。

- 在菜单栏中执行【视图】|【平移】|【定点】命令。

该模式可通过指定基点和位移值来移动视图。按命令行上的提示，给定两个点的坐标或在屏幕上拾取两个点，AutoCAD 会计算出这两个点之间的距离和移动方向，相应把图形移动到指定的位置。如果以按【Enter】键响应第二个点，则系统认为是相对于坐标原点的位移，命令行提示如下。

```
命令: '_-pan 指定基点或位移:
指定第二点:
```

5.4.3 重画和重生成

1.重画

在图形编辑过程中，删除一个图形对象时，其他与之相交或重合的图形对象从表面上看也会受到影响，留下对象的拾取标记，或者在作图过程中可能会出现光标痕迹。用【重画】刷新可达到【图纸干净】的效果，清除这些临时标记。

在 AutoCAD 2017 中，执行【重画命令】命令的方法有以下几种。

- 在菜单栏中执行【视图】|【重画】命令。
- 在命令行中输入 REDRAW 命令。

这个命令是透明命令，并且可以同时更新多个视口。

2.重生成

为了提高显示速度，图形系统采用虚拟屏幕技术保存了当前最大显示窗口的图形矢量信息。由于曲线和圆在显示时分别是用折线和正多边形矢量代替的，相对于屏幕较小的圆，多边形的边数也较少，因此放大之后就显得很不光滑。重生成即按当前的显示窗口对图形重新进行裁剪、变换运算，并刷新帧缓冲器，因此不但【图纸干净】，而且曲线也比较光滑。

重生成与重画在本质上是不同的，利用【重生成】命令可以重生成屏幕，此时系统从磁盘中调用当前图形的数据，比【重画】命令执行的速度慢，更新屏幕花费时间较长。

5.5 平铺视口

对于一个复杂的图形，用户往往希望能在屏幕上同时比较清楚地观察图形的不同部分。AutoCAD 可以在屏幕上同时建立多个窗口，即视口。视口可以被单独缩放、平移。对应于不同的空间，视口分成平铺视口（模型空间）和浮动视口（图纸空间）。本节只讲解平铺视口。

5.5.1 平铺视口的特点

平铺视口是指把绘图区域分成多个矩形部分，从而创建多个不同的绘图区域，其中每一个区域都可用来查看图形的不同部分。在 AutoCAD 中，可以同时打开多达 32 000 个视口，屏幕上还可保留菜单栏和命令提示窗口。

在 AutoCAD 2017 中，平铺视口具有以下特点。

- 每个视口都可以平移和缩放，设置捕捉、栅格和用户坐标系等，且每个视口都可以有独立的坐标系统，控制图形显示范围和大小，并不影响其他视口。
- 在命令执行期间，可以切换视口以便在不同的视口中绘图。
- 可以命名视口的配置，以便在模型空间中恢复视口或者应用到布局。
- 只能在当前视口里操作。要将某个视口设置为当前视口，只需单击视口的任意位置，此时当前视口的边框将加粗显示。
- 当在平铺视口中工作时，可全局控制所有视口中图层的可见性。如果在某一个视口中关闭了某一图层，系统将关闭所有视口中的相应图层。

- 对每个视口而言，可以最多分成 4 个子视口，每个子视口又可以继续分下去。

5.5.2　创建平铺视口

在 AutoCAD 2017 中，创建视口命令的方法如下。

- 在菜单栏中执行【视图】|【视口】命令。

执行相应的命令，打开【视口】对话框，如图 5-18 所示，可以在模型空间创建和管理平铺视口。

单击【新建视口】选项卡，左边显示标准视口配置列表，右边的预览窗口中显示了相应的布局效果。在创建多个平铺视口时，需要在【新名称】文本框中输入新建的平铺视口的名称，在【标准视口】列表框中选中可用的标准的视口配置，此时【预览】区域将显示所选视口配置及已赋给每个视口的默认视图的预览图像。此外，还需要设置以下选项。

- 应用于：在下拉列表框中设置了所选的视口配置是用于整个显示屏幕还是当前视口，包括【显示】和【当前视口】两个选项。
- 设置：在下拉列表框中包含 2D 或 3D 两项设置。

单击【命名视口】选项卡，可以显示已命名的视口配置。当选择一个视口配置后，配置的布局情况将显示在预览窗口中，如图 5-19 所示。

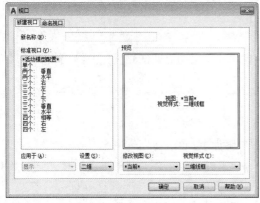

图 5-18　【新建视口】选项卡

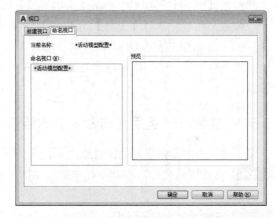

图 5-19　【命名视口】选项卡

5.6　辅助绘图查询工具

在创建图形对象时，系统不仅在屏幕上绘出该对象，同时还建立了关于该对象的一组数据，并将它们保存到图形数据库中。这些数据不仅包含对象的层、颜色和线型等信息，而且还包含对象的 X、Y、Z 坐标值等属性，如圆心或直线端点坐标等。在绘图操作或管理图形文件时，经常需要从各种图形对象获取各种信息。通过查询对象，可从这些数据中获取大量有用的信息。

在 AutoCAD 2017 中，执行【查询】命令的方法有以下几种。

- 在【默认】选项卡中单击【实用工具】面板的【测量】按钮。
- 在菜单中执行【工具】|【查询】命令。
- 在命令行中输入 MEASUREGEOM 命令。

【实用工具】面板如图 5-20 所示；查询工具的子命令和【测量】下拉菜单如图 5-21 和图 5-22所示。

图 5-20　【实用工具】面板　　　图 5-21　【查询】菜单　　　图 5-22　【测量】下拉菜单

5.6.1　查询距离

在绘图过程中，如果按严格的尺寸输入，则绘出的图形对象具有严格的尺寸。但当采用在屏幕上拾取点的方式绘制图形时，一般当前图形对象的实际尺寸并不明显地反映出来。为此，AutoCAD 提供了对象上两点之间的距离和角度的查询命令 DIST。当用 DIST 命令查询对象的长度时，查询的是三维空间的距离，无论拾取的两个点是否在同一平面上，两点之间的距离总是基于三维空间的。

在 AutoCAD 2017 中，查询距离的方法有以下几种。

- 在【默认】选项卡中单击【实用工具】面板中的【距离】按钮 📏 。
- 在菜单栏中执行【工具】|【查询】|【距离】命令。
- 在命令行中输入 DIST 命令。

激活命令后，分别确定两个点，AutoCAD 将自动计算出两点间的距离，并给出相关的属性信息。

5.6.2　实例——运用查询命令查询距离

下面将通过实例讲解如何查询距离，具体操作步骤如下。

Step 01 新建图形文件，在命令行中输入 LINE 命令，在绘图区中任意绘制一条线段，绘制效果如图 5-23 所示。

Step 02 在命令行中输入 DIST 命令，根据命令行的提示操作分别指定线段的两个端点，即可显示出测量结果（在命令行中也可查询结果），如图 5-24 所示。

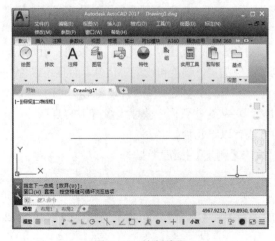 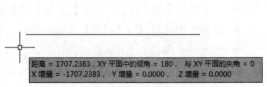

图 5-23　绘制线段　　　　　　　　　　　图 5-24　测量结果

5.6.3　查询面积

面积查询命令可以计算封闭边界形成的面积和周长，并进行相关的代数运算。

在 AutoCAD 2017 中，查询面积命令的方法有以下几种。

- 在【默认】选项卡中单击【实用工具】面板中的【面积】按钮 ▱ 面积 。
- 在菜单栏执行【工具】|【查询】|【面积】命令。
- 在命令行中输入 AREA 命令。

激活命令后，确定要查询的封闭边界，可查询出图形的面积和周长，系统将在文本窗口中显示当前图形中包含的每个对象的属性信息。

```
命令:area
指定第一个角点或 [对象(O)/加(A)/减(S)]: O
选择对象: 点取要查询的对象
面积 = 86517.0631，周长 = 1233.2520
```

5.6.4　实例——查询面积

下面将通过实例讲解如何查询面积，具体操作步骤如下。

Step 01 新建图形文件，在命令行中输入 RECTANG 命令，在绘图区中任意绘制一个矩形，绘制效果如图 5-25 所示。

Step 02 在命令行中输入 AREA 命令，根据命令行的提示操作，拾取矩形的四个端点，最后按【Enter】键确定即可完成面积查询（在命令行中也可查询结果），如图 5-26 所示。

图 5-25　绘制矩形

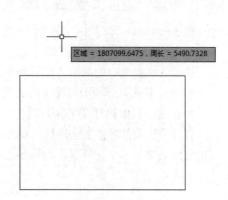

图 5-26　查询结果

5.6.5　查询坐标值

如果要查询某点在绝对坐标系中的坐标值，可以激活点坐标查询命令。

点坐标命令的调用方法有如下 3 种。

- 【功能区】选项板：【默认】选项卡|【实用工具】面板|【点坐标】按钮 ⌖ 点坐标 。
- 在菜单栏中执行【工具】|【查询】|【点坐标】命令。
- 在命令行中输入 ID 命令。

执行命令时，只需通过对象捕捉方法确定某个点的位置，即可自动计算出该点的 X、Y、Z

坐标。

```
命令：ID
指定点：X = 421.6572     Y = 622.0847 Z = 0.0000
```

在二维绘图中，Z 坐标永远是 0。

5.6.6　实例——查询坐标值

下面将通过实例讲解如何查询坐标值，具体操作步骤如下。

Step 01 新建图形文件，在命令行中输入 POLYGON 命令，在绘图区中任意绘制一个正八边形，如图 5-27 所示。

Step 02 在命令行中输入 ID 命令，根据命令行的提示指定需要查询坐标的点，即可查询坐标值（在命令行中也可查询结果），如图 5-28 所示。

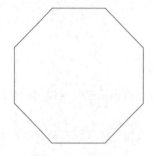

图 5-27　绘制正八边形

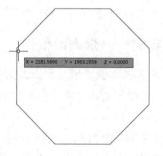

图 5-28　查询结果

5.7　快速计算工具

在 AutoCAD 2017 中，使用快速计算功能，它不仅具备 CAL 命令的功能，能够进行数字计算、科学计算、单位转换和变量求值，而且界面直观、易于操作。

快速计算器命令的调用方法有如下两种。

- 在【默认】选项卡的【实用工具】面板中单击【快速计算器】按钮圖。
- 在菜单栏中执行【工具】|【选项板】|【快速计算器】命令。

打开【快速计算器】选项板，展开【数字键区】和【科学】选区，此时的【快速计算器】选项板实际上就是一个计算器，如图 5-29 所示。

图 5-29　【快速计算器】选项板

5.8　综合应用——绘制连杆

下面将通过实例讲解如何绘制连杆，具体操作步骤如下。

Step 01 首先新建图纸文件，在命令行中输入 LAYER 命令，弹出【图层特性管理器】选项板，单击【新建图层】按钮 ，新建图层并重命名为【辅助线】和【轮廓】，将【辅助线】的颜色设置为【洋红】，将【线型】设置为【CENTER】，并将【辅助线】图层置为当前图层，如图 5-30 所示。

Step 02 在命令行中输入 OSNAP 命令，弹出【草图设置】对话框，在该对话框中勾选【启用对象捕捉】和【启用对象捕捉追踪】复选框，在【对象捕捉模式】选项组中勾选【端点】、【中点】、【圆心】、【象限点】、【交点】和【切点】复选框，然后单击【确定】按钮，如图 5-31 所示。

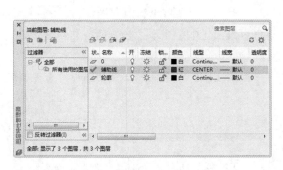

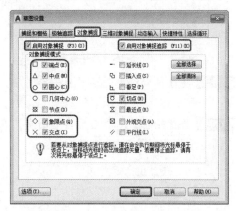

图 5-30　新建图层并设置参数　　　　图 5-31　设置【草图设置】对话框

Step 03 在命令行中输入 LINE 命令，绘制两条互相垂直的线段，将水平线段设置为 200，将垂直线段设置为 100，绘制线段效果如图 5-32 所示。

Step 04 将【轮廓】图层置为当前图层。在命令行中输入 CIRCLE 命令，以交点为圆心，绘制两个半径为 18 和 30 的圆，绘制圆效果如图 5-33 所示。

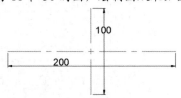

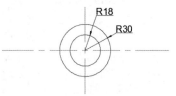

图 5-32　绘制线段　　　　　　　　　图 5-33　绘制圆

Step 05 在命令行中输入 RECTANG 命令，绘制一个长度为 5、宽度为 15 的矩形，并将其调整到合适的位置，如图 5-34 所示。

Step 06 在命令行中输入 TRIM 命令，对图形对象进行修剪，修剪效果如图 5-35 所示。

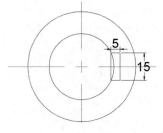

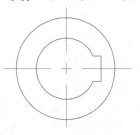

图 5-34　绘制矩形　　　　　　　　　图 5-35　修剪效果

Step 07 在命令行中输入 OFFSET 命令，将水平线段向上偏移 50 的距离，将垂直线段分别向两侧偏移 100 的距离，偏移效果如图 5-36 所示。

Step 08 在命令行中输入 CIRCLE 命令，以偏移线段的交点为圆心，绘制如图 5-37 所示的圆，并将圆半径分别设置为 12 和 20。

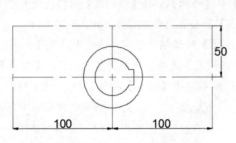

图 5-36　偏移效果

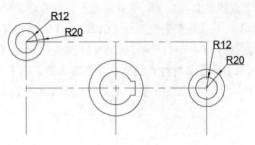

图 5-37　绘制圆

Step 09 将【辅助线】图层置为当前图层。在命令行中输入 LINE 命令，绘制两条互相垂直的线段，如图 5-38 所示。

Step 10 将【轮廓】图层置为当前图层。在命令行中输入 LINE 命令，将绘制的图形对象连接起来，连接效果如图 5-39 所示。

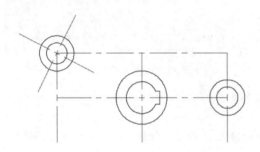

图 5-38　绘制线段

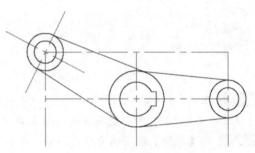

图 5-39　连接效果

第 6 章
图　层

图层是 AutoCAD 2017 中最主要的组成部分，利用图层可以方便图形的编辑，本章将重点讲解图层的一些知识。

6.1　认识图层

为了便于图形中线条、尺寸等的编辑及统一管理，AutoCAD 提供了图层工具。图层是用户组织和管理图形的强有力的工具。在 AutoCAD 2017 中，所有图形对象都具有图层、颜色、线型和线宽等基本属性。用户可以用不同的图层、颜色、线型和线宽绘制不同的对象，并且能很方便地控制对象的显示和编辑，提高绘制复杂图形的效率和准确性。

6.1.1　图层的概念

在 AutoCAD 2017 中，使用图层可以管理和控制复杂的图形。在绘图时，可以把不同种类和用途的图形分别置于不同的图层中，从而实现对相同种类图形的统一管理。形象地说，一个图层就好比是一张透明的图纸，用户可以在上面分别绘制出不同的实体，最后再把这些透明的纸叠加起来，从而得到最终的复杂图形。

1. 图层的意义

工程图样中的图形都是由不同的图线组成的，如基准线、轮廓线、剖面线、尺寸线以及图形几何对象、文字、标注等元素。不同形式的图线有不同的含义，用以识别图样的结构特征。因此，确定一个图形对象，除了必须给出它的几何数据以外，还要给出它的线型、线宽、颜色和状态等非几何数据。例如，画一段直线，必须指定它的两个端点的坐标，此外，还要说明画这段直线所用的线型（实线、虚线等）、线宽（线的粗细）、颜色（显示各种线的颜色）。一张完整的图样是由许多基本的图形对象构成的，而其中的大部分对象都具有相同的线型、线宽、颜色或状态。如果对于绘制的每一条线、每一个图形对象都要进行这项重复工作，则不仅浪费设计时间，而且浪费存储空间。

另外，在各种工程图样中，往往存在着各种专业上的共性，如零件图、装配图的标注、技术要求，标题栏、明细栏中的信息。为了使图样表达的内容清晰，方便相关专业相互提取信息，并便于管理，那么在设计、绘图和加工过程中最好能为区别这些内容提供方便。

根据图形的有关线型、线宽、颜色、状态等属性信息对图形对象进行分类，使具有相同性质的内容归为同一类，对同一类共有属性进行描述，这样就大大减少了重复性的工作和存储空间。这就是所说的图层。更形象地说，图层就像透明的覆盖层，用户可以在上面组织和编组各种不同的图形信息。即把图形中具有相同的线型、线宽、颜色和状态等属性的内容放置于一层。当把各层画完后再把这些层对齐重叠在一起，这样就构成了一张完整的图形，如图 6-1 所示。图层的合理应用为图纸的绘制和管理提供了强大的支持。

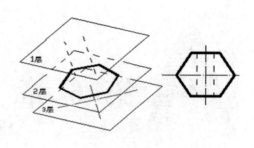

2．图层的性质

一个图形最多可以包含 32 000 个图层，所有图层均采用相同的图限、坐标系统和缩放比例因子。每一图层上可以绘制的图形对象不受限制，因此足以满足绘图的需要。

图 6-1　图层

每一个图层都有一个图层名，以便在各种命令中引用某图层时使用。该图层名最多可以由 255 个字符组成，这些字符可以包括字母、数字、专用符号，如粗实线、点画线等。

每一图层被指定带有颜色号、线型名、线宽和打印式样。对于新的图层都有系统默认的颜色号（7 号）、线型名（实线）、线宽（0.25mm）。

一幅工程图包含有多个图层，但是只能设置一个【当前层】。用户只能在当前层上绘图，并且使用当前层的颜色、线型、线宽。因此，在绘图前首先要选择好相应图层作为当前层。

图层可以被打开或关闭、被冻结或解冻、被锁定或解锁。

6.1.2　实例——创建新图层

使用图层绘图时，0 层是系统自动创建的图层。新对象的各种特性将默认随层。如果用户要使用其他图层绘制自己的图形，就需要先创建新图层。重新设置的图形特性将覆盖原来的随层特性。

创建新图层的方式有如下 3 种。

- 【默认】选项卡|【图层】组|【图层特性】按钮。
- 菜单命令：【格式】|【图层】。
- 命令行：LAYER。

Step 01 通过上述操作打开【图层特性管理器】选项板，如图 6-2 所示。

Step 02 在对话框中单击【新建图层】按钮。在图层列表中将出现一个名称为【图层 1】的新图层。新对象的各种特性将默认为随层，与 0 层的状态、颜色、线型及线宽等设置相同，如图 6-3 所示。此时，用户可以在【名称】列对应的文本框中输入新的图层名（如轮廓线），表示将要绘制的图形元素的特性。对图层的各类设置应与绘图的技术标准相对应，如图层名直接与线型对应：细实线、点画线、虚线等。

图 6-2　打开【图层特性管理器】选项板

图 6-3　新建图层

6.1.3　设置图层的颜色

在 AutoCAD 2017 中，设置图层颜色的作用主要在于区分对象的类别，因此在同一图形中，不同的对象可以使用不同的颜色。设置图层颜色特性时，一般都在 AutoCAD 提供的 7 种标准颜色中进行选择，即红色、黄色、绿色、青色、蓝色、紫色和白色。

1. 设置图层颜色的步骤

Step 01　在【图层特性管理器】选项板的图层列表中，单击需要设置的图层。

Step 02　在该图层中单击颜色图标，弹出【选择颜色】对话框，如图 6-4 所示。

Step 03　在【选择颜色】对话框中选择一种颜色，然后单击【确定】按钮。

2.【选择颜色】对话框选项卡说明

【选择颜色】对话框中包含【索引颜色】、【真彩色】、【配色系统】3 种选项卡。

● 【索引颜色】选项卡：用户可以在颜色调色板中根据颜色的索引号来选择颜色，它包含了 240 多种颜色，标准颜色有 9 种。

● 灰度颜色：在该区域可以将图层的颜色设置为灰度色。

● 颜色：可以显示与编辑所选颜色的名称或编号。

● ByLayer：单击该按钮，确定颜色为随层方式，即所绘制的图形实体的颜色总是与所在图层颜色一致。

● ByBlock：单击该按钮，可以确定颜色为随块方式。

【真彩色】、【配色系统】选项卡：如果还需要使用索引颜色以外的颜色，可使用【真彩色】和【配色系统】选项卡，如图 6-5 所示。

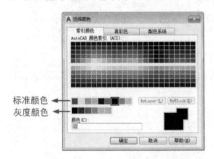

图 6-4　【选择颜色】对话框

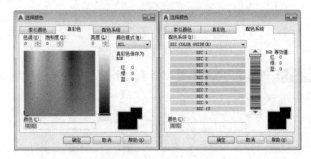

图 6-5　【真彩色】、【配色系统】选项卡

6.1.4　实例——设置图层线型

我们把图形中基本元素的线条组成和显示方式称为线型，如虚线、实线等。在 AutoCAD 2017 中既有简单的线型，也有由一些特殊符号组成的复杂线型，利用这些线型基本可以满足不同国家和不同行业的标准。

绘制不同对象时，用户可以使用不同的线型。如果给每一个图层制定一种线型，绘制在该图层上的所有图线都使用该线型。AutoCAD 把多种线型都存放在 "acad.lin" 和 "acadiso.lin" 文件中。当用户还没有设置线型时，系统默认的线型为实线。若要使用新线型，则必须先在【线型管理器】对话框中进行加载。

Step 01　启动 AutoCAD 2017，在命令行中输入 LA 命令，打开【图层特性管理器】选项板，新建一个名为【轮廓线】的图层，单击【线型】下方的【Continuous】，如图 6-6 所示。

Step 02 弹出【选择线型】对话框，单击【加载】按钮，如图 6-7 所示。

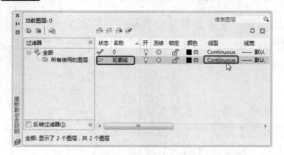

图 6-6 【图层特性管理器】选项板

图 6-7 【选择线型】对话框

Step 03 弹出【加载或重载线型】对话框，在该对话框中可以选择需要的线型，这里选择【CENTER】线型，单击【确定】按钮，如图 6-8 所示。

Step 04 弹出【选择线型】对话框，选择刚才加载的线型【CENTER】，单击【确定】按钮，如图 6-9 所示。

图 6-8 选择线型

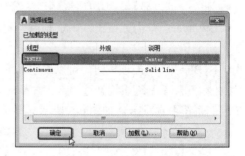

图 6-9 选择加载的线型

Step 05 返回【图层特性管理器】选项板，此时可以看到轮廓线已经更改为【CENTER】，如图 6-10 所示。

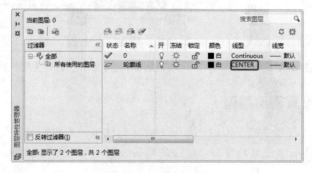

图 6-10 加载线型

6.1.5 实例——设置图层线宽

在 AutoCAD 中，用户可以为每一个图层的线条设置实际的线宽，从而使图形中的线条保持固定的宽度。为不同的图层定义线宽之后，无论是在图形预览还是在打印输出时，这些线宽均按实际显示。

设置线宽的方式如下。

- 【默认】选项卡|【特性】组|【线宽】选项。
- 菜单命令：【格式】|【线宽】。
- 【图层特性管理器】：图层中的线宽标志。

Step 01 启动 AutoCAD 2017，在菜单栏中执行【格式】|【线宽】命令，如图 6-11 所示。

Step 02 弹出【线宽设置】对话框，在【线宽】列表框中可以选择所需要的线条宽度，还可以为线宽设置单位、显示比例等参数，如图 6-12 所示。

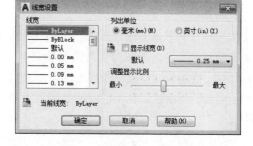

图 6-11　【格式】菜单　　　　　　　图 6-12　【线宽设置】对话框

【线宽设置】对话框中各主要选项的含义如下。

- 线宽：用于选择线条的宽度。AutoCAD 2017 中有 20 多种线宽可供选择。
- 列出单位：设置线宽单位，可用【毫米】或【英寸】表示。
- 【显示线宽】复选框：用于设置是否在窗口中按照实际线宽来显示图形。
- 默认：用于设置默认线宽值（当关闭显示线宽时，AutoCAD 所显示的线宽）。
- 调整显示比例：调整滑块，选择线宽显示比例。

6.2　管理图层

在 AutoCAD 中，使用【图层特性管理器】选项板不仅可以创建图层、设置图层特性，还可以对图层进行管理，如图层的切换、重命名、删除以及图层的显示控制等。

6.2.1　控制图层

控制图层有三种状态，下面分别进行介绍。

1. 开关状态

图层可以有打开和关闭两种状态，被关闭图层上的对象不仅不会显示在绘图页中，也不能被打印出来。图层打开和关闭的方法如下。

- 在【默认】选项卡的【图层】组中单击【图层】下拉按钮，在弹出的下拉列表框中单击需要关闭图层前的 💡 图标，使其变成 💡 图标，如图 6-13 所示。
- 打开【图层特性管理器】选项板，在中间列表框中的【开】栏下单击 💡 图标，使其变成 💡 图标，如图 6-14 所示。

关闭图层上的图形对象，虽然是整个图形上的内容，但是它不能被显示或打印出来。因此，合理地打开和关闭一些图层，可以方便绘图或看图。

图 6-13 关闭状态

图 6-14 开启状态

2. 冻结/解冻状态

在【图层特性管理器】选项板中，单击【冻结】列中对应的小太阳 ☼ 图标，可以冻结或解冻图层。冻结状态下，太阳图标变为雪花 ❄ 图标，表明该层上的图形不被显示出来，也不能打印输出，而且不能编辑或修改该图层上的图形对象；处于解冻层图形的情况则与之相反。

用户不能冻结当前层，也不能将冻结层设置为当前层。

 提 示

冻结的图层与关闭的图层在可见性上是相同的，即在该层上的图形都不被显示出来；但在可操作性上是不同的：冻结的图形对象不参加图形处理过程中的运算，而关闭的图层上的图形对象则要参加运算。因此，在工程设计时往往在复杂图样中冻结不需要的图层，这样可以大大加快系统重新生成图形的速度。

3. 锁定/解锁状态

在【图层特性管理器】选项板中，单击图层【锁定】列中对应的 🔓 图标，可以锁定或解锁图层。锁定图层并不影响其上图形的显示状况，并且还可以在锁定的图层上绘制新图形对象、使用查询命令和对象捕捉命令，只是不能对锁定图层上的图形进行编辑。

此外，用户也可以在【默认】选项卡|【图层】组中完成上述操作，如图 6-15 所示。还可以通过 【格式】|【图层工具】子命令来管理图层，如图 6-16 所示。【图层】对话框中的各个按钮与【图层工具】子命令的功能相对应。

图 6-15 锁定状态

图 6-16 快捷菜单

6.2.2　切换当前图层

当建立多个图层时，在每一个图层上都可以绘制图形。要将图形画在哪一个图层上，就要将该图层设置为当前图层。

将图层设置为当前图层的方法如下。

- 在【图层特性管理器】选项板中，选择需设置为当前的图层，单击【置为当前】按钮 ⏁。
- 在【图层特性管理器】选项板中，在需要设置为当前图层的图层上右击，在弹出的快捷菜单中选择【置为当前】命令。
- 在【图层特性管理器】选项板中，在显示图层状态和名称位置处直接双击，即可将该图层置为当前图层。
- 在【默认】选项卡的【图层】组中单击【图层】下拉按钮，在弹出的下拉列表框中选择所需的图层，也可将需要的图层设置为当前图层。
- 在【默认】选项卡|【图层】组中单击【置为当前】按钮 ⯅ 置为当前，选择图形上的对象，则可将该对象所在图层置为当前图层。

6.2.3　实例——重命名当前图层

为图层重命名有助于图层的管理，并且可以更好地区分图层。重命名图层的方法如下。

- 在【图层特性管理器】选项板中，选择需要重命名的图层，按【F2】键，然后输入新图层名称并按【Enter】键确认。
- 在【图层特性管理器】选项板中，选择需要重命名的图层，单击其图层名称，使其呈可编辑状态，此时输入新图层名称，按【Enter】键确认。
- 在选择的图层上右击，在弹出的快捷菜单中选择【重命名图层】命令，输入新图层名称后按【Enter】键确认。

Step 01　打开配套资源中的素材\第 6 章\【机械零件.dwg】图形文件，如图 6-17 所示。

Step 02　在命令行中输入 LA 命令，按【Enter】键进行确认，选中【cen】图层，单击该图层，当图层变成图 6-18 所示的状态时，即可在里面输入新图层名称，这里输入【辅助线】，效果如图 6-19 所示。

Step 03　使用同样的方法，更改其他图层的名称，效果如图 6-20 所示。

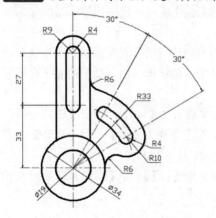

图 6-17　打开素材文件

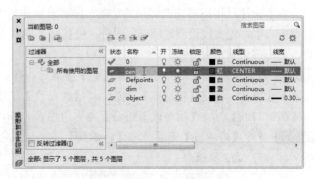

图 6-18　重命名状态图层

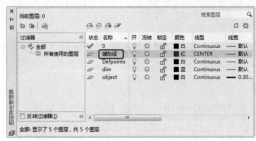
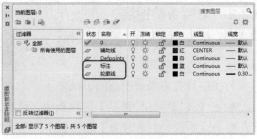

图 6-19   更改图层名称   图 6-20   更改其他图层的名称

6.2.4   删除当前图层

在管理图层的过程中，用户可以将不需要的图层删除。删除图层的方法如下。

- 在【图层特性管理器】选项板中，选择需要删除的图层，单击【删除图层】按钮 。
- 在选择的图层上右击，在弹出的快捷菜单中选择【删除图层】命令。

 提　示

0 层、默认层、当前层、含有图形对象的层和外部引用依赖层是不能被删除的。

6.2.5   改变图形所在图层

在绘制图形的过程中，如果发现在错误的图层上创建的对象，可以将该对象改变到其他图层上，这样可以节省修改时间。

将所选对象设置为当前层的方法如下。

- 在【默认】选项卡|【图层】组中单击【更改为当前图层】按钮 ，选择图形上的对象，则可将该对象更改为当前层。
- 选择需要改变图层的图形对象，在【默认】选项卡的【图层】组中单击【图层】下拉按钮，在弹出的下拉列表框中选择目标图层。

6.3   实例——利用图层绘制零件

通过前面对图层的介绍，掌握了图层的功能和创建方法，接下来可以使用图层来辅助绘制和管理图形了。下面通过实例来介绍如何使用图层绘图。

本节介绍利用图层完成图形的绘制，按要求创建粗实线层、虚线层并设置线宽。用虚线绘制对称中心线，粗实线绘制轮廓线。另外，根据图形的特点和个人的绘图习惯，绘图的顺序也不相同，用户可以自己进行练习。

Step 01 新建空白图纸文件，开启【线宽】模式，在命令行中输入 LA 命令，弹出【图层特性管理器】选项板，新建【辅助线】图层，将【辅助线】图层的颜色设置为【红】，将【线型】设置为【CENTER】，将【辅助线】图层置为当前图层，如图 6-21 所示。

Step 02 新建【轮廓线】图层，将【轮廓线】图层的颜色设置为【白】，将【线宽】设置为 0.30 毫米，如图 6-22 所示。

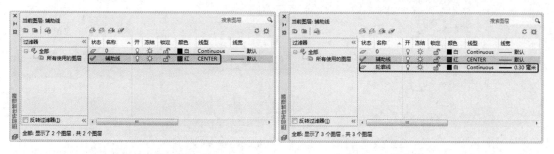

図 6-21　新建【辅助线】图层　　　　　　図 6-22　新建【轮廓线】图层

Step 03 在菜单栏中执行【格式】|【线型】命令,弹出【线型管理器】对话框,选择【CENTER】
线型,将【全局比例因子】设置为 0.1,单击【确定】按钮,如图 6-23 所示。

Step 04 使用【直线】工具,绘制水平长度为 100、垂直长度为 60 且相交的直线,如图 6-24
所示。

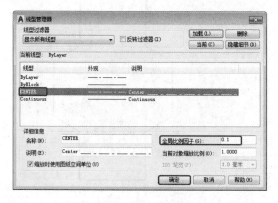

図 6-23　设置线宽　　　　　　　　　　図 6-24　绘制辅助线

Step 05 使用【旋转】工具,选择垂直线段,按【Enter】键进行确认,指定两条直线的交点作为
基点,在命令行中输入 C 命令,然后将其旋转-25、-145、95,如图 6-25 所示。

Step 06 使用【修剪】工具,修剪辅助线,如图 6-26 所示。

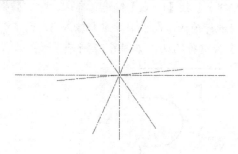　　　　　　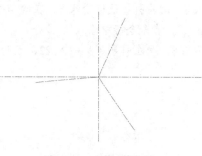

図 6-25　偏移线段　　　　　　　　　　図 6-26　修剪辅助线

Step 07 使用【圆】工具,绘制半径为 20 的圆,如图 6-27 所示。

Step 08 在命令行中输入 LA 命令,弹出【图层特性管理器】选项板,将【轮廓线】图层置为当
前图层,如图 6-28 所示。

Step 09 使用【圆】工具,绘制半径为 24、26 的同心圆,如图 6-29 所示。

Step 10 使用【多段线】工具,参照图 6-30 提供的参数绘制图形对象。

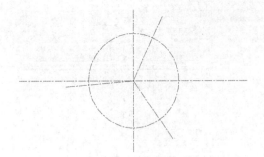

图 6-27　绘制圆

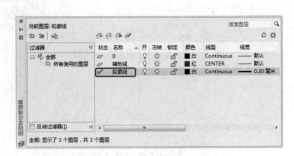

图 6-28　将【轮廓线】图层置为当前图层

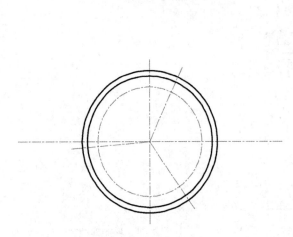

图 6-29　绘制同心圆

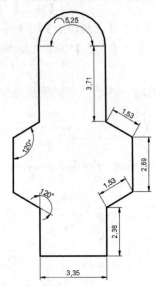

图 6-30　绘制多段线 1

Step 11 使用【复制】和【旋转】工具，将其调整至如图 6-31 所示的位置。

Step 12 在命令行中输入 PL 命令，在空白位置处指定一点，向右引导鼠标输入 22，向下引导鼠标输入 8，向左引导鼠标输入 5，在命令行中输入 A 命令，按【Enter】键进行确认，向下引导鼠标输入 13，在命令行中输入 L 命令，按【Enter】键进行确认，向右引导鼠标输入 5，向下引导鼠标输入 8，向左引导鼠标输入 22，按两次【Enter】键进行确认，如图 6-32 所示。

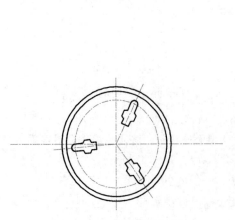

图 6-31　调整对象的位置

图 6-32　绘制多段线 2

Step 13 使用【圆角】工具，在命令行中输入 R 命令，将【圆角半径】设置为 3，按【Enter】键进行确认，在命令行中输入 M，然后对图形进行圆角处理，如图 6-33 所示。

Step 14 使用【移动】工具，将对象移动至如图 6-34 所示的位置处。

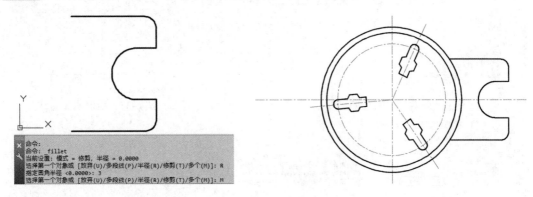

图 6-33　圆角对象　　　　　　　　　　　　图 6-34　移动对象的位置

Step 15 使用【镜像】工具，将图形对象进行镜像处理，如图 6-35 所示。

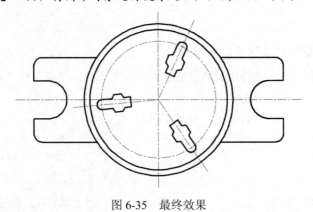

图 6-35　最终效果

6.4　综合应用

下面通过两个实例，练习本章所讲知识，巩固提高。

6.4.1　绘制针阀

下面将讲解如何绘制针阀，其具体操作步骤如下。

Step 01 新建图纸文件，在命令行中输入 LA 命令，新建【辅助线】和【轮廓线】图层，将【辅助线】图层的颜色设置为【红】，将【线型】设置为【ACAD_ISO02W100】，将【辅助线】图层置为当前图层，如图 6-36 所示。

Step 02 使用【直线】工具，按【F8】键开启正交模式，绘制一条长度为 140 的水平直线，如图 6-37 所示。

Step 03 在命令行中输入 LA 命令，弹出【图层特性管理器】选项板，将【轮廓线】图层置为当前图层，如图 6-38 所示。

Step 04 使用【直线】工具，捕捉水平直线的左端点，向右引导鼠标，输入 15，确认为直线的第一点，输入 75，绘制一条垂直直线，如图 6-39 所示。

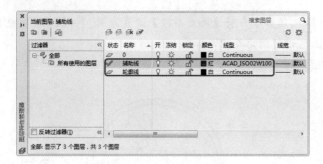

图 6-36　新建图层

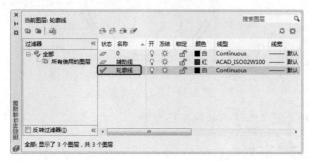

图 6-38　将【轮廓线】图层置为当前图层

图 6-37　绘制水平直线

图 6-39　绘制垂直直线

Step 05 使用【旋转】工具，选择绘制的垂直直线，指定直线的下端点作为旋转的基点，将【旋转角度】设置为-67，如图 6-40 所示。

Step 06 使用【直线】工具，绘制直线，如图 6-41 所示。

图 6-40　旋转角度

图 6-41　绘制直线

Step 07 使用【复制】工具，将绘制的直线依次向右复制 1.5、43、46，如图 6-42 所示。

Step 08 使用【直线】工具，绘制 A 线段，然后使用【偏移】工具，将 A 线段向下偏移 11.5，如图 6-43 所示。

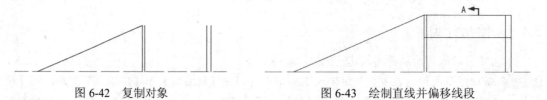

图 6-42　复制对象

图 6-43　绘制直线并偏移线段

Step 09 使用【修剪】工具，修剪图形对象，如图 6-44 所示。

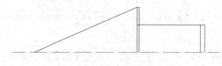

图 6-44　修剪图形对象

Step 10 使用【倒角】工具，在命令行中输入 D 命令，将【倒角距离】设置为 1.5，倒角对象，如图 6-45 所示。

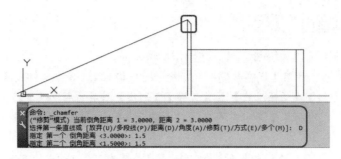

图 6-45 倒角图形对象

Step 11 使用【倒角】工具，将【倒角距离】设置为 3，倒角对象，如图 6-46 所示。

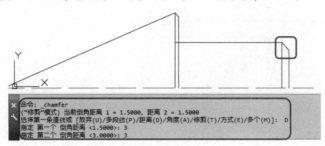

图 6-46 倒角对象

Step 12 使用【圆角】工具，在命令行中输入 R，将【圆角半径】设置为 2，对图形对象进行圆角处理，如图 6-47 所示。

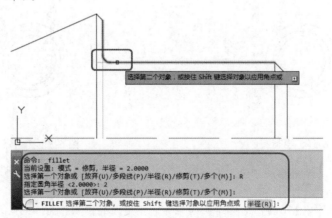

图 6-47 圆角对象

Step 13 使用【镜像】工具，对图形对象进行镜像，如图 6-48 所示。

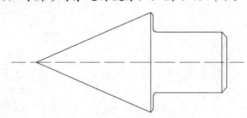

图 6-48 镜像图形对象

6.4.2 绘制止动垫圈

下面将讲解如何绘制止动垫圈，其具体操作步骤如下。

Step 01 新建图纸文件，开启【线宽】模式，在命令行中输入 LA 命令，弹出【图层特性管理器】选项板，新建【点划线】和【轮廓线】图层，将【点划线】图层的颜色设置为【红】，将【线型】设置为【CENTER】，并将其置为当前图层，将【轮廓线】图层的【线宽】设置为 0.30 毫米，如图 6-49 所示。

Step 02 使用【直线】工具，绘制水平长度为 270、垂直长度为 270 且相交的直线，如图 6-50 所示。

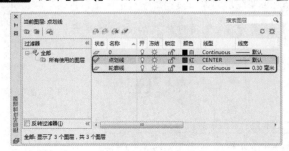

图 6-49　新建图层　　　　　　　　　　　　　图 6-50　绘制直线

Step 03 将【轮廓线】图层置为当前图层，使用【圆】工具，分别绘制三个半径为 50.5、61、76 的圆，如图 6-51 所示。

Step 04 使用【偏移】工具，将水平点划线向下偏移 68，如图 6-52 所示。

图 6-51　绘制圆　　　　　　　　　　　　　　图 6-52　偏移对象

Step 05 使用【矩形】工具，绘制长度为 14、宽度为 60 的矩形，然后移动对象的位置，效果如图 6-53 所示。

Step 06 使用【环形阵列】工具，选择绘制的矩形，指定圆的中点作为阵列的基点，将【项目数】设置为 12，如图 6-54 所示。

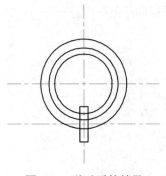

图 6-53　移动后的效果

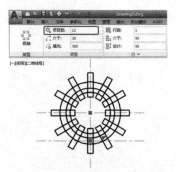

图 6-54　环形阵列对象

Step 07 使用【分解】工具，选择阵列后的对象，将其进行分解，使用【修剪】和【删除】工具，修剪不需要的线段，如图 6-55 所示。

Step 08 在命令行中输入 LA 命令，弹出【图层特性管理器】选项板，将【点划线】图层隐藏，如图 6-56 所示。

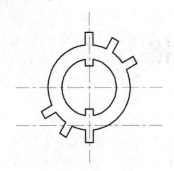

图 6-55　修剪对象

图 6-56　隐藏点划线图层的显示

最终效果如图 6-57 所示。

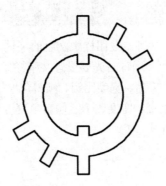

图 6-57　止动垫圈最终效果

第 7 章
文本与表格

一幅完整的机械工程图，除了图形外，往往还包括很多相关的文字说明，如技术要求、标题栏等，这需要用到 AutoCAD 中的文本输入和表格功能。本章主要学习如何设置文本及表格格式、输入文本及特殊符号、绘制和编辑文本及表格等知识。通过本章的学习，使读者熟练地掌握文本的输入和表格的绘制，同时还要学习工程图中技术要求、标题栏和明细栏的相关规定。

7.1　文字样式

按照国家技术制图标准规定，各种专业图样中文字的字体、字宽、字高都有一定的标准。为了达到国家标准的要求，在输入文字以前，首先要设置文字样式或者调用已经设置好的文字样式。文字样式定义了文本所用的字体、字高、宽度比例、倾斜角度等其他文字特征，用来控制文字的字体、高度，以及颠倒、反向、垂直、宽度比例、倾斜角度等效果。默认情况下，AutoCAD 自动创建一个名为 Standard 的文字样式。

7.1.1　新建文字样式

对于 AutoCAD 的文字，在使用它们进行文字注释之前，需要对文字样式的字体、字号、倾斜角度、方向和其他文字特性进行相关设置，这就要用到【文字样式】对话框。打开该对话框的方法如下。

- 在【注释】选项卡的【文字】面板中单击右下角的▣按钮或单击文字样式下拉列表框中的▾按钮，在弹出的下拉列表框中选择【管理文字样式】选项，如图 7-1 所示。
- 在菜单栏中执行【格式】|【文字样式】命令。
- 在【默认】选项卡中单击【注释】面板中【注释】按钮 ▭▭注释▾ ，在弹出的下拉列表框中单击【文字样式】按钮 A↘ ，如图 7-2 所示。
- 在命令行中输入 DDSTYLE/STYLE 命令。

图 7-1　选择【管理文字样式】选项

图 7-2　单击【文字样式】按钮

执行以上任意一种命令都将打开【文字样式】对话框，如图7-3所示，利用该对话框修改或创建文字样式，并设置文字的当前样式。系统默认类型为 Standard，使用基本字体，字体文件为 txt.shx。

若要生成新文本样式，则单击【新建】按钮，打开【新建文字样式】对话框，如图7-4所示。在对话框中输入文本样式名称，如"文字标注"，并且单击【确定】按钮。通过其他按钮编辑调整其设置。

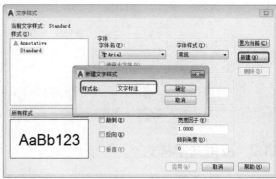

图 7-3　【文字标注】对话框　　　　　　　　图 7-4　新建文字样式

【文字样式】对话框中各选项的功能如下。

- 删除：删除指定的文字样式。
- 当前文字样式：显示当前正在使用的文字样式名称。
- 样式：列表框显示图形中所有的文字样式，包括已定义的样式名并默认显示选择的当前样式。
- 样式列表过滤器 所有样式 ：可以在该下拉列表框中指定显示所有样式还是仅显示使用中的样式。
- 预览：位于样式列表过滤器下方，该窗口的显示随着字体的改变和效果的修改而动态更改样例文字的预览效果。
- 【字体名】下拉列表框：列出了 AutoCAD 自带的字体。
- 【使用大字体】复选框：用于选择是否使用大字体。勾选该复选框则变为使用【大字体】。
- 【所有样式】下拉列表框：显示了所有的大字体文字样式名称，用于选择大字体文件，用户可从中选择一个样式，使其成为当前样式。
- 【高度】文本框：可在该文本框中输入字体的高度。如果用户在该文本框内指定了文字的高度，则使用 Text（单行文字）命令时，系统将不提示【指定高度】选项。
- 【颠倒】复选框：勾选该复选框，可以将文字进行上下颠倒显示，该选项只影响单行文字。
- 【反向】复选框：勾选该复选框，可以将文字进行首尾反向显示，该选项只影响单行文字。
- 【宽度因子】文本框：设置字符间距。输入小于 1.0 的值将紧缩文字；输入大于 1.0 的值则加宽文字。
- 【倾斜角度】文本框：用于指定文字的倾斜角度。
- 应用：将对文本样式应用于当前。
- 关闭：单击【关闭】按钮关闭当前对话框。

设置文字的各种效果如图7-5所示。

机械制图　机械制图　图峙쀏╮机

正常效果　　　　　　颠倒效果　　　　　　反向效果

机械制图　　*机 械 制 图*

倾斜效果　　　　　　　　宽度比例增大效果

图 7-5　不同文字效果比较

 提 示

> 在设置文字倾斜、指定文字倾斜角度时，如果角度值为正数，则其方向是向右倾斜；如果角度值为负数，则其方向是向左倾斜。

7.1.2　应用文字样式

在 AutoCAD 2017 中，如果要应用某个文字样式，需将设置好的文字样式设置为当前文字样式，方法如下。

- 选择【注释】选项卡，单击【文字】选项组中的【文字样式】按钮，在弹出的下拉列表中选择要设置为当前的文字样式，如图 7-6 所示。
- 在命令行中执行 STYLE 命令，弹出【文字样式】对话框，在【样式】列表框中选择要置为当前的文字样式，单击【置为当前】按钮，如图 7-7 所示，然后单击【关闭】按钮，关闭该对话框。

图 7-6　选择当前文字样式

图 7-7　选择置为当前的文字样式

7.1.3　重命名文字样式

在文字样式的使用过程中，如果对文字样式名称的设置不满意，可以对其进行重命名操作，方便查看使用。但系统默认的 Standard 文字样式不能进行重命名操作。重命名文字样式有以下两种方式。

- 在命令行中执行 STYLE 命令，弹出【文字样式】对话框，在【样式】列表框中右击要重命名的文字样式，在弹出的快捷菜单中选择【重命名】命令，如图 7-8 所示，此时被选择的文字样式名称呈可编辑状态，输入新的文字样式名称，按【Enter】键，确认重命名操作。

- 在命令行中执行 RENAME 命令，弹出【重命名】对话框，在【命名对象】列表框中选择【文字样式】选项，在【项数】列表框中选择要修改的文字样式名称，如图 7-9 所示，然后在下方的空白文本框中输入新的名称，单击【确定】按钮或【重命名为】按钮即可。

对于【图层】、【标注样式】、【线型】等内容都可以通过使用 RENAME 命令对它们进行重命名操作，这个命令也非常简单、方便。

图 7-8　重命名

图 7-9　【重命名】对话框

7.1.4　删除文字样式

如果对已创建的文字样式不满意，可以对其进行删除。具体删除操作方法有以下两种。

- 在命令行中执行 STYLE 命令，弹出【文字样式】对话框，在【样式】列表框中选择要删除的文字样式，单击【删除】按钮，如图 7-10 所示，弹出图 7-11 所示的【acad 警告】对话框，单击【确定】按钮，即可删除当前选择的文字样式，返回【文字样式】对话框，然后单击【关闭】按钮关闭该对话框。

图 7-10　选择要删除的文字样式

图 7-11　删除方字样式

- 在命令行中执行 PURGE 命令，弹出图 7-12 所示的【清理】对话框。选择【查看能清理的项目】单选按钮，在【图形中未使用的项目】列表框中双击【文字样式】选项，展开此项将显示当前图形文件中的所有文字样式。选择要删除的文字样式，然后单击【清理】按钮即可，如图 7-13 所示。

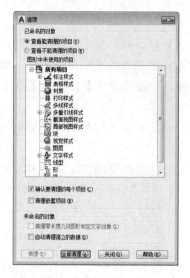

图 7-12　【清理】对话框　　　　　　图 7-13　选择要删除的文字样式

7.1.5　实例——创建文字样式

下面将通过实例讲解如何创建文字样式，具体操作步骤如下。

Step 01 启动 AutoCAD 2017，新建一个空白文件。在菜单栏中执行【格式】|【文字样式】命令，在弹出的【文字样式】对话框中单击【新建】按钮，弹出【新建文字样式】对话框，在该对话框中将【样式名】设置为【机械装配图】，然后单击【确定】按钮，如图 7-14 所示。

Step 02 连续单击【新建】按钮并使用系统默认设置的文本样式名，分别为样式 1、样式 2、样式 3、样式 4，然后单击【确定】按钮，如图 7-15 所示。

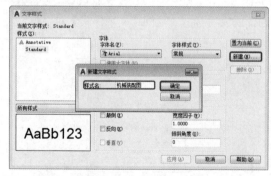

图 7-14　新建文字样式并重命名　　　　图 7-15　新建其他文字样式

Step 03 单击【机械装配图】样式并单击【置为当前】按钮，在【字体】选项组中的【字体名】下拉列表框中选择【楷体】选项，在【高度】文本框中输入 30，其余默认，如图 7-16 所示，然后单击【应用】按钮。

Step 04 单击【样式 1】样式并单击【置为当前】按钮，右击，在弹出的快捷菜单中选择【重命名】命令，将【样式1】改为【箱体】，并在【字体】选项组中的【字体名】下拉列表框中选择【黑体】选项，在【高度】文本框中输入 20，其余默认，然后单击【应用】按钮，效果如图 7-17 所示。

Step 05 单击【样式 2】样式并单击【置为当前】按钮，右击，在弹出的快捷菜单中选择【重命名】命令，将【样式2】改为【轴承】，并在【字体】选项组中的【字体名】下拉列表框中选择

【楷体】选项，在【高度】文本框中输入 15，其余默认，然后单击【应用】按钮，如图 7-18 所示，然后使用同样的方法将【样式 3】重命名为【传送带】并设置同样的参数。

Step 06 选择【样式 4】并右击，在弹出的快捷菜单中选择【删除】命令，如图 7-19 所示。

图 7-16　设置【机械装配图】样式参数

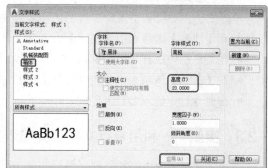

图 7-17　重命名【样式 1】并设置参数

图 7-18　重命名【样式 2】并设置参数

图 7-19　选择【删除】命令

Step 07 在弹出的【acad 警告】对话框中单击【确定】按钮，如图 7-20 所示。

Step 08 将【样式 4】删除后的显示效果如图 7-21 所示。

图 7-20　【acad 警告】

图 7-21　显示效果

7.2　输入文本

AutoCAD 2017 中文版提供了单行文字命令和多行文字命令两种文字处理功能，这两种命令各有其特点，分别适合不同的输入情况。一般而言，对简短的输入项使用单行文字，对带有内部格式的较长的输入项使用多行文字。用【单行文字】命令输入文本时，每行文字都是一个独立的对象；而使用多行文字时，多行文字则作为一个整体出现。

7.2.1 输入单行文字

单行文字可以创建一行或多行文字，其中，每行文字都是独立的实体，用户可以对其进行重定位、调整格式或修改等操作。在默认情况下，工作界面不显示单行文字名。

单行文字主要用于不需要多种字体和多行文字的简短输入。激活单行文字的方法如下。

- 在【注释】选项卡的【文字】面板中单击【单行文字】按钮 A。
- 在菜单栏中执行【绘图】|【文字】|【单行文字】命令。
- 在【默认】选项卡中单击【注释】面板中的【单行文字】按钮 A。
- 在命令行中输入 DTEXT 命令。

7.2.2 实例——利用单行文字工具输入文字

下面将通过实例讲解如何利用单行文字工具输入文字对象，具体操作步骤如下。

Step 01 新建一个图形文件。在命令行中输入 TEXT 命令，根据命令行的提示在绘图区的合适位置指定起点，将文字高度设置为 10，将旋转角度设置为 0，然后在显示的文本框中输入文字对象，完成效果如图 7-22 所示。

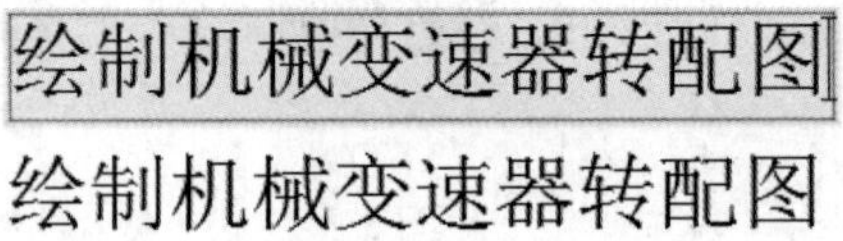

绘制机械变速器转配图
绘制机械变速器转配图

图 7-22　完成效果

7.2.3 编辑单行文字

在 AutoCAD 2017 中文版中，可以快速地对单行文本的内容、对正方式、旋转角度及缩放比例等内容进行编辑。

1. 编辑单行文本内容

在 AutoCAD 2017 中，编辑单行文本内容的方法有以下几种。

- 在菜单栏中执行【修改】|【对象】|【文字】|【编辑】命令。
- 选择文本对象，右击，在弹出的快捷菜单中执行【快捷特性】命令，如图 7-23 所示。
- 在命令行中输入 DDEDIT 或 QUICKPROPERTIES 命令。

执行以上任意命令后，选择要编辑的单行文字对象，打开【编辑文字】选项板，如图 7-24 所示，在激活的窗口中输入新文本内容。

图 7-23　执行【快捷特性】命令

图 7-24　【编辑文字】选项板

2．编辑单行文本比例

在 AutoCAD 2017 中，编辑单行文本比例命令的方法有以下几种。

- 在菜单栏中执行【修改】|【对象】|【文字】|【比例】命令。
- 在【注释】选项卡中的【文字】面板中单击【缩放】按钮 。
- 在命令行中输入 SCALETEXT 命令。

执行以上任意命令后，选择要编辑的文字，此时需要输入缩放的基点以及指定的新高度、匹配对象或缩放比例。

3．编辑单行文本对正方式

编辑单行文本对正方式命令的调用方法有如下 3 种。

- 在菜单栏中执行【修改】|【对象】|【文字】|【对正】命令。
- 在【注释】选项卡中的【文字】面板中单击【对正】按钮 。
- 在命令行中输入 JUSTIFYTEXT 命令。

执行以上任意命令后，选择要编辑的文字，此时可以重新设置文字对正方式。

7.2.4 实例——编辑单行文字

下面将通过实例讲解如何编辑单行文字，具体操作步骤如下。

Step 01 打开配套资源中的素材\第 7 章\【编辑单行文字素材.dwg】素材文件，素材文件显示效果如图 7-25 所示。

Step 02 单击单行文本对象，在文本左下角会出现蓝色选中文本夹点标记（用户可自行设置夹点标记的大小和颜色），右击，在弹出的快捷菜单中执行【快捷特性】命令，弹出该文本的【快捷特性】选项板，如图 7-26 所示，在此面板中可以对选中的单行文本的特性进行编辑。在文本被选中的情况下按【Delete】键可以删除该文本。

机械设计从入门到精通

图 7-25　素材文件　　　　　　　　　图 7-26　【快捷特性】选项板

Step 03 单击文本左下角出现的蓝色标记，标记变红，此时单击【空格键】可以对文本进行【拉伸】、【移动】、【旋转】、【比例缩放】、【镜像】等命令的编辑，如图 7-27 所示。

Step 04 双击单行文本，进入文本编辑状态，用户可以直接对文本进行修改，如图 7-28 所示。

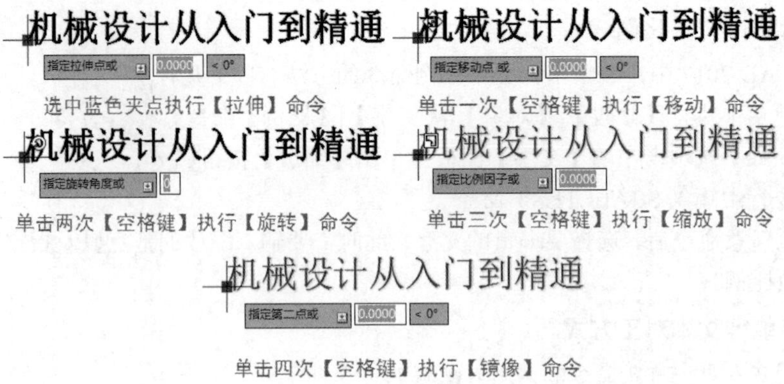

机械设计从入门到精通 机械设计从入门到精通

指定拉伸点或 □ 0.0000 < 0° 指定移动点 或 □ 0.0000 < 0°

选中蓝色夹点执行【拉伸】命令 单击一次【空格键】执行【移动】命令

机械设计从入门到精通 机械设计从入门到精通

指定旋转角度或 □ 0 指定比例因子或 □ 0.0000

单击两次【空格键】执行【旋转】命令 单击三次【空格键】执行【缩放】命令

机械设计从入门到精通

指定第二点或 □ 0.0000 < 0°

单击四次【空格键】执行【镜像】命令

图 7-27　执行编辑命令

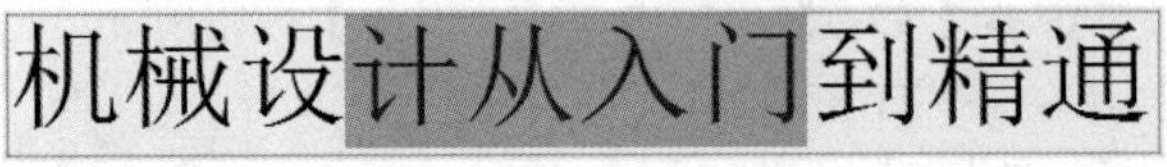

机械设计从入门到精通

图 7-28　处于编辑状态

Step 05 用户使用菜单命令和在命令行中输入命令的方式也可以对单行文本进行编辑。

7.2.5　输入多行文字

多行文字又称为段落文字，它可以由两行以上的文字组成为一个实体。需要注意的是，只能对多行文字进行整体选择、编辑。

在 AutoCAD 2017 中，执行多行文字命令的方法有以下几种。

- 在【注释】选项卡的【文字】面板中单击【多行文字】按钮 。
- 在【默认】选项卡的【注释】面板中单击【多行文字】按钮 A 多行文字。
- 在菜单栏中执行【绘图】|【文字】|【多行文字】命令。
- 在命令行中输入 MTEXT 命令。

执行多行文字命令后，在绘图窗口中指定一个用来放置多行文字的矩形区域，这时将打开【文字编辑器】选项卡和文字输入窗口，如图 7-29 所示，利用它们可以设置多行文字的样式、字体及大小、段落等属性。

图 7-29　【文字编辑器】选项卡中文字输入窗口

7.2.6　编辑多行文字

在 AutoCAD 2017 中，多行文本编辑命令的方法有以下几种。

- 双击需要编辑的多行文本，打开【文字编辑器】选项卡。
- 在菜单栏中执行【修改】|【对象】|【文字】|【编辑】命令。
- 在命令行中输入 DDEDIT 命令。

激活该命令后，用户选择需要编辑的多行文本，系统将再次打开【文字编辑器】选项卡，进入多行文本的编辑状态。

用户也可以单击需要编辑的多行文本，此时系统打开【多行文字】快捷特性面板，可以对多行文本的各个特性进行修改和编辑。双击多行文本进入多行文本编辑状态，或单击多行文本打开其快捷特性面板。

同时，用户可以用一般编辑图形对象命令对文本进行复制、移动、旋转、删除和镜像等操作，也可以利用夹点编辑技术对文本进行编辑。

7.2.7　输入特殊符号

AutoCAD 在标注文字说明时，如需要输入【下画线】、【ø】和【°】等特殊符号，则可以使用相应的控制码进行输入，其控制码的输入和说明见表 7-1。

表 7-1　AutoCAD 特殊符号代码及其含义

控　制　码	符　号　意　义	控　制　码	符　号　意　义
%%o	上画线	%%p	公差符号【±】
%%u	下画线	%%c	圆直径【ø】
%%d	度数【°】	%%%	单个百分比符号【%】

7.2.8　实例——利用多行文字工具输入特殊符号

下面将通过实例讲解如何利用多行文字工具输入特殊符号，具体操作步骤如下。

`Step 01` 新建一个图形文件。在命令行中输入 MTEXT 命令，根据命令行的提示创建文本框，如图 7-30 所示。

`Step 02` 在文字编辑区中输入数字【4】，然后在【插入】面板中单击【符号】按钮@，在打开的下拉菜单中选择【其他】选项，打开【字符映射表】对话框。在【字体】下拉列表框中选择字体，在【符号】中选择【×】符号，单击【选择】按钮后，单击【复制】按钮，如图 7-31 所示。

图 7-30　创建文本框

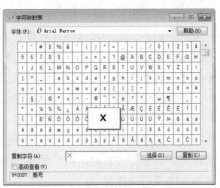

图 7-31　【字符映射表】对话框

Step 03 返回文字编辑区，按【Ctrl+V】组合键将字符粘贴到文本框中，粘贴效果如图 7-32 所示。

Step 04 在【插入】面板中单击【符号】按钮，选择【符号】下拉菜单中的【直径】选项，然后输入【25】，显示效果如图 7-33 所示。

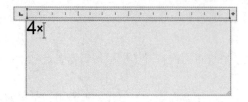

图 7-32　粘贴字符至文本框中

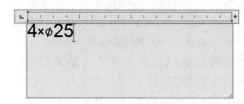

图 7-33　输入符号和数字

Step 05 在【插入】面板中单击【符号】按钮，选择【符号】下拉菜单中的【正/负】选项，然后输入【0.01】，如图 7-34 所示。

Step 06 文本输入完成后单击【关闭文字编辑器】按钮，最终完成效果如图 7-35 所示。

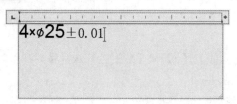

图 7-34　输入符号和数字

$$4×\phi25±0.01$$

图 7-35　完成效果

7.3　表格

在 AutoCAD 2017 中，可以使用创建表格命令创建数据表格或标题块，还可以从 Microsoft Excel 中直接复制表格，并将其作为 AutoCAD 表格对象粘贴到图形中，也可以从外部直接导入表格对象。此外，还可以输出 AutoCAD 的表格数据，以便用户在 Microsoft Excel 或其他应用程序中使用。

要创建表格，首先应设置好表格样式，然后基于表格样式创建表格。创建表格后，用户不但可以向表中添加文字、块、字段和公式，还可以对表格进行其他编辑，如插入或者删除行或列、合并表单元等。

7.3.1　新建表格样式

表格样式命令用于创建、修改或指定表格样式，其可以确定所有新表格的外观，包括背景颜色、页边距、边界、文字和其他表格特征的设置。

在 AutoCAD 2017 中，执行表格样式命令的方法有以下几种。

- 在【注释】选项卡中单击【表格】面板右下角的 ◢ 按钮。
- 在菜单栏中执行【格式】|【表格样式】命令。
- 在命令行中输入 TABLESTYLE 命令。

执行以上任意命令都将打开【表格样式】对话框，如图 7-36 所示。单击【新建】按钮，打开【创建新的表格样式】对话框，如图 7-37 所示。

其中各选项的功能如下。

- 新样式名：输入新建表格样式名称。

- 基础样式：系统提供的表格基础样式。选择基础样式，新建表格样式将在其基础上修改各功能选项。

单击【继续】按钮打开【新建表格样式】对话框，如图 7-38 所示。

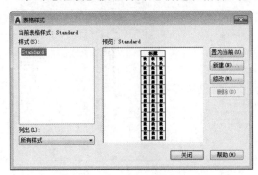

图 7-36 【表格样式】对话框

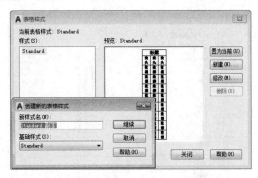

图 7-37 【创建新的表格样式】对话框

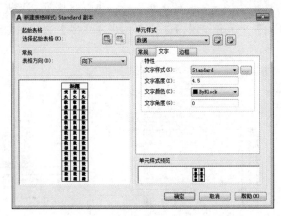

图 7-38 【新建表格样式】对话框

7.3.2 设置表格的数据、标题和表头样式

在【新建表格样式】对话框中，可以在【单元样式】选项组的下拉列表框中选择【数据】、【标题】和【表头】选项来分别设置表格的数据、标题和表头的对应样式。

【新建表格样式】对话框中 3 个选项卡的内容基本相似，可以分别指定单元基本特性、文字特性和边界特性。

- 【常规】选项卡：设置表格的填充颜色、对齐方向、格式、类型及页边距等特性。
- 【文字】选项卡：设置表格单元中的文字样式、高度、颜色和角度等特性。
- 【边框】选项卡：可以设置表格的边框是否存在。当表格具有边框时，还可以设置边框的线宽、线型、颜色和间距等特性。

7.3.3 实例——创建机械表格

下面将通过实例讲解如何创建机械表格，具体操作步骤如下。

Step 01 新建一个图形文件，在菜单栏中执行【绘图】|【表格】命令，弹出【插入表格】对话框，单击【表格样式】下拉列表框右侧的 按钮，弹出【表格样式】对话框，如图 7-39 所示。

Step 02 单击【新建】按钮，打开【创建新的表格样式】对话框，将【新样式名】设置为【传送带图纸说明】，然后单击【继续】按钮，如图 7-40 所示。

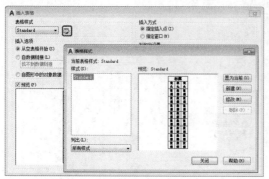
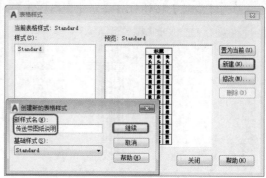

图 7-39 【表格样式】对话框 　　　　　　　　图 7-40 新建表格样式

Step 03 弹出【新建表格样式：传送带图纸说明】对话框，将【单元样式】设置为【数据】，在【常规】选项组中将【对齐】方式设置为【正中】；在【文字】选项组中将【文字高度】设置为 5，如图 7-41 所示。

图 7-41 设置【数据】参数

Step 04 将【单元样式】设置为【表头】，在【常规】选项组中将【对齐】方式设置为【正中】；在【文字】选项组中将【文字高度】设置为 8，如图 7-42 所示。

图 7-42 设置【表头】参数

Step 05 将【单元样式】设置【标题】。在【文字】选项卡中单击【文字样式】下拉列表框后面的 ... 按钮，弹出【文字样式】对话框，在该对话框中单击【新建】按钮，弹出【新建文字样式】对话框，将【样式名】保持默认状态，单击【确定】按钮，如图 7-43 所示。

Step 06 在【文字样式】对话框中将【字体】设置为【楷体】，然后单击【应用】按钮，将其关闭即可，如图 7-44 所示。

图 7-43　新建文字样式

图 7-44　设置文字样式参数

Step 07 返回【新建表格样式：传送带图纸说明】对话框，在【文字样式】下拉列表框中选中新创建的【样式 1】，将【文字高度】设置为 10，如图 7-45 所示。

Step 08 单击【确定】按钮，返回到【表格样式】对话框，单击【置为当前】按钮，单击【关闭】按钮即可，如图 7-46 所示。

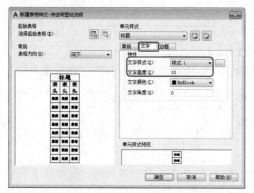

图 7-45　设置【标题】参数

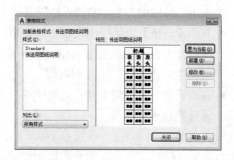

图 7-46　将其置为当前

Step 09 返回到【插入表格】对话框，将【插入方式】设置为【指定插入点】，将【列数】设置为 3，将【列宽】设置为 40，将【数据行数】设置为 3，将【行高】设置为 2，设置完成后单击【确定】按钮，如图 7-47 所示。

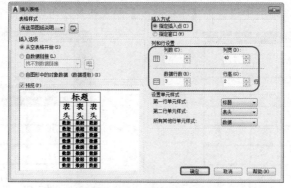

图 7-47　设置表格参数

Step 10 返回到绘图区中任意拾取一点插入表格，效果如图 7-48 所示。

Step 11 在表格中输入文字对象，完成后的显示效果如图 7-49 所示。

传送带		
序列	图号	名称
1	TDF-F03	支架
2	TDF-F04	齿轮
3	TDF-F05	传送泵

图 7-48　插入表格效果　　　　　　　　　　　　图 7-49　完成效果

7.3.4　编辑表格和表格单元

在 AutoCAD 2017 中文版中，用户可以使用表格的快捷特性面板、夹点和表格的快捷菜单来编辑表格和表格单元。

1．编辑表格

在 AutoCAD 2017 中，编辑表格的方法有以下几种。

● 利用【表格】快捷特性面板编辑表格：单击表格，系统在选中表格的同时弹出【表格】快捷特性面板，并在表格的相应位置显示夹点，如图 7-50 所示。用户可以在面板中选择表格相应的特性进行修改和编辑。

● 利用表格夹点编辑表格：当选中整个表格后，表的四周、标题行上将显示夹点，用户可以通过夹点进行编辑。

夹点的形状不同表达的含义也不同，用户将光标指着夹点并停留一两秒钟，光标的下面就会显示出该夹点的提示信息，用户可以按照提示信息进行操作。图 7-51 所示即为正方形、三角形和浅蓝色三角形夹点的提示信息。

激活【表格打断】夹点会将表格打断为多个片段。拖动已激活的夹点时，将确定主要表格片段和次要表格片段的高度。

如果打断的表格在【特性】选项板中设置为【手动定位】，则可以将表格片段放置在图形中的任何位置。【特性】选项板中设置为【手动高度】的表格片段可以具有不同的高度。

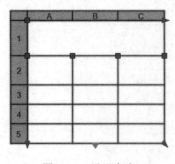

图 7-50　显示夹点

图 7-51　提示信息

● 利用快捷菜单编辑表格：表格的快捷菜单如图 7-52 所示。从表格快捷菜单可以看到，用户除了可以对表格进行剪切、复制、移动、缩放等简单的操作外，还可以均匀调整表格的行、列大小，删除所有特性替代等。若选择【输出】命令可以打开【输出数据】对话框，以"*.csv"格式输出表格中的数据。

2. 编辑表格单元

（1）利用快捷菜单编辑表格

选中表格中的单元格，如图 7-53 所示，右击，打开表格单元格快捷菜单，如图 7-54 所示，其主要命令的功能说明如下。

- 对齐：在该命令子菜单中可以选择表单元的对齐方式，如左上、左中、左下等。
- 边框：选择该命令，打开【单元边框特性】对话框，可以设置单元格边框的线宽、颜色等特性。
- 匹配单元：用当前选中的表单元格式（源对象）匹配其他表单元（目标对象），此时鼠标指针变为刷子形状，单击目标对象即可进行匹配。
- 插入点：选择该命令的子命令，可以从中选择插入到表格中的块、字段和公式。如选择【块】命令，将打开【在表单元中插入块】对话框，用户可以从中选择插入表中的块，并设置块在表单元中的对齐方式、比例和旋转角度等特性。
- 合并：当选中多个连续的单元格后，使用该子菜单中的命令，可以全部、按列或按行合并表单元。

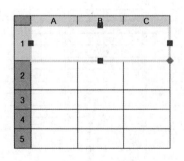

图 7-52 表格的快捷菜单　　　　图 7-53 选中表格　　　　图 7-54 表格单元格快捷菜单

（2）利用夹点编辑表格单元

另外，用户还可以使用表格单元夹点编辑表格单元，表格单元夹点如图 7-55 所示。

要选择多个单元，可以单击并在多个单元上拖动。也可以按住【Shift】键并在另一个单元内单击，同时选中这两个单元及它们之间的所有单元。

利用【表格单元】夹点中的【自动填充】夹点，可以在表格中拖动以自动增加数据，还可以使用【自动填充】夹点自动填写日期单元。如图 7-56 所示，用鼠标拖动【自动填充】夹点实现自动增加数据，编辑数据和日期后的效果如图 7-57 所示。

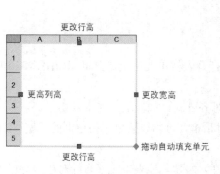

图 7-55 夹点含义

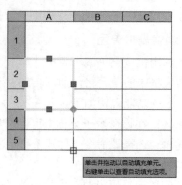

图 7-56 【自动填充】夹点

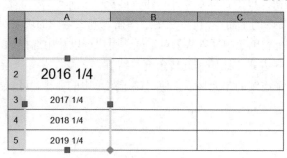

图 7-57 【自动填充】夹点编辑效果

7.3.5 实例——创建锌模铸合金特性表

下面来绘制如图 7-58 所示的锌模铸合金特性表。

特性	Zamak锌模铸合金				ZA锌模铸合金		
	2	2	4	6	ZA-8	ZA -12	ZA-27
抗高温分裂	2	1	2	1	2	3	4
压力密度	3	3	2	1	3	3	4
铸造难易度	2	1	2	1	2	3	3
立体准确度	1	1	1	1	2	2	3
立体稳固性	4	2	2	2	2	3	4
防腐蚀	2	3	2	2	2	1	1
抗冷段裂变形	1	1	1	1	2	3	4
机械加工与质量	1	1	1	1	3	1	4
抛光加工与质量	1	1	1	1	2	2	4
电镀加工与质量	1	1	1	1	1	2	2
阳化（保护）	1	1	1	1	1	2	2
化学外层（保护）	1	1	1	1	1	3	2

图 7-58 锌模铸合金特性表

Step 01 选择【格式】|【表格样式】命令，弹出【表格样式】对话框，在该对话框中单击【新建】按钮，在弹出的对话框中将【新样式名】设置为【锌模铸合金特性表】，单击【继续】按钮，如图 7-59 所示。

Step 02 在弹出的【新建表格样式：锌模铸合金特性表】中，将【单元样式】设置为【标题】，在【常规】选项卡中将【填充颜色】设置为【青】，选择【文字】选项卡，将【文字高度】设置为6，将【文字颜色】设置为【洋红】，如图 7-60 所示。

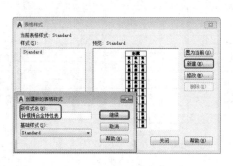

图 7-59　新建表格样式　　　　　　　　　　图 7-60　设置【标题】样式参数

Step 03 其他保持默认设置，单击【确定】按钮，返回到【表格样式】对话框中，选择【锌模铸合金特性表】样式，然后单击【置为当前】按钮，如图 7-61 所示。

Step 04 单击【关闭】按钮关闭该对话框。在菜单栏中执行【绘图】|【表格】命令，弹出【插入表格】对话框，将【列数】设置为 9，【列宽】设置为 30，【数据行数】设置为 12，【行高】设置为 1，如图 7-62 所示。

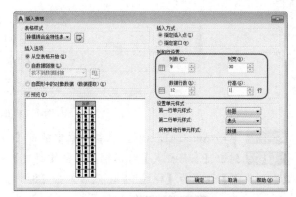

图 7-61　将新建样式置为当前　　　　　　　图 7-62　设置表格参数

Step 05 单击【确定】按钮，然后在绘图区中单击，创建表格，效果如图 7-63 所示。

Step 06 选择标题栏，单击【表格单元】选项卡中的【取消合并单元】按钮，然后将标题栏单元格合并成如图 7-64 所示的表格。

图 7-63　创建表格　　　　　　　　　　　　图 7-64　编辑标题栏

Step 07 选择左侧的两列单元格，单击【合并单元】按钮，在弹出的下拉列表中选择【按行合并】选项，完成后的效果如图 7-65 所示。

Step 08 在表格中输入文字，完成后的效果如图 7-66 所示。

图 7-65　合并效果

特性	Zamak锌镁铸合金				ZA锌模铸合金		
	2		4	6	ZA-8	ZA-12	ZA-27
抗高温分裂	2	1	2	1	2	3	4
压力密度	3	3	2	1	3	3	4
铸造难易度	2	1	2	1	3	3	4
立体准确度	1	1	1	1	2	2	3
立体牢固性	4	2	2	2	2	2	3
防腐蚀	2	3	2	2	1	1	1
抗冷段裂变形	1	1	1	1	2	3	4
机械加工与质量	1	1	1	1	3	1	4
抛光加工与质量	1	1	1	1	2	2	4
电镀加工与质量	1	1	1	1	1	2	2
阳化（保护）	1	1	1	1	1	3	2
化学外层（保护）	1	1	1	1	1	3	2

图 7-66　输入文字后效果

7.4　综合应用

下面通过两个实例，练习本章所讲知识，巩固提高。

7.4.1　绘制机械标题栏 1

利用之前学过的知识创建一个如图 7-67 所示的标题栏。

放压螺母跟踪单					
图号		比例		校对	
作者		材质		审核	
数量		日期		出厂	

图 7-67　机械标题栏

Step 01 启动 AutoCAD 2017，在菜单栏中执行【格式】|【表格样式】命令，如图 7-68 所示。

Step 02 弹出【表格样式】对话框，单击【新建】按钮，弹出【创建新的表格样式】对话框，将【新样式名】设置为【样式 1】，然后单击【继续】按钮，如图 7-69 所示。

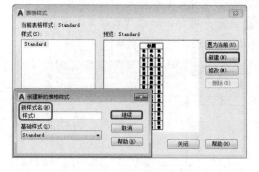

图 7-68　执行【表格样式】命令　　　　图 7-69　设置样式名

Step 03 在弹出的【新建表格样式：样式 1】对话框中，将【单元样式】设置为【标题】，选择【文字】选项卡，将【文字高度】设置为 6，将【文字颜色】设置为【红】，如图 7-70 所示。

Step 04 在【文字】选项卡中，单击【文字样式】右侧的 ... 按钮，弹出【文字样式】对话框，将【字体名】设置为【楷体】，单击【应用】按钮，再单击【置为当前】按钮，将所设字体置为当前字体，最后单击【关闭】按钮，关闭对话框，如图 7-71 所示。

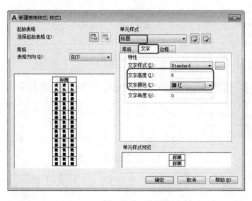

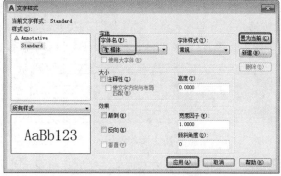

图 7-70　设置【标题】参数　　　　　　　图 7-71　设置文字样式参数

Step 05 将【单元样式】设置为【表头】，选择【文字】选项卡，将【文字高度】设置为 6，将【文字颜色】设置为【蓝】，如图 7-72 所示。

Step 06 将【单元样式】设置为【数据】，选择【文字】选项卡，将【文字高度】设置为 6，将【文字颜色】设置为【蓝】，如图 7-73 所示。

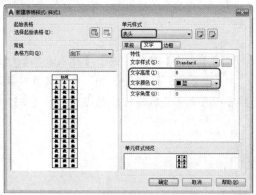

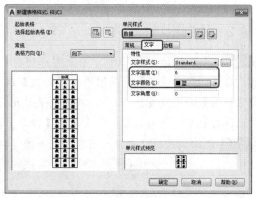

图 7-72　设置【表头】参数　　　　　　　图 7-73　设置【数据】参数

Step 07 设置完成后单击【确定】按钮，返回到【表格样式】对话框，单击【置为当前】按钮，即可将新建样式为当前表格样式，然后单击【关闭】按钮完成操作，如图 7-74 所示。

Step 08 在命令行中输入【TABLE】命令，弹出【插入表格】对话框，将【表格样式】设置为新建的【样式 1】。在【列和行设置】选项组中将【列数】设置为 7，将【列宽】设置为 30，将【数据行数】设置为 2，将【行高】设置为 1，设置完成后单击【确定】按钮，如图 7-75 所示。

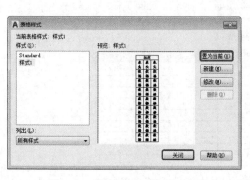

图 7-74　将新建样式置为当前　　　　　　图 7-75　设置表格样式

Step 09 返回绘图区，此时鼠标光标处出现将要插入的表格样式，在绘图区中任意拾取一点作为表格的插入点插入表格，效果如图 7-76 所示。

Step 10 选择 B2 和 C2、B3 和 C3、B4 和 C4 单元格并将其合并，合并效果如图 7-77 所示。

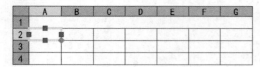

图 7-76　插入表格

图 7-77　合并表格效果

Step 11 在表格中输入文本对象，完成后的显示效果如图 7-78 所示。

放压螺母跟踪单				
图号		比例		校对
作者		材质		审核
数量		日期		出厂

图 7-78　输入文本后效果

7.4.2　绘制机械标题栏 2

Step 01 启动 AutoCAD 2017，在菜单栏中执行【绘图】|【表格】命令，弹出【插入表格】对话框，在【列和行设置】选项组中将【列数】设置为 14，将【列宽】设置为 20，将【数据行数】和【行高】分别设置为 7、1，在【设置单元样式】选项组中将【第一行单元样式】和【第二行单元样式】都设置为数据，然后单击【确定】按钮，如图 7-79 所示。

Step 02 返回到绘图区中插入表格效果如图 7-80 所示。

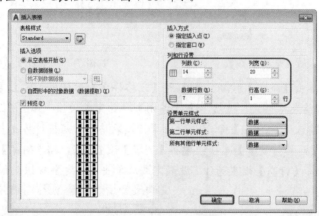

图 7-79　设置表格参数

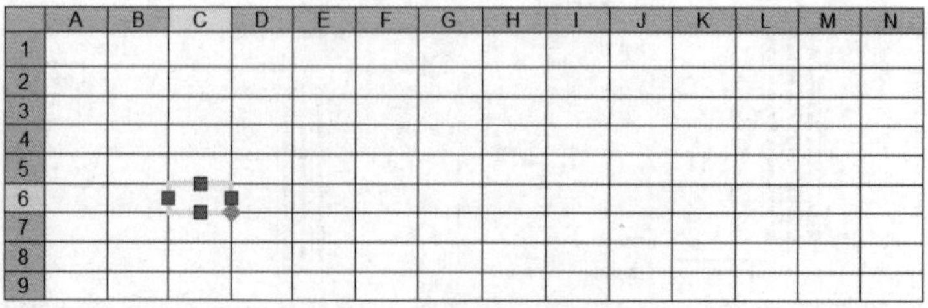

图 7-80　插入表格效果

Step 03 选择 D1～E9 单元格，单击【合并单元格】按钮，在弹出的下拉列表中选择【按行合并】按钮，分别选择 M1～N3、M4～N6、M7～N9 单元格，单击【合并全部】按钮，合并后的显示效果如图 7-81 所示。

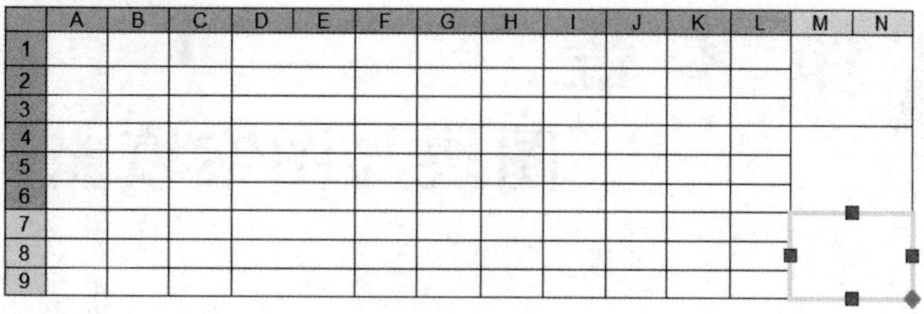
A B C D E F G H I J K L M N
1 2 3 4 5 6 7 8 9

图 7-81　合并单元格效果

Step 04 使用同样的方法将剩余的单元格合并，合并完成后的效果如图 7-82 所示。

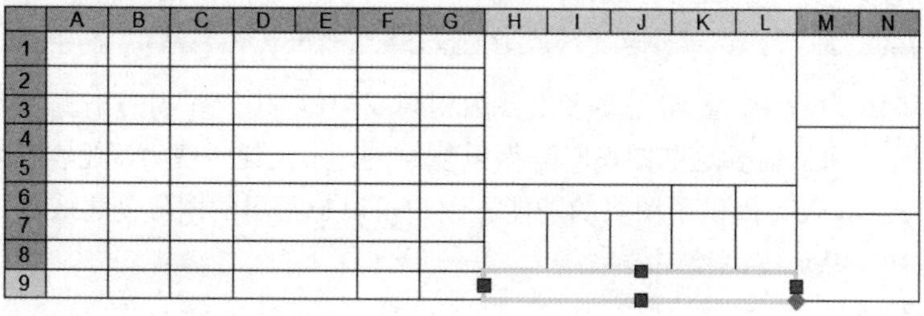
A B C D E F G H I J K L M N
1 2 3 4 5 6 7 8 9

图 7-82　合并剩余单元格后的效果

Step 05 编辑好表格后在表格中输入文字对象，并将文字全部正中显示，效果如图 7-83 所示。

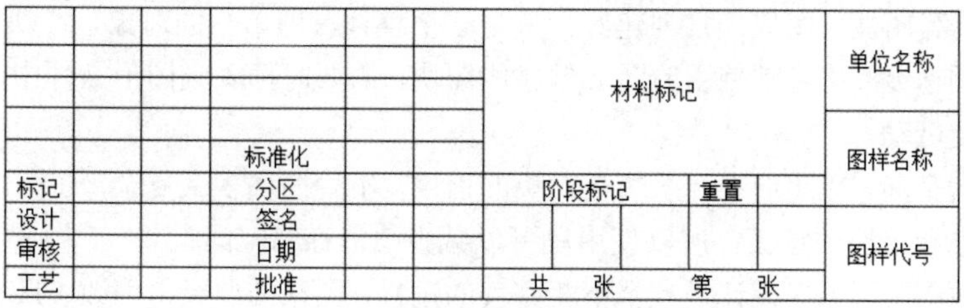
材料标记
单位名称
图样名称
图样代号
标准化
标记
分区
阶段标记
重置
设计
签名
审核
日期
工艺
批准
共　张
第　张

图 7-83　显示文字效果

第 8 章
图块与图案填充

图块对于提高绘图的工作效率有一定的作用，而图案填充可以代表不同的标志。本章将重点讲解图块和图案填充知识。

8.1　图块概述

在绘制工程图纸过程中，经常需要多次使用相同或类似的图形，如螺栓螺母等标准件、表面粗糙度符号等图形。每次需要这些图形时都得重复绘制，不仅耗时费力，还容易发生错误。为了解决这个问题，AutoCAD 提供了图块的功能。用户可以把常用的图形创建成块，在需要时插入到当前图形文件中，从而提高绘图效率。

1. 图块的优点

图块是指一个或多个图形对象的集合，可以帮助用户在同一图形或其他图形中重复使用对象。用户可以对它进行移动、复制、缩放、删除等修改操作。组成图块的图形对象都有自己的图层、线型、颜色等属性。图块一旦创建好，就是一个整体，即单一的对象。图块具有以下优点。

- 提高绘图速度。将经常使用的图形创建成图块，需要时插入到图形文件中，可以减少不必要的重复劳动。
- 节省磁盘空间。在图形中插入块是对块的引用，不管图块多么复杂，在图形中只保留块的引用信息和该块的定义，所以使用块可以减少图形存储空间。
- 方便修改图形。工程设计是一个不断完善的过程，图纸需要经常修改，只要对图块进行修改，图中插入的所有该块均会自动修改。
- 可以添加属性。可以把文字信息等属性添加到图块当中，并且可以在插入的块中指定是否显示这些属性，还可以从图中提取这些信息。

2. 图块的分类

图块可分为内部块和外部块两大类。

- 内部块：只能存在于定义该块的图形中，而其他图形文件不能使用该图块。
- 外部块：作为一个图形文件单独存储在磁盘等媒介上，可以被其他图形引用，也可以单独被打开。

3. 图块的操作步骤

Step 01　创建块。为新图块命名，选择组成图块的图形对象，确定插入点。

Step 02　插入块。将块插入指定的位置。

8.2　图块操作

本节将详细讲解内部块和外部块的创建、插入，以及图块的删除、重命名和分解命令。

8.2.1　创建图块

用户可以通过【默认】选项卡|【块】组对块进行操作，【块】面板如图 8-1 所示。

要使用块，必须首先创建块，可以通过以下方法创建块。

- 【块】组|【创建】按钮 [创建]。
- 菜单命令：【绘图】|【块】|【创建】。
- 命令行：BLOCK。

激活该命令后，弹出【块定义】对话框，如图 8-2 所示。

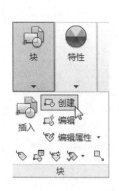

图 8-1　【块】面板　　　　　　　图 8-2　【块定义】对话框

其中各选项的含义如下。

- 名称：输入要定义的图块名称。
- 基点：设置块的插入基点。
- 在屏幕上指定：关闭对话框时，将提示用户指定基点。
- 【拾取点】按钮 [拾取点]：暂时关闭对话框以使用户能在当前图形中拾取插入基点。
- X：指定 X 坐标值。
- Y：指定 Y 坐标值。
- Z：指定 Z 坐标值。
- 对象：可以指定新块中包含的对象，以及创建块以后是否保留选定的对象，或将它们转换成块。
- 单击【选择对象】按钮 [选择对象]，切换到绘图窗口，选择需要创建的对象。
- 单击【快速选择】按钮 [快速选择]，打开【快速选择】对话框，使用该对话框可以定义选择集，如图 8-3 所示。
- 保留：在选择了组成块的对象后，保留被选择的对象不变。
- 转换为块：被选中组成块的对象转换为该图块的一个实例。该项为默认设置。
- 删除：创建块结束后，选中的图形对象在原位置被删除。
- 说明：输入与块有关的文字说明。
- 方式：指定块的方式。

- 注释性：指定块为注释性。
- 使块方向与布局匹配：指定在图纸空间视口中的块参照的方向与布局的方向匹配。如果未选择【注释性】选项，则该选项不可用。
- 按统一比例缩放：指定是否阻止块参照不按统一比例缩放。
- 允许分解：指定块参照是否可以被分解。
- 设置：指定块的设置。
- 块单位：指定块参照插入单位。
- 超链接：单击该按钮，打开【插入超链接】对话框，可以插入超链接文档，如图 8-4 所示。

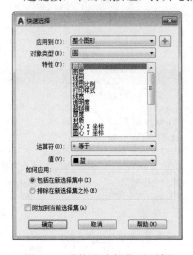

图 8-3　【快速选择】对话框

图 8-4　【插入超链接】对话框

8.2.2　实例——创建内部块

下面介绍如何创建内部块，其具体操作步骤如下。

Step 01 打开配套资源中的素材\第 8 章\【减速箱装配图.dwg】图形文件，如图 8-5 所示。

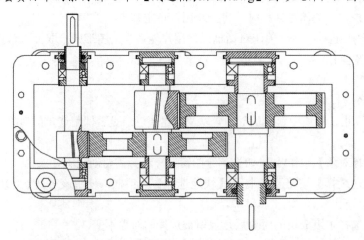

图 8-5　打开素材文件

Step 02 单击【块】组中的【创建】按钮，打开【块定义】对话框，单击【拾取点】按钮，拾取如图 8-6 所示的点作为插入基点。

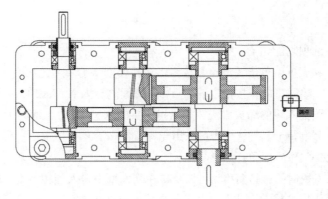

图 8-6　拾取点

Step 03 单击【选择对象】按钮 ➕，在绘图区中选择所有的对象，按【Enter】键完成选择，在【名称】文本框中输入【减速箱装配图】，如图 8-7 所示。

Step 04 设置完成后，单击【确定】按钮，即可完成块的创建，如图 8-8 所示。

图 8-7　【块定义】对话框

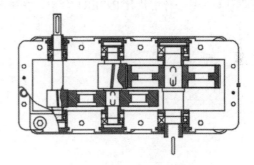

图 8-8　定义块后的效果

8.2.3　实例——插入机械块对象

创建好图块后，就可以在图形中反复使用。将块插入到图形中的操作非常简单，就如同在文档中插入图片一样。在插入块的过程中，还可以缩放和旋转块。

插入块的方法如下。

● 【块】组|【插入】按钮 。

● 菜单命令：【插入】|【块】。

● 命令行：INSERT。

激活该命令，打开【插入】对话框，如图 8-9 所示。

图 8-9　【插入】对话框

> ☂ **提 示**
>
> 该对话框中各选项功能如下。
>
> 名称：从下拉列表框中单击【浏览】按钮，选择要插入的块名。
>
> 插入点：可以在绘图窗口直接指定插入点，也可通过输入 X、Y、Z 坐标值来设置插入点。
>
> 比例：可以设置插入块的缩放比例。如果指定负的 X、Y、Z 比例因子，则插入块的镜像
> 图形；勾选【在屏幕上指定】复选框，可以用光标直接在屏幕上指定；勾选【统一比例】复选
> 框，则在 X、Y、Z 3 个方向上的比例都相同。
>
> 旋转：设置插入块时的旋转角度。可以直接在文本框中输入旋转角度，也可以勾选【在屏
> 幕上指定】复选框，用拉动的方法在屏幕上动态确定旋转角度。
>
> 分解：可以将插入的块分解成单独的基本图形对象。

下面介绍如何插入机械块，其具体操作步骤如下。

Step 01 打开配套资源中的素材\第 8 章\【素材 1.dwg】图形文件，效果如图 8-10 所示。

Step 02 在命令行中执行 INSERT 命令，在弹出的【插入】对话框中单击【浏览】按钮，如图 8-11
所示。

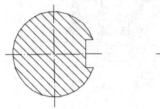

图 8-10 打开素材文件

图 8-11 单击【浏览】按钮

Step 03 在弹出的【选择图形文件】对话框中打开配套资源中的素材\第 8 章\【素材 2.dwg】图形
文件，如图 8-12 所示。

Step 04 单击【打开】按钮，返回至【插入】对话框，单击【确定】按钮，在绘图区中指定插入
点，即可插入块，效果如图 8-13 所示。

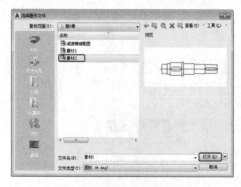

图 8-12 选择图形文件

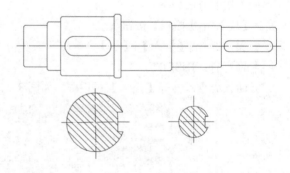

图 8-13 插入块

8.2.4 外部图块

通过 BLOCK 命令创建的块只能存在于定义该块的图形中，不能应用到其他图形文件中。如
果要让所有的 AutoCAD 文档共用图块，可以用 WBLOCK 命令创建块为外部块，将该图块作为

一个图形文件单独存储在磁盘上。

在命令行中输入 WBLOCK，按【Enter】键后打开【写块】对话框，如图 8-14 所示。

其中各选项的含义如下。

- 源：指定块和对象，将其另存为文件并指定插入点。
- 块：将定义好的内部块保存为外部块，可以在下拉列表框中选择。
- 整个图形：将当前的全部图形保存为外部块。
- 对象：可以在随后的操作中设定基点并选择对象，该项为默认设置。

图 8-14　【写块】对话框

- 基点：指定块的基点，默认值是（0,0,0）。
- 拾取点：暂时关闭对话框以使用户能在当前图形中拾取插入基点。
- X：指定基点的 X 坐标值。
- Y：指定基点的 Y 坐标值。
- Z：指定基点的 Z 坐标值。
- 对象：设置用于创建块的对象上的块创建效果。
- 保留：将选定对象另存为文件后，在当前图形中仍保留它们。
- 转换为块：将选定对象另存为文件后，在当前图形中将它们转换为块。
- 从图形中删除：将选定对象另存为文件后，从当前图形中删除。
- 【选择对象】按钮 ＋：临时关闭该对话框以便可以选择一个或多个对象以保存至文件。
- 【快速选择】按钮 ：打开【快速选择】对话框，从中可以过滤选择集。
- 选定的对象：指示选定对象的数目。
- 目标：用于输入块的文件名和保存文件的路径。单击 … 按钮，打开【浏览文件夹】对话框，设置文件保存的位置。
- 插入单位：从下拉列表框中选择由设计中心拖动图块时的缩放单位。

8.2.5　插入外部块

插入外部块的操作和插入内部块的操作基本相同，也是在【插入】对话框中完成的。外部块实际上是【.dwg】图形文件。单击【浏览】按钮，在打开的【选择图形文件】对话框中选择所需的图形文件，其余的步骤与插入内部块相同。

8.2.6　实例——多重插入块

用户可以通过 MINSERT 命令同时插入多个块。下面将介绍如何多重插入块，其具体操作步骤如下。

Step 01 在命令行中输入【MINSERT】命令，并输入块名为 002，在绘图区中指定对象的插入点，如图 8-15 所示。

Step 02 将【X 比例因子】设置为 1，将【Y 比例因子】设置为 1，将【旋转角度】设置为 0，将【行数】设置为 2，【列数】设置为 1，输入【行间距】为 200，如图 8-16 所示。

☂ 提　示

> 多重插入产生的块阵列是一个整体，不能分解和编辑。而先插入块后阵列，则每个块是一个对象。

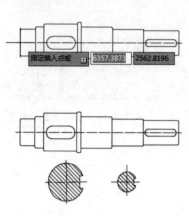

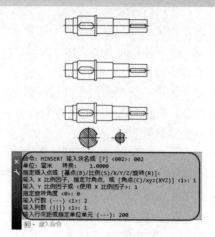

图 8-15　指定插入点

图 8-16　插入多重块

8.2.7　删除图块

图形中未被使用的图块可以被清除，已插入图形中被使用的图块不能被清除。删除已定义但未被使用的内部图块的方法如下。

- 显示菜单栏，选择【文件】|【图形实用工具】|【清理】命令。
- 在命令行中执行 PURGE 命令。

在命令行中执行 PURGE 命令，打开【清理】对话框，如图 8-17 所示，选中【查看能清理的项目】单选按钮，在【图形中未使用的项目】列表框中双击【块】选项，展开此项显示当前图形文件中所有未使用过的内部图块。选择要删除的图块，然后单击【清理】按钮，系统弹出【清理-确认清理】对话框，如图 8-18 所示，选择【清理此项目】选项，完成图块的清除工作。

选中【查看不能清理的项目】单选按钮，在【图形中当前使用的项目】列表框中双击【块】选项，展开此项显示当前图形文件中所有使用过的内部图块，并在下方提示栏中显示出不能清理此块的原因，如图 8-19 所示。

图 8-17　【清理】对话框　　　图 8-18　【清理-确认清理】对话框　　　图 8-19　查看不能清理的项目

8.2.8　实例——重命名图块

对于内部图块文件，可直接在保存目录中进行重命名，其方法比较简单。在命令行中执行 RENAME 或 REN 命令可对内部图块进行重命名。

重命名图块的具体操作步骤如下。

Step 01 打开配套资源中的素材\第 8 章\【素材 3.dwg】图形文件，如图 8-20 所示。

Step 02 在命令行中执行 RENAME 命令，弹出【重命名】对话框，在左侧的【命名对象】列表框中选择【块】选项，此时【项数】列表框中即显示当前图形文件中的所有内部块。选择要重命名的图块，在下方的【旧名称】文本框中会自动显示该图块的名称，如图 8-21 所示。

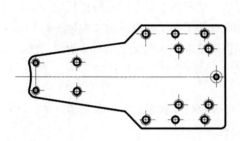

图 8-20　打开素材文件

图 8-21　【重命名】对话框

Step 03 在【重命名为】按钮右侧的文本框中输入新的名称，如图 8-22 所示。

Step 04 单击【重命名为】按钮确认重命名操作，即可改变块的名称，效果如图 8-23 所示。单击【确定】按钮关闭【重命名】对话框。也可在该对话框中继续选择要重命名的图块，然后进行相关操作，最后单击【确定】按钮关闭对话框。

图 8-22　重命名对象

图 8-23　改变块的名称

8.2.9　分解图块

由于插入的图块是一个整体，有时出于绘图需要将其分解，这样才能使用各种编辑命令对其进行编辑。分解图块的方法如下。

- 在【默认】选项卡的【修改】对话框中单击【分解】按钮 。
- 显示菜单栏，选择【修改】|【分解】命令。
- 在命令行中执行 EXPLODE 或 X 命令。

执行上述命令后，按【Enter】键即可分解图块。图块被分解后，它的各个组成元素将变为单独的对象，即可单独对各个组成元素进行编辑。

如果插入的图块是以等比例方式插入的，则分解后它将成为原始对象组件；如果插入图块时在 X、Y、Z 轴方向上设置了不同的比例，则图块可能被分解成未知的对象。

 提 示

> 多段线、矩形、多边形和填充图案等对象也可以使用 EXPLODE 命令进行分解，但直线、样条曲线、圆、圆弧和单行文字等对象不能被分解，使用多重插入命令和阵列命令插入的块也不能被分解。

8.3 定义属性块

图块包含两种信息：图形信息和非图形信息。图形信息是和图形对象的几何特征直接相关的属性，如位置、图层、线型、颜色等。非图形信息不能通过图形表示，而是由文本标注的方法表现出来，如日期、表面粗糙度值、设计者、材料等。我们把这种附加的文字信息称为块属性，利用块属性可以将图形的这些属性附加到块上，成为块的一部分。

块属性的操作方法步骤如下。

Step 01 定义属性：要创建块属性，首先要创建描述属性特征的属性定义，特征包括标记、插入块时显示的提示、值的信息、文字格式、位置和可选模式。

Step 02 在创建图块时附加属性。

Step 03 在插入图块时确定属性值。

打开【属性定义】对话框的方法如下。

● 【块】组|【定义属性】按钮 。

● 菜单命令：【绘图】|【块】|【定义属性】。

● 命令行：ATTDEF。

打开【属性定义】对话框，如图 8-24 所示，可以定义属性模式、属性标记、属性值、插入点及属性的文字选项。

图 8-24 【属性定义】对话框

● 模式：通过复选框设定属性的模式，部分复选框的含义如下。

➢【不可见】复选框：插入图块并输入图块的属性值后，该属性值不在图中显示出来。

➢【固定】复选框：定义的属性值是常量，在插入图块时，属性值将保持不变。

➢【验证】复选框：在插入图块时系统将对用户输入的属性值给出校验提示，以确认输入的属性值是否正确。

➢【预设】复选框：在插入图块时将直接以图块默认的属性值插入。

➢【锁定位置】复选框：锁定块参照中属性的位置。解锁后，属性可以相对于使用夹点编辑的块的其他部分移动，并且可以调整多行文字属性的大小。

➢【多行】复选框：指定属性值可以包含多行文字，并且允许指定属性的边界宽度。

● 属性：设置属性。其各选项含义如下。

➢ 标记：属性的标签，该项是必须要输入的。

➢ 提示：作为输入时提示用户的信息。

➢ 默认：用户设置的属性值。

- 插入点：设置属性插入位置。可以通过输入坐标值来定位插入点，也可以在屏幕上指定。
  - 在屏幕上指定：关闭对话框后将显示【起点】提示。使用定点设备来指定属性相对于其他对象的位置。
  - X：指定属性插入点的 X 坐标。
  - Y：指定属性插入点的 Y 坐标。
  - Z：指定属性插入点的 Z 坐标。
- 文字设置：
  - 对正：其右侧的下拉列表框中包含了所有的文本对正类型，可以从中选择一种对正方式。
  - 文字样式：可以选择已经设定好的文字样式。
  - 文字高度：定义文本的高度，可以直接由键盘输入。
  - 旋转：设定属性文字行的旋转角度。
- 在上一个属性定义下对齐：如果前面定义过属性，则该项可以使用。当前属性定义的插入点和文字样式将继承上一个属性的性质，不需要再定义。

8.3.1 实例——创建带属性的图块

下面将介绍如何创建带属性的图块，并将其插入到绘图区中，其具体操作步骤如下。

`Step 01` 使用【圆】工具，绘制两个半径为 800、700 的圆，如图 8-25 所示。

`Step 02` 在命令行中输入 ATTDEF 命令，在弹出的对话框中将【标记】和【默认】都设置为 A，将【对正】设置为【正中】，将【文字高度】设置为 800，如图 8-26 所示。

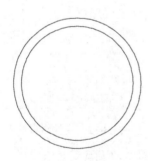

图 8-25 绘制圆

图 8-26 【属性定义】对话框

`Step 03` 设置完成后，单击【确定】按钮，在绘图区中指定对象的位置，如图 8-27 所示。

`Step 04` 在命令行中执行 block 命令，在弹出的对话框中将名称设置为【A】，单击【拾取点】按钮，在绘图区中指定插入点，如图 8-28 所示。

图 8-27 指定对象的位置

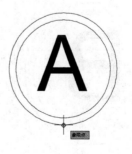

图 8-28 拾取点

Step 05 在【块定义】对话框中单击【选择对象】按钮，在绘图区中选择要定义为块的对象，如图 8-29 所示。

Step 06 按【Enter】键完成选择，单击【确定】按钮，在弹出的【编辑属性】对话框中单击【确定】按钮，如图 8-30 所示。

图 8-29　选择要定义为块的对象

图 8-30　编辑块后的效果

Step 07 在命令行中输入 INSERT 命令，在弹出的对话框中选择 A 块对象，参照图 8-31 进行设置，然后单击【确定】按钮。

Step 08 在绘图区中指定对象的位置，在弹出的【编辑属性】对话框中输入 B，如图 8-32 所示。

图 8-31　【插入】对话框

图 8-32　【编辑属性】对话框

Step 09 设置完成后，单击【确定】按钮，即可插入块，如图 8-33 所示。

Step 10 使用同样的方法多次插入块即可创建带有属性的块，效果如图 8-34 所示。

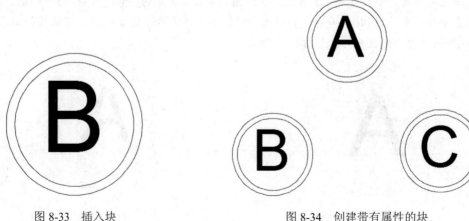

图 8-33　插入块

图 8-34　创建带有属性的块

8.3.2　实例——创建带属性标题栏的图块

下面介绍如何将标题栏创建为带有属性的图块，其具体操作步骤如下。

Step 01　打开配套资源中的素材\第 8 章\【素材 4.dwg】图形文件，如图 8-35 所示。

Step 02　在命令行中执行 ATTDEF 命令，在弹出的对话框中将【标记】设置为【图名】，将【提示】设置为【输入图名】，将【对正】设置为【左对齐】，将【文字高度】设置为 6，如图 8-36 所示。

图 8-35　打开素材文件　　　　　图 8-36　【属性定义】对话框

Step 03　设置完成后，单击【确定】按钮，在绘图区中指定对象的位置，效果如图 8-37 所示。

Step 04　使用相同的方法创建其他带有属性的块，效果如图 8-38 所示。

图 8-37　指定对象的位置　　　　　图 8-38　创建其他带有属性的块

Step 05　在命令行中执行 WBLOCK 命令，在弹出的对话框中单击【选择对象】按钮，在绘图区中选择对象，如图 8-39 所示。

Step 06　按【Enter】键完成选择，在该对话框中单击 … 按钮，指定其保存路径，将其名称设置为【标题栏】，如图 8-40 所示。

图 8-39　选择对象　　　　　图 8-40　指定保存路径和文件名

Step 07 设置完成后，单击【保存】按钮，在【写块】对话框中单击【确定】按钮，在命令行中执行 INSERT 命令，在弹出的【插入】对话框中单击【浏览】按钮，选择刚刚保存的素材文件，如图 8-41 所示。

图 8-41　【插入】对话框

Step 08 设置完成后，单击【确定】按钮，在绘图区中单击，指定插入点，在弹出的【属性编辑】对话框中输入相应的名称，如图 8-42 所示。

Step 09 设置完成后，单击【确定】按钮，即可完成插入，效果如图 8-43 所示。

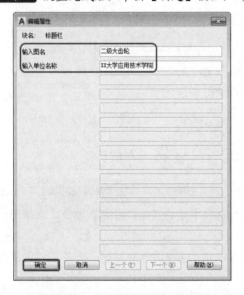

图 8-42　【编辑属性】对话框

图名		比例	材料	图号
制图	XXX	日期	单位名称	
审核	XXX	2014.5.2		

二级大齿轮		比例	材料	图号
制图	XXX	日期	XX大学应用技术学院	
审核	XXX	2014.5.2		

图 8-43　最终效果

8.4　编辑块管理

在绘制工程图纸的过程中，要对图块和属性进行修改和编辑。

8.4.1　图块的重新定义

通过对块的重新定义，可以更新所有的块实例，实现自动修改的功能，操作方法如下。

- 用分解命令将块分解。
- 将图形重新进行修改编辑。
- 重新定义图块。

注 意

在重新定义块时，如不分解图块，AutoCAD 将提示操作错误。

8.4.2 实例——编辑块属性

利用【块参照】快捷特性对话框只能修改图块属性的属性值，不能修改属性文本的格式。用【增强属性管理器】可以对属性文本的内容和格式进行修改。

增强属性管理器的打开方式如下。

- 【块】组|【单个】按钮 编辑属性 。
- 菜单命令：【修改】|【对象】|【属性】|【单个】。
- 命令行：EATTEDIT。

下面通过实例来讲解如何编辑块属性，其具体操作步骤如下。

Step 01 打开配套资源中的素材\第 8 章\【轴头.dwg】图形文件，如图 8-44 所示。

Step 02 双击图形对象，弹出【增强属性编辑器】对话框，切换至【属性】选项卡，将【值】设置为【轴头】，如图 8-45 所示。

Step 03 切换至【文字选项】选项卡，将【高度】设置为 15，如图 8-46 所示。

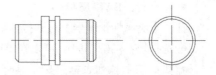

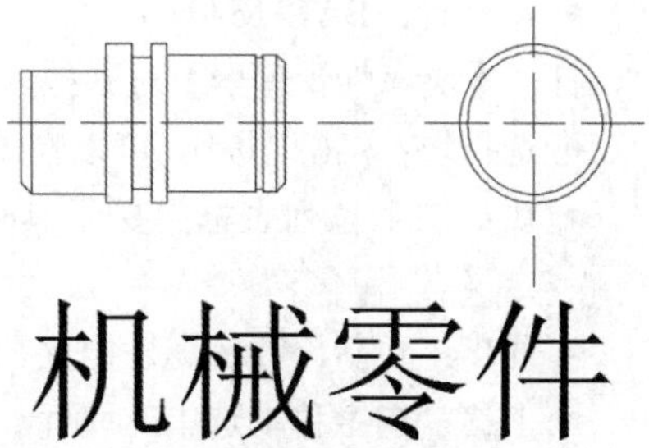

图 8-44 打开素材文件

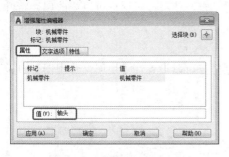

图 8-45 设置【属性】值

图 8-46 设置文字【高度】

Step 04 切换至【特性】选项卡，将【颜色】设置为【蓝】，如图 8-47 所示。

Step 05 单击【确定】按钮，效果如图 8-48 所示。

图 8-47 设置【颜色】值

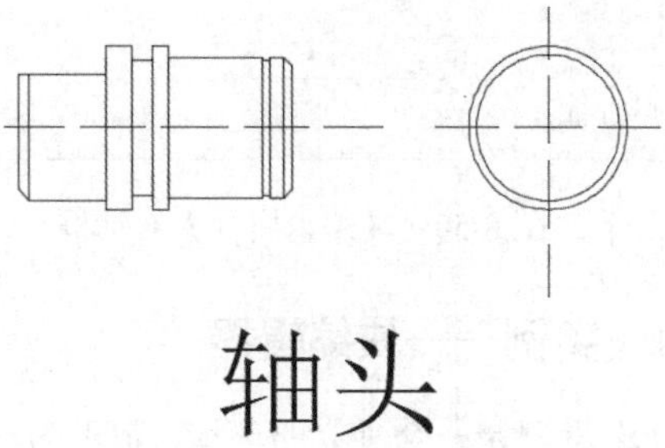

图 8-48 更改后的效果

【增强属性编辑器】对话框中各选项功能如下。

- 【属性】选项卡：显示了块中每个属性的标记、提示和值。在列表框中选择某一属性后，在【值】文本框中将显示出该属性对应的属性值，可以通过它来修改属性值。
- 【文字选项】选项卡：用于编辑属性文字的格式，包括文字样式、对正、高度、旋转、反向、倒置、宽度因子和倾斜角度等。
- 【特性】选项卡：用于设置属性所在的图层、线型、线宽、颜色及打印样式等。

8.4.3 块属性管理器

使用【块属性管理器】可以管理块的属性定义。

打开【块属性管理器】对话框的方法如下。

- 菜单栏：【修改】|【对象】|【属性】|【块属性管理器】。
- 命令行：BATTMAN。

打开【块属性管理器】对话框，如图 8-49 所示。

- 选择块：单击该按钮，可以在绘图区域选择块。
- 块：在下拉列表框中显示具有属性的全部块定义。

图 8-49　【块属性管理器】对话框

- 同步：更新修改的属性定义。
- 上移：向上移动选中的属性。
- 下移：向下移动选中的属性。
- 编辑：单击该按钮，可以打开【编辑属性】对话框，使用该对话框可以修改属性特性，如图 8-50 所示。
- 删除：删除块定义中选中的属性。
- 设置：单击该按钮，打开【块属性设置】对话框，可以设置在【块属性管理器】中显示的属性信息，如图 8-51 所示。
- 应用：将所做的属性更改应用到图形中。

图 8-50　【编辑属性】对话框

图 8-51　【块属性设置】对话框

8.4.4 实例——块编辑器

块编辑器是一个独立的环境，用于为当前图形创建和更改块定义，还可以使用块编辑器给块添加动态行为。

动态块具有灵活性和智能性。用户在操作时可以轻松地更改图形中的动态块参照。可以通过自定义夹点或自定义特性来操作动态块参照中的几何图形。这使得用户可以根据需要调整块，而无须重新定义该块或插入另一个块。要成为动态块的块必须至少包含一个参数及一个与该参数关联的动作。

启动块编辑器的方法如下。

- 【块】组|【块编辑器】按钮 ⬚ 编辑 。
- 菜单命令：【工具】|【块编辑器】。
- 命令行：BEDIT。

要使块成为动态块，必须首先为块添加参数，然后添加与参数相关联的动作。下面讲解如何使用块编辑器。

Step 01 首先绘制一个圆，按照前面介绍的方法创建普通块。

Step 02 在菜单栏中执行【工具】|【块编辑器】命令，弹出【编辑块定义】对话框，选择要创建或编辑的圆，如图 8-52 所示。

Step 03 设置动态参数，然后利用属性对话框设置该参数的相关属性，如图 8-53 所示。

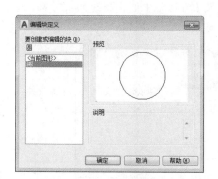

图 8-52　编辑块定义　　　　　　　图 8-53　设置动态参数及其相关属性

Step 04 对于大部分动态参数来说，设置好动态参数后，还应设置用来控制该动态参数和选定图形元素的动作。

Step 05 保存块定义并退出块编辑器。

表 8-1 为参数、夹点和动作之间的关系。

表 8-1　参数、夹点和动作之间的关系

参数类型	夹点形状	说　明	可与参数关联的动作
点	▣	定义一个 X 和 Y 位置	移动、拉伸
线性	▶	定义两个固定点之间的距离。编辑块参照时，约束夹点沿预置角度移动	移动、缩放、拉伸、阵列
极轴	▣	定义两个固定点之间的距离和角度。可以使用夹点和【特性】选项板来共同更改距离值和角度值	移动、缩放、拉伸、极轴、拉伸、阵列
XY	▣	定义距参数基点的 X 距离和 Y 距离	移动、缩放、拉伸、阵列
旋转	●	定义旋转基点、半径和默认角度	旋转
翻转	➡	定义投影线	翻转

续表

参数类型	夹点形状	说　　明	可与参数关联的动作
对齐	▷	定义 X 和 Y 位置和一个角度。对齐参数总是应用于整个块，并且无须与任何动作关联。对齐参数允许块参照自动围绕一个点旋转，以便与图形中的另一对象对齐。对齐参数会影响块参照的旋转特性	无（此动作隐含在参数中）
可见性	▽	控制块中对象的可见性。可见性参数总是应用于整个块，并且无须与任何动作相关联。在图形中单击夹点可以显示块参照中所有可见性状态列表	无（此动作是隐含的，并且受可见性状态的控制）
查询	▽	与查询动作相关联，定义一个查询特性列表。在块编辑器中，查询参数显示为带有关联夹点的文字。编辑块参照时，单击该夹点将显示一个可用值列表	查询
基点	■	在动态块参照中相对于该块中的几何图形定义一个基点。该参数无法与任何动作相关联，但可以归属于某个动作的选择集	无

8.4.5　实例——创建动态块

下面介绍如何创建动态块，其具体操作步骤如下。

Step 01 在绘图区中绘制一个六边形，将该对象定义为 001 的块，效果如图 8-54 所示。

Step 02 在命令行中执行 BEDIT 命令，在弹出的【编辑块定义】对话框中选择新建的块对象，如图 8-55 所示。

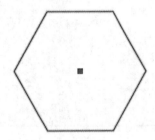

图 8-54　将多边形定义成块

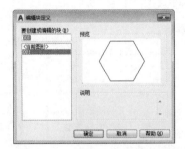

图 8-55　选择新建的块对象

Step 03 单击【确定】按钮，在【块编写选项板】中单击【参数】选项卡中的【线性】按钮，在绘图区中创建一个标有距离的线性参数，如图 8-56 所示。

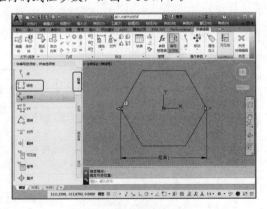

图 8-56　创建线性参数

Step 04 在【块编写选项板】中单击【动作】选项卡中的【拉伸】按钮，选择【距离 1】参数，指定线性参数右侧的固定点，指定拉伸范围，选中该对象的右半部分，效果如图 8-57 所示。

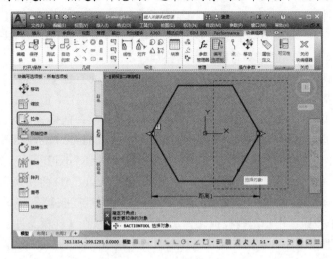

图 8-57　选择拉伸的范围

Step 05 在【块编辑器】选项卡中单击【关闭块编辑器】按钮，在弹出的对话框中单击【保存更改（S）】按钮，如图 8-58 所示。

Step 06 选中块对象，在绘图区中单击右侧的固定点，向左或向右将该对象进行拉伸，效果如图 8-59 所示。

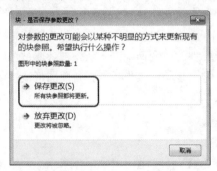

图 8-58　保存块对象的修改

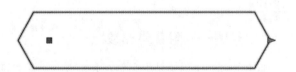

图 8-59　拉伸对象

8.4.6　提取块属性

AutoCAD 的块及其属性中含有大量的数据，例如，块的名字、块的插入点坐标、插入比例、各个属性的值等。可以根据需要将这些数据提取出来，并将它们写入文件中作为数据文件保存起来，以供其他高级语言程序分析使用，也可以传送给数据库。

在命令行输入 ATTEXT 命令，即可提取块属性的数据，此时将打开【属性提取】对话框，如图 8-60 所示。其各选项功能介绍如下。

图 8-60　【属性提取】对话框

●【文件格式】选项组：设置数据提取的文件格式。用户可以在 CDF、SDF、DXF 3 种文件格式中选择，选中相应的单选按钮即可。各单选按钮含义如下。

➢ 逗号分隔文件（CDF）：CDF 文件（Comma Delimited File）是【*.txt】类型的数据文件，是一种文本文件。该文件以记录的形式提取每个块及其属性，其中每个记录的字段由逗号分隔符隔开，字符串的定界符默认为单引号对。

➢ 空格分隔文件（SDF）：SDF 文件（Space Delimited File）是【*.txt】类型的数据文件，也是一种文本文件。该文件以记录的形式提取每个块及其属性，但在每个记录中使用空格分隔符，记录中的每个字段占有预先规定的宽度（每个字段的格式由样板文件规定）。

➢ DXF 格式提取文件（DXF）：DXF 文件（Drawing Exchange File，图形交换文件）格式与 AutoCAD 的标准图形交换文件格式一致，文件类型为【*.dxf】。

• 【选择对象】按钮：用于选择块对象。单击该按钮，AutoCAD 将切换到绘图窗口，用户可以选择带有属性的块对象，按【Enter】键后返回【属性提取】对话框。

• 【样板文件】按钮：用于选择样板文件。用户可以直接在【样板文件】按钮后的文本框内输入样板文件的名字，也可以单击【样板文件】按钮，打开【样板文件】对话框，从中选择样板文件。

• 【输出文件】按钮：用于设置提取文件的名字。可以直接在其后的文本框中输入文件名，也可以单击【输出文件】按钮，打开【输出文件】对话框并指定存放数据文件的位置和文件名。

8.5　外部参照

外部参照与图块有着相似的地方，但也有很大的区别。图块一旦被插入，将会作为图形中的一部分，与原来的图块没有任何联系，它不会随原来图块文件的改变而改变。而外部参照被插入到某一个图形文件中，虽然也会显示，但不能直接编辑，它只是起链接作用，将参照图形链接到当前图形。

8.5.1　实例——附着外部参照

附着外部参照也就是将存储在外部媒介上的外部参照链接到当前图形中的一种操作。调用该命令的方法如下。

• 在【插入】选项卡的【参照】组中单击【附着】按钮。

• 在命令行中执行 XATTACH 或 ATTACH 命令。

执行附着外部参照命令后，其操作如下。

Step 01　新建图纸文件，在命令行中执行 XATTACH 命令，弹出【选择参照文件】对话框，在【查找范围】下拉列表框中选择配套资源中的素材\第 8 章\【素材 5.dwg】图形文件，然后单击【打开】按钮，如图 8-61 所示。

Step 02　打开【附着外部参照】对话框，在【参照类型】选项组中选择参照的类型，这里选中【附着型】单选按钮，然后按照插入图块的方法指定外部参照的插入点、缩放和旋转角度等参数，单击【确定】按钮，如图 8-62 所示。

【附着外部参照】对话框中部分选项的含义如下。

• 【参照类型】选项组：在该选项组中指定外部参照的类型。

➢【附着型】单选按钮：选中该单选按钮，表示指定外部参照将被附着而非覆盖。附着外部参照后，每次打开外部参照原图形时，对外部参照文件所做的修改都将反映在插入的外部参照图形中。

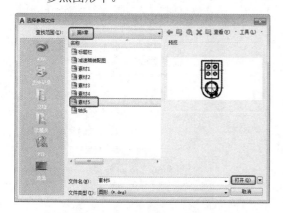

图 8-61　选择参照文件　　　　　　　　图 8-62　附着外部参照

➢【覆盖型】单选按钮：选中该单选按钮，表示指定外部参照为覆盖型，当图形作为外部参照被覆盖或附着到另一个图形时，任何附着到该外部参照的嵌套覆盖图将被忽略。

●【路径类型】下拉列表框：指定外部参照的保存路径。将路径类型设置为【相对路径】之前，必须保存当前图形。

8.5.2　实例——剪裁外部参照

将外部参照插入到图形中后，可以通过剪裁命令满足用户的绘图需要。调用该命令的方法如下。

●　在【插入】选项卡的【参照】组中单击【剪裁】按钮。

●　在命令行中执行 XCLIP 或 CLIP 命令。

剪裁外部参照的具体操作如下。

Step 01 继续附着外部参照的操作，插入外部参照后的效果如图 8-63 所示。

Step 02 在命令行中执行 XCLIP 命令，选择图形文件，按【Enter】键进行确认，在命令行中输入 N，按【Enter】键进行确认，在命令行中输入 R 命令，按【Enter】键进行确认，然后框选需要保留部分的图形对象，剪裁外部参照后的效果如图 8-64 所示。

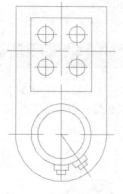

图 8-63　插入外部参照　　　　　　　　图 8-64　裁剪图形对象

选择剪裁后的外部参照，单击图 8-65 所示的向上箭头，可以进行反向剪裁边界的操作，效果如图 8-66 所示。

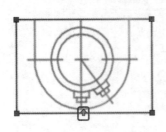

图 8-65　单击向上箭头

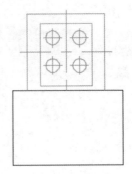

图 8-66　反向剪裁

8.5.3　绑定外部参照

绑定外部参照是指将外部参照定义转换为标准的内部图块。如果将外部参照绑定到正在打开的图形中，则外部参照及其所依赖的对象将成为当前图形中的一部分。调用该命令的方法是在命令行中执行 XBIND 命令，打开【外部参照绑定】对话框，如图 8-67 所示，在该对话框的【外部参照】列表框中，选择需要绑定的选项，单击【添加】按钮，将其添加到【绑定定义】列表框中，单击【确定】按钮即可绑定相应的外部参照。

图 8-67　【外部参照绑定】对话框

提　示

在【外部参照绑定】对话框中的【绑定定义】列表框中选择要取消绑定的外部参照图形，然后单击【删除】按钮即可取消外部参照的绑定。

8.6　面域

在 AutoCAD 2017 中，可以将由某些对象围成的封闭区域转换为面域。这些封闭区域可以是圆、椭圆、封闭的二维多段线和封闭的样条曲线等对象，也可以是由圆弧、直线、二维多段线、椭圆弧、样条曲线等对象构成的封闭区域。

8.6.1　创建面域

面域命令的调用方法如下。

- 【默认】选项卡|【绘图】组|【面域】按钮 ⬚。
- 菜单命令：【绘图】|【面域】。
- 命令：REGION。

激活该命令后，选择一个或多个用于转换为面域的封闭图形，按【Enter】键后即可将它们转换为面域。因为圆、多边形等封闭图形属于线框模型，而面域属于实体模型，因此它们在选中时表现的形式也不相同。图 8-68 所示为选中多段线与多段线面域时的效果。

打开【边界创建】对话框的方法如下。

- 【默认】选项卡|【绘图】组|【边界】按钮 ⬚。
- 菜单命令：【绘图】|【边界】。
- 命令：BOUNDARY。

激活该命令后，打开【边界创建】对话框，也可以用来定义面域。此时，在【对象类型】下拉列表框中选择【多段线】选项，如图 8-69 所示，单击【确定】按钮后创建的图形将是一个面域，而不是边界。

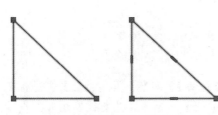

图 8-68　面域前后对比效果　　　　图 8-69　【边界创建】对话框

在 AutoCAD 中，面域是二维实体模型，它不但包含边的信息，还包括边界内的信息。可以利用这些信息计算工程属性，如面积、质心、惯性等。

8.6.2　对面域进行布尔运算

布尔运算是数学上的一种逻辑运算，在 AutoCAD 绘图中对提高绘图效率有很大作用，尤其当绘制比较复杂的图形时。布尔运算的对象只包括实体和共面的面域，对于普通的线条图形对象无法使用布尔运算。

在 AutoCAD 2017 中，可以使用【修改】菜单中的相关命令对面域进行布尔运算，它们的功能如下。

- 菜单命令：【修改】|【实体编辑】|【并集】。

创建面域的并集，此时需要连续选择要进行并集操作的面域对象，直到按【Enter】键，即可将选择的面域合并为一个图形并结束命令，如图 8-70（a）所示。

- 菜单命令：【修改】|【实体编辑】|【差集】。

创建面域的差集，使用一个面域减去另一个面域，如图 8-70（b）所示。

- 菜单命令：【修改】|【实体编辑】|【交集】。

创建多个面域的交集，即各个面域的公共部分，此时需要同时选择两个或两个以上面域对象，然后按【Enter】键即可，如图 8-70（c）所示。

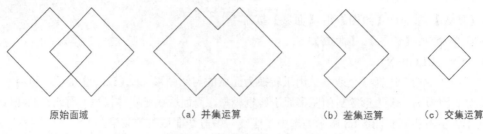

原始面域　　　　　（a）并集运算　　　　　（b）差集运算　　　　　（c）交集运算

图 8-70　对面域进行布尔运算

8.7　图案填充

图案填充是一种使用指定线条图案来充满指定区域图案的图形对象，常常用于表达剖面和不同类型物体对象的外观纹理等，被广泛应用于绘制机械图、建筑图、地质构造图等各类图形中。在机械图、建筑图上，要画出剖视图、断面图，就要在剖面图和断面图上填充剖面图案。AutoCAD 2017 提供了图案填充功能，方便灵活，可快速地完成填充操作。

图案填充命令的调用方法如下。

- 【默认】选项卡|【绘图】组|【图案填充】按钮▨。
- 菜单命令：【绘图】|【图案填充】。
- 命令行：HATCH。

执行该命令后系统显示【图案填充编辑器】选项卡，如图 8-71 所示，并显示如下提示：

拾取内部点或[选择对象(S)/设置(T)]：

用户可以利用【图案填充编辑器】选项卡中的【边界】【图案】及【特性】等进行图案填充的设置。或选择【设置】选项，打开【图案填充编辑】对话框，进行图案填充的设置，如图 8-72 所示。在【图案填充编辑】对话框中包含【图案填充】和【渐变色】两个选项卡。

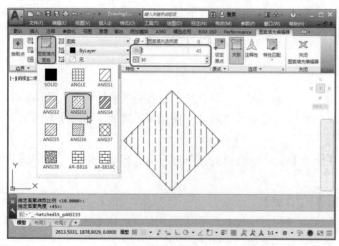

图 8-71　【图案填充编辑器】选项卡　　　　　图 8-72　【图案填充编辑】对话框

8.7.1　图案填充

在 AutoCAD 2017 中，创建填充图案需要指定填充区域，然后才能对图形对象进行图案填充。

1．类型和图案

- 类型：设置填充的图案类型，在下拉列表框中包含【预定义】、【用户定义】、【自定义】3 个项目。【预定义】选项提供了几种常用的填充图案；【用户定义】是使用当前线型定义的图案；【自定义】是定义在 AutoCAD 填充图案以外的其他文件中的图案。
- 图案：在下拉列表框中列出了可用的预定义图案。只有选择了【预定义】类型，该项才能使用。单击 按钮，则打开【填充图案选项板】对话框，有【ANSI】、【ISO】、【其他预定义】、【自定义】4 个选项卡，如图 8-73 所示。在这些图案中，比较常用的有用于绘制剖面线的 ANSI31 样式和其他预定义样式等。

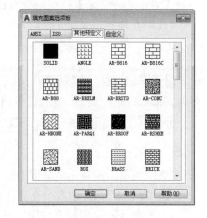

图 8-73　【填充图案选项板】对话框

- AutoCAD 提供了实体填充及 50 多种行业标准填充图案，可以使用它们区分对象的部件或表现对象的材质。此外，还提供了 14 种符合 ISO（国际标准化组织）标准的填充图案。当选择 ISO 图案时，可以指定笔宽。笔宽用于确定图案中的线宽。
- 样例：显示选中的图案样式。单击显示的图案样式，同样会打开【填充图案选项板】对话框。
- 自定义图案：只有在【类型】中选择了【自定义】后才是可选的，其他同预定义。

2．角度和比例

- 角度：设置填充图案的角度。可以通过下拉列表框进行选择，也可以直接输入。
- 比例：设置填充图案的比例大小。只有选择了【预定义】或【自定义】类型，该项才能启用。可以通过下拉列表框选择，也可以直接输入。
- 双向：在【类型】下拉列表框中选择【用户定义】选项时，选中该复选项，可以使用相互垂直的两组平行线填充图案，否则为一组平行线。

3．图案填充原点

可以设置图案填充原点的位置，因为许多图案填充需要对齐填充边界上的某一个点。

- 使用当前原点：可以使用当前 UCS 的原点（0,0）作为图案填充原点。
- 指定的原点：可以通过指定点作为图案填充原点。

其中，单击【单击以设置新原点】按钮，可以从绘图窗口中选择某一点作为图案填充原点；勾选【默认为边界范围】复选框，可以以填充边界的左下角、右下角、右上角、左上角或圆心作为图案填充原点；勾选【存储为默认原点】复选框，可以将指定的点存储为默认的图案填充原点。

4．边界

- 【添加：拾取点】按钮：通过拾取点的方式来自动产生一个围绕该拾取点的边界。单击【添加：拾取点】按钮，对话框关闭。在绘图区中每一个需要填充的区域内单击，按【Enter】键，即可确定需要填充的区域。
- 【添加：选择对象】按钮：通过选择对象的方式来产生一个封闭的填充边界。图案填充边界可以是形成封闭区域的任意对象的组合，如直线、圆弧、圆和多段线。单击【添加：

选择对象】按钮，对话框关闭。在绘图区中选择对象组成填充区域边界，按【Enter】键，确定需要填充的区域。

- 【删除边界】按钮：单击该按钮可以取消系统自动计算或用户指定的孤岛。
- 【重新创建边界】按钮：重新创建图案填充边界。
- 【显示边界对象】按钮：查看已定义的填充边界。单击该按钮，切换到绘图窗口，已定义的填充边界将亮显。

☂ **注　意**

用【添加拾取点】按钮确定填充边界，要求其边界必须是封闭的，否则 AutoCAD 将提示出错信息，显示未找到有效的图案填充边界。通过选择边界的方法确定填充区域，不要求边界完全封闭，如图 8-74 所示。

不封闭的边界

图 8-74　不封闭的边界

5. 选项

在选项组用于控制几个常用的图案填充或填充选项。

- 【注释性】：指定图案填充为注释性。此特性会自动完成缩放注释过程，从而使注释能够以正确的大小在图纸上打印或显示。
- 【关联】用于创建其边界时随之更新的图案和填充。
- 关联：一旦区域填充边界被修改，该填充图案也随之被更新，如图 8-75（a）所示。
- 不关联：填充图案将独立于它的边界，不会随着边界的改变而更新，如图 8-75（b）所示。

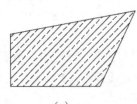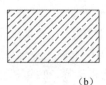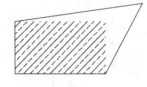

(a)　　　　　　　　　　　　　　　(b)

图 8-75　关联与不关联的区别

- 【独立的图案填充】用于创建独立的图案填充。
- 【绘图次序】：为图案填充或填充指定绘图次序。图案填充可以放在所有其他对象之后或之前、图案填充边界之后或之前。
- 【图层】：为指定的图层指定新图案填充对象，替代当前图层。选择【使用当前值】可使用当前图层。
- 【透明度】：设定新图案填充或填充的透明度，替代当前对象的透明度。选择【使用当前值】可使用当前对象的透明度设置。
- 【继承特性】：使用选定图案填充对象的图案填充或填充特性对指定的边界进行图案填充。

8.7.2　设置孤岛

单击【图案填充编辑】对话框右下角的【更多选项】按钮 ⊙，将显示更多选项，如设置孤岛和边界保留等信息，如图 8-76 所示。

图 8-76 显示更多选项

孤岛即位于选择范围之内的封闭区域。

● 勾选【孤岛检测】复选框，有 3 种样式供选择，其填充效果如图 8-77 所示。

➢ 普通：由外部边界向内填充。如遇到岛边界，则断开填充直到碰到内部的另一个岛边界为止。对于嵌套的岛，采用填充与不填充的方式交替进行。该项为默认项。

➢ 外部：仅填充最外部的区域，而内部的所有岛都不填充。

➢ 忽略：忽略所有边界的对象，直接进行填充。

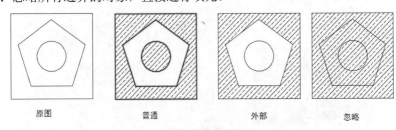

图 8-77 填充方式

对于文本、尺寸标注等特殊对象，在确定填充边界时也选择了它们，可以将它们作为填充边界的一部分。AutoCAD 在填充时就会把这些对象作为孤岛而断开，如图 8-78 所示。

● 保留边界：控制是否将图案填充时检测的边界保留。

● 对象类型：设置是否将边界保留为对象，以及保留的类型。该项只在勾选了【保留边界】复选框后才能生效。类型包括多段线、面域。

● 边界集：用于定义填充边界的对象集。如果定义了边界集，可以加快填充的执行，在复杂的图形中可以反映出速度的差异。

图 8-78 填充对象

● 允许的间隙：设置允许的间隙大小。在该参数范围内，可以将一个几乎封闭的区域看成一个闭合的填充边界。默认值为 0，这时对象是完全封闭的区域。

提 示

图案填充不论多么复杂，通常情况下都是一个整体，不能对其中的图形进行单独编辑。如果需要编辑，需采用分解命令，将图案填充分解成各自独立的对象，才能进行相关的操作。如有些图案重叠，必须将部分图案打断或修剪，以便更清晰地显示，就采用该命令。如图 8-79（a）为未分解、（b）为已分解。

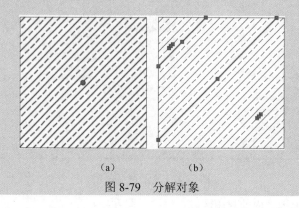

（a）　　　　　　　　　（b）

图 8-79　分解对象

8.7.3　变色填充

使用【渐变色】选项卡可以设置渐变色填充的外观，如图 8-80 所示。分单色、双色两种填充方式。实体填充效果和渐变填充效果如图 8-81 和图 8-82 所示。

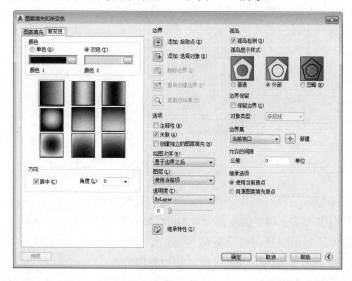

图 8-80　【渐变色】选项卡

图 8-81　实体填充

图 8-82　渐变填充

8.7.4　实例——对零件填充图案

下面介绍如何为图形填充图案，具体操作步骤如下。

Step 01 打开配套资源中的素材\第 8 章\【机械零件.dwg】图形文件，如图 8-83 所示。

Step 02 在命令行中执行 hatch 命令，输入【T】键，按【Enter】键，在弹出的对话框中选择 ANSI31
图案，将【比例】设置为 0.6，单击【添加：拾取点】按钮，如图 8-84 所示。

Step 03 在绘图区中对图形进行填充，效果如图 8-85 所示。

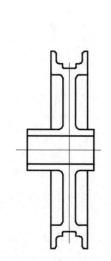

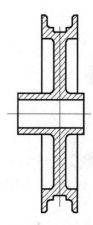

图 8-83　打开素材文件　　　　图 8-84　设置【图案填充】参数　　　　图 8-85　填充效果

8.8　插入字段

字段是一种可以更新的文字，用于设计中需
要改变的文字信息。例如，图纸的编号、设计日
期、注释等。

打开【字段】对话框的方法如下。

● 【插入】选项卡|【数据】组|【字段】按钮。

● 菜单命令：【插入】|【字段】。

● 命令行：FIELD。

打开【字段】对话框，如图 8-86 所示。在【字
段类别】下拉列表框中选择所需字段种类，在【字
段名称】列表框中选择所需字段内容，单击【确
定】按钮，在绘图区指定位置插入即可。实例中
列出了常用的字段内容。字段数据可以包括如时
间、日期、文件名等信息。

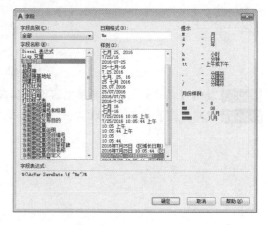

图 8-86　【字段】对话框

8.9 综合应用

下面通过两个实例，练习本章所讲知识，巩固提高。

8.9.1 绘制直齿轮

下面将讲解如何绘制直齿轮，其中主要用到直线、偏移、圆、修剪、倒角、镜像、图案填充工具。其具体操作步骤如下。

Step 01 新建图纸文件，新建【粗实线】图层，将【宽线】设置为 0.30 毫米，新建【中心线】图层，将【颜色】设置为【红】，将【线型】设置为【CENTER2】，将【中心线】图层置为当前图层，如图 8-87 所示。

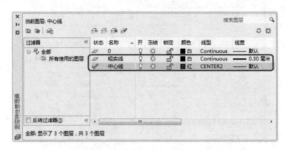

图 8-87　新建图层

Step 02 按 F8 键开启正交模式，使用【直线】工具绘制水平长度为 200、垂直长度为 100 的直线，使用【移动】工具调整对象的位置，如图 8-88 所示。

图 8-88　绘制直线

Step 03 使用【偏移】工具，将辅助线向右偏移 80，如图 8-89 所示。

Step 04 使用【圆】工具，拾取 A 点作为圆心，输入 38，绘制齿轮的分度圆，如图 8-90 所示。

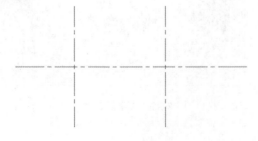

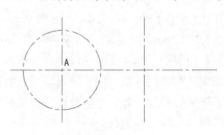

图 8-89　偏移对象　　　　　　　　　图 8-90　绘制分度圆

Step 05　开启【线宽】模式，将【粗实线】置为当前图层，使用同样的方法，依次绘制半径为 40、35、20、12 的同心圆，如图 8-91 所示。

Step 06　使用【直线】工具，根据命令行的提示进行操作，捕捉圆心，向右引导鼠标输入 6，向上引导鼠标输入 18，向左引导鼠标输入 12，向下引导鼠标输入 18，如图 8-92 所示。

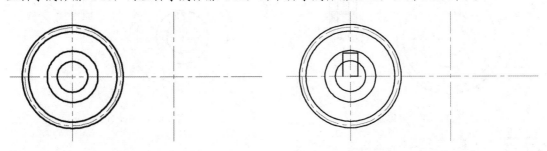

图 8-91　绘制多个同心圆　　　　　　　　　　图 8-92　绘制直线

Step 07　使用【修剪】工具，修剪图形对象，如图 8-93 所示。

Step 08　使用【直线】工具，捕捉 A 点，向右引导鼠标输入 10，向上引导鼠标输入 40，向左引导鼠标输入 20，向下引导鼠标输入 40，如图 8-94 所示。

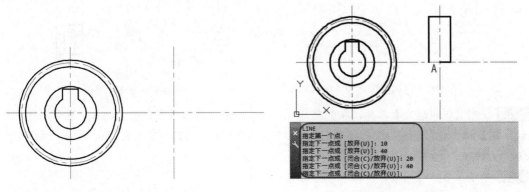

图 8-93　修剪图形对象　　　　　　　　　　图 8-94　绘制直线

Step 09　使用【倒角】工具，在命令行中输入 D，将【倒角距离】设置为 1.5，对图形对象进行倒角，如图 8-95 所示。

Step 10　使用【偏移】工具，将 A 线段向右依次偏移 6、8，如图 8-96 所示。

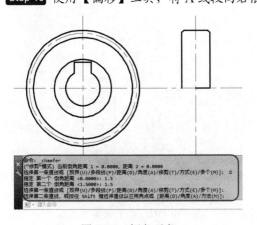

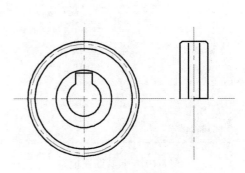

图 8-95　倒角对象　　　　　　　　　　　　图 8-96　偏移直线

Step 11 使用【偏移】工具，将上侧边依次向下偏移 5、15、2、5，如图 8-97 所示。

Step 12 使用【延伸】工具，将对象进行延伸处理，如图 8-98 所示。

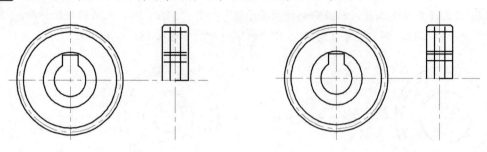

图 8-97　偏移对象　　　　　　　　　　　　图 8-98　延伸处理

Step 13 使用【修剪】工具，将对象进行修剪，如图 8-99 所示。

Step 14 使用【镜像】工具，对图形进行镜像处理，如图 8-100 所示。

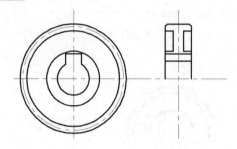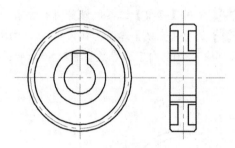

图 8-99　修剪图形对象　　　　　　　　　　图 8-100　镜像处理

Step 15 使用【图案填充】工具，在命令行中输入 T 命令，弹出【图案填充和渐变色】对话框，将【图案】设置为【ANSI31】，在【角度和比例】选项组中将【比例】设置为 0.7，单击【添加：拾取点】按钮，如图 8-101 所示。

Step 16 在绘图区中对图形进行填充，如图 8-102 所示。

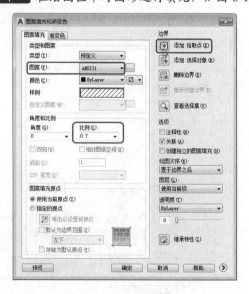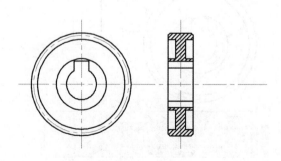

图 8-101　设置图案填充　　　　　　　　　　图 8-102　填充对象

8.9.2 绘制固定力矩扳手

下面将讲解如何绘制固定力矩扳手，其中主要用到直线、偏移、圆、修剪、阵列、正多边形工具，具体操作步骤如下。

Step 01 新建图形文件，新建【辅助线】和【轮廓线】图层，将【辅助线】图层的【颜色】设置为【红】，将其置为当前图层，如图 8-103 所示。

Step 02 使用【直线】工具，绘制直线，如图 8-104 所示。

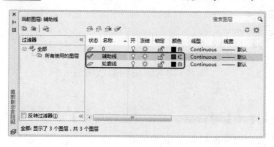

图 8-103　新建图层　　　　　　　　　图 8-104　绘制直线

Step 03 使用【偏移】工具，将左侧边向右偏移 90，将上侧边分别向上、向下偏移 10，将偏移的直线转换至【轮廓线】图层，如图 8-105 所示。

Step 04 将【轮廓线】图层置为当前图层，使用【圆】工具，分别绘制半径为 15、2.5 的圆，如图 8-106 所示。

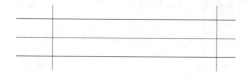 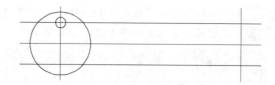

图 8-105　偏移处理　　　　　　　　　图 8-106　绘制圆

Step 05 使用【修剪】工具，修剪图形对象，如图 8-107 所示。

Step 06 使用【环形阵列】工具，选择半圆，拾取圆心为中心点，将【项目数】设置为 8，将【填充】设置为 360°，如图 8-108 所示。

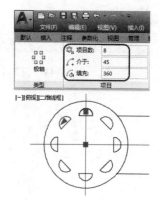

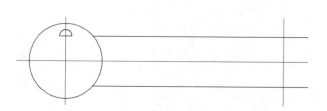

图 8-107　修剪图形对象　　　　　　　图 8-108　阵列对象

Step 07 使用【多边形】工具，输入 4，拾取圆心为正多边形的中心，在命令行中输入 I，指定圆的半径为 6，使用【直线】工具，绘制直线如图 8-109 所示。

Step 08 在命令行中输入 LA 命令，弹出【图层特性管理器】选项板，将【辅助线】图层隐藏，如图 8-110 所示。

图 8-109　绘制直线

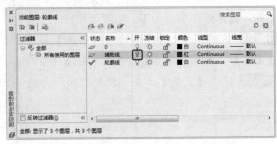

图 8-110　隐藏辅助线图层

Step 09 取消显示后的效果，如图 8-111 所示。

Step 10 在命令行中输入【block】命令，弹出【块定义】对话框，单击【选择对象】按钮，选择【固定力矩扳手】对象，单击【拾取点】按钮，拾取如图 8-112 所示的点。

图 8-111　取消显示

图 8-112　拾取点

Step 11 将名称设置为【固定力矩扳手】，单击【确定】按钮，如图 8-113 所示。

Step 12 绘制的固定力矩扳手如图 8-114 所示。

图 8-113　设置名称

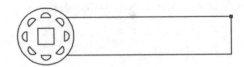

图 8-114　绘制的固定力矩扳手

增值服务：扫码做
测试题，并可观看
讲解测试题的微
课程。

第 9 章
尺寸标注

在工程图样中，图形只能反映零部件及设计对象的结构形状，零部件的真实大小及各零部件的相对位置则是通过标注尺寸来确定的。因此，图样中尺寸的标注是制造零件和装配零件的一个重要依据。标注的尺寸必须严格遵守国家标准的有关规定。尺寸必须标注得完整、清晰、合理。AutoCAD 2017 提供了多种尺寸标注命令和设置尺寸标注样式的方法，用户可为各类对象创建标注，能方便快捷地以一定格式创建符合行业或项目标准的样式，并能自动绘制、自动测量尺寸、自动填写尺寸数字，同时可方便地利用它们对图样中的尺寸进行修改编辑，不但效率高，而且操作简单。

标注的对象可以是平面图形也可以是三维图形，如图 9-1 和图 9-2 所示。

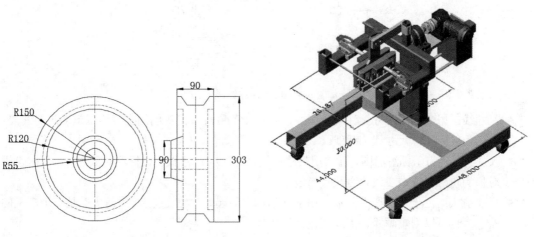

图 9-1　二维尺寸标注　　　　　　　　图 9-2　三维尺寸标注

9.1　机械尺寸标注概念

图样所标尺寸，为所示机件最后完工尺寸，否则应另加说明。

机件的每一尺寸，一般只标注一次，并应标注在反映结构最清晰的图形上。

尺寸界线用细实线绘制，并应由图形的轮廓线、轴线或对称中心线处引出，也可以利用轮廓线、轴线或对称中心线做尺寸界线。

9.1.1　尺寸标注的基本规则

标注尺寸是一项极为重要的工作，必须一丝不苟、认真细致。如果尺寸有遗漏或错误，都会给生产带来困难和损失。使用 AutoCAD 绘图，对图形标注尺寸时必须遵循国家标准尺寸标注法中的有关规则。

- 机件的真实大小应以图形上所标注尺寸的数值为依据，与图形的大小及绘图的准确度无关。
- 图样中的尺寸（包括技术要求和其他说明）以 mm 为单位时不允许标注计量单位的代号或名称，如采用其他单位，则必须注明相应的计量单位的代号或名称。
- 图样中所标注的尺寸为该图样所示机件的最后完工尺寸，否则应另加说明。
- 机件的每一尺寸一般只标注一次，并应标注在反映该结构最清晰的图形上。

9.1.2　尺寸标注的组成

一个完整的尺寸标注一般由尺寸线、尺寸界线、尺寸箭头和尺寸数字（即尺寸值）四部分组成，如图 9-3 所示。AutoCAD 通常将这 4 个部分作为同一个对象。

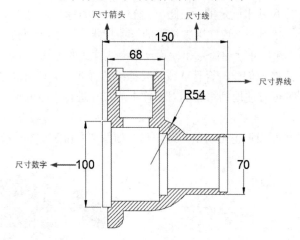

图 9-3　尺寸标注组成

- 尺寸线：用来表示尺寸标注的范围。一般是一条带有双箭头的细实线或带单箭头的线段。对于角度标注，尺寸线为弧线。
- 尺寸界线：为了标注清晰，通常用尺寸界线将标注的尺寸引出被标注对象之外。有时也用对象的轮廓线或中心线代替尺寸界线。
- 尺寸箭头：位于尺寸线的两端，用于标记标注的起始、终止位置。"箭头"是一个广义的概念，也可以用短画线、点或其他标记代替。
- 尺寸数字：是标记尺寸实际大小的字符串，既可以反映基本尺寸，也可以有前缀、后缀和尺寸公差。

9.1.3　尺寸标注的类型和操作

- 类型：AutoCAD 提供了线性、半径、直径和角度等基本标注类型，可以用于水平、垂直、对齐、旋转、坐标、基线或连续等标注。图 9-4 中列出了几种简单的示例。
- 命令操作：在 AutoCAD 中，用户可以利用以下方式调用尺寸标注命令，为图形进行尺寸标注。
- 在【注释】选项卡中单击【标注】面板，如图 9-5 所示。
- 尺寸标注命令的功能：AutoCAD 提供了多种尺寸标注方式，用户可以灵活应用于测量对象，其标注方式的功能特点见表 9-1。

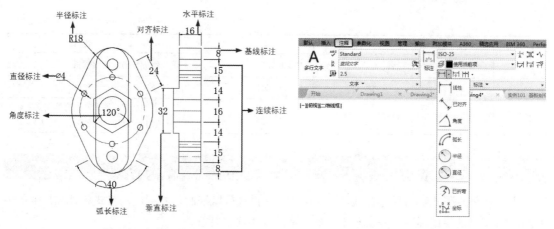

图 9-4 标注示例　　　　　　　　　　　图 9-5 【标注】面板

表 9-1　AutoCAD 尺寸标注方式

序　号	按　钮	功　能	命　令	用　处
1		线性标注	DIMLINEAR	标注水平、垂直或旋转线型尺寸
2		对齐标注	DIMALIGNED	标注对齐型尺寸
3		弧长标注	DIMARC	标注圆弧型尺寸
4		坐标标注	DIMORDINATE	标注坐标型尺寸
5		半径标注	DIMRADIUS	标注半径型尺寸
6		折弯标注	DIMJOGGED	折弯标注圆或圆弧的半径
7		直径标注	DIMDIAMETER	标注直径型尺寸
8		角度标注	DIMANGULAR	标注角度型尺寸
9		快速标注	QDIM	快速标注同一标注类型的尺寸
10		基线标注	DIMBASELINE	标注基线型尺寸
11		连续标注	DIMCONTINUE	标注连续型尺寸
12		调整间距	DIMSPACE	调整平行线性标注之间的距离
13		打断标注	DIMBREAK	在标注或尺寸界线与其他线重叠处打断标注或尺寸界线
14		公　差	TOLERANCE	设置公差
15		圆心标记	DIMCENTER	圆心标记和中心线
16		检验	DIMINSPECT	创建与标注关联的加框检验信息
17		折弯线性	DIMJOGLINE	将折弯符号添加到尺寸线
18		更新	DIMSTYLE	用当前标注样式更新标注对象
19		重新关联	DIMREASSOCIATE	将选定的标注关联或重新关联到对象或对象上的点
20		替代	DIMOVERRIDE	控制对选定标注中所使用的系统变量的替代

续表

序 号	按 钮	功 能	命 令	用 处
21	H	倾斜	DIMEDIT	使线性标注的延伸线倾斜
22	↘	文字角度	DIMTEDIT	将标注文字旋转一定角度
23	⊢⊣ ⊢⊪⊣ ⊢⊪	对齐标注文字	DIMTEDIT	左对齐、居中对齐和右对齐标注文字（只适用于线性、半径和直径标注）

9.2　编辑标注样式

尺寸的外观形式称为尺寸样式。设置尺寸标注样式可以控制尺寸标注的格式和外观，建立和强制执行图形的绘图标准，并有利于对标注格式及用途进行修改。

AutoCAD 2017 提供了【标注样式管理器】，用户可以在此创建新的尺寸标注样式，管理和修改已有的尺寸标注样式。如果开始绘制新图形时选择了公制单位，则默认标准样式为 ISO—25（国家标准化组织）。所有的尺寸标注都是在当前的标注样式下进行的，直到另一种样式设置为当前样式为止。本节将重点介绍使用【标注样式管理器】对话框创建和设置标注样式。

9.2.1　设置尺寸标注样式

AutoCAD 2017 提供的标注样式定义了如下项目。

- 尺寸线、尺寸界线、箭头、圆心标记的格式和位置。
- 标注文字的外观、位置和对齐方式。
- AutoCAD 2017 放置标注文字和尺寸线的规则。
- 全局标注比例。
- 主单位、换算单位和角度标注单位的格式和精度。
- 公差的格式和精度。

1. 启动【标注样式管理器】

在 AutoCAD 2017 中，标注样式管理器的调用方法有如下两种。

- 在【注释】选项卡中单击【标注】面板右下角的 ⊿ 按钮。
- 在菜单栏中执行【默认】|【注释】|【标注样式】命令。

打开【标注样式管理器】对话框，如图 9-6 所示。

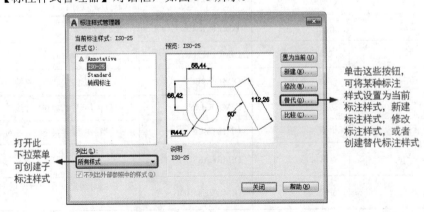

图 9-6　【标注样式管理器】对话框

2. 创建标注样式步骤

打开【标注样式管理器】对话框，该对话框除了用于创建新样式外，还可以执行其他样式管理的任务。

在【标注样式管理器】对话框中，单击【新建】按钮，打开【创建新标注样式】对话框，创建新的标注样式。图 9-7 所示为创建或修改标注样式的基本步骤框架图。

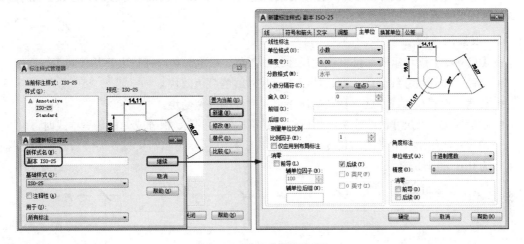

图 9-7 基本步骤框架图

- 新样式名：用于输入新样式名称。
- 基础样式：选择一种基础样式，新样式将在该基础样式的基础上进行修改。如果没有创建新样式，系统将以【ISO-25】为基础创建新样式。利用子样式的好处是，在主要尺寸参数一样的情况下，可以分别为线性尺寸、半径尺寸等标注设置不同的标注格式。
- 用于：指定新建标注样式的适用范围，指出要使用新样式的标注类型，包括【所有标注】、【线性标注】、【角度标注】、【半径标注】、【直径标注】、【坐标标注】、【引线与公差】等选项。默认设置为【所有标注】。

当设置了新样式的名称、基础样式和适用范围后，单击【继续】按钮，打开【新建标注样式：副本 ISO-25】对话框，如图 9-8 所示。

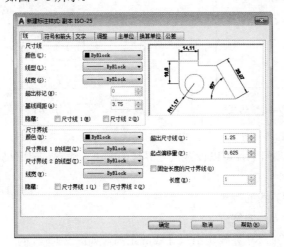

图 9-8 【新建标注样式：副本 ISO-25】对话框

【新建标注样式】对话框中有 7 个选项卡：线、符号和箭头、文字、调整、主单位、换算单位、公差。

9.2.2 设置线样式

在【新建标注样式】对话框中，使用【线】选项卡，可以设置尺寸标注的尺寸线、尺寸界线格式，如图 9-8 所示。

1．设置尺寸线

在【尺寸线】选项组中，可以设置尺寸线的颜色、线宽、超出标记以及基线间距等属性。

- 颜色：设置尺寸线颜色，默认情况下，尺寸线的颜色随块。
- 线宽：设置尺寸线宽度，默认情况下，尺寸线的线宽随块。
- 超出标记：当尺寸线的箭头采用倾斜、建筑标记、小点、积分或无标记等样式时，可以微调尺寸线超出尺寸界线的长度。图 9-9 和图 9-10 所示为当箭头设置为倾斜时，超出标记为 0 和 80 时的效果。

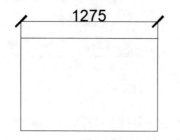

图 9-9　超出标记为 0　　　　　　　　图 9-10　超出标记为 80

- 基线间距：进行基线尺寸标注时，设置各尺寸线之间的距离，如图 9-11 所示。
- 隐藏：通过勾选【尺寸线 1】或【尺寸线 2】复选框，可以隐藏第一段或第二段及其相应的箭头，如图 9-12 所示。

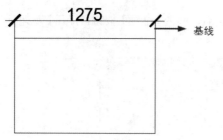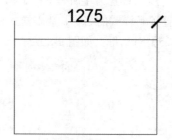

图 9-11　基线　　　　　　　　　图 9-12　隐藏尺寸线

2．设置尺寸界线

在【尺寸界线】选项组中，可以设置尺寸界线的颜色、线宽、超出尺寸线的长度和起点偏移量、隐藏等属性。

- 颜色：设置尺寸界线的颜色。
- 线宽：设置尺寸界线的宽度。
- 超出尺寸线：设置尺寸界线超出尺寸线的距离，如图 9-13 所示。
- 起点偏移量：用于设置尺寸界线的起点与标注定义点的距离，如图 9-14 所示。

● 隐藏：通过勾选【尺寸界线 1】或【尺寸界线 2】复选框，可隐藏尺寸界线，如图 9-15 所示。

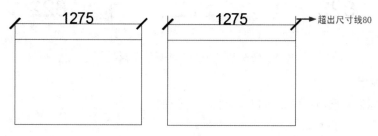

图 9-13　超出尺寸线

图 9-14　设置起点偏移量　　　　　　　　　　　图 9-15　隐藏尺寸界线

9.2.3　设置箭头样式

在【新建标注样式：副本 ISO-25】对话框中，使用【符号和箭头】选项卡，可以设置尺寸线和引线箭头的类型及尺寸大小等。通常情况下，尺寸线的箭头应一致，如图 9-16 所示。

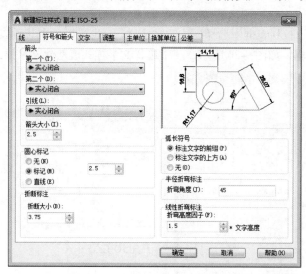

图 9-16　【符号和箭头】选项卡

1．设置箭头

实际上【箭头】是一个广义的概念，为了满足不同类型的图形标注需要，AutoCAD 设置了 20 多种箭头样式，可以用短画线、点或其他标记代替尺寸箭头，如图 9-17 所示。用户可以从对应的下拉列表框中选择箭头，并在【箭头大小】文本框中设置它们的大小。

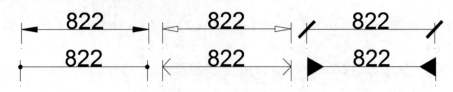

图 9-17　不同箭头标注效果

2．圆心标记

在【圆心标记】选项组中，可以设置圆心标记的类型和大小。

- 类型：用于设置圆或圆弧的圆心标记的类型，如标记、直线等。
  - 标记：对圆或圆弧绘制圆心标记。
  - 直线：对圆或圆弧绘制中心线。
  - 无：不做任何标记。
- 大小：用于设置圆心标记的大小，如图 9-18 所示。

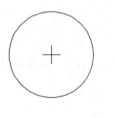
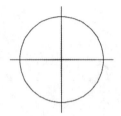

图 9-18　圆心标记

9.2.4　设置文字样式

在【新建标注样式】对话框中，使用【文字】选项卡，可以设置标注文字的外观、位置和对齐方式，如图 9-19 所示。

1．设置文字外观

在【文字外观】选项组中，可以设置文字的样式、颜色、高度和分数高度比例，以及控制是否绘制文字边框。

- 文字样式：从下拉列表框中选择标注的文字样式。也可以单击其后边的 按钮，打开【文字样式】对话框，如图 9-20 所示，从中选择文字样式或新建文字样式。

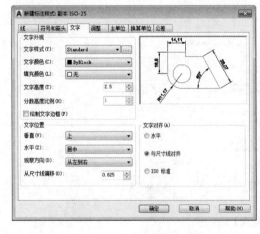

图 9-19　【文字】选项卡

图 9-20　【文字样式】对话框

- 文字颜色：设置标注文字的颜色。
- 文字高度：设置文字的高度。
- 分数高度比例：设置标注文字中的分数相对于其他标注文字的比例，AutoCAD 将该比例值与标注文字高度的乘积作为分数的高度。

● 绘制文字边框：设置是否给标注文字加边框。

2. 文字位置

在【文字位置】选项组中，可以设置文字的垂直、水平位置及距尺寸线的偏移量。

● 垂直：设置标注文字相对于尺寸线在垂直方向的位置。图 9-21 所示为文字垂直位置的 5
种形式。

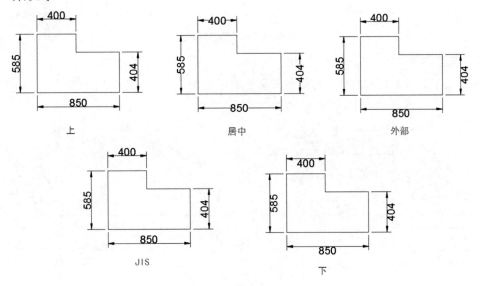

图 9-21　不同文字效果

● 水平：设置标注文字相对于尺寸线和尺寸界线在水平方向的位置。图 9-22 所示为文字水
平位置的 5 种形式。

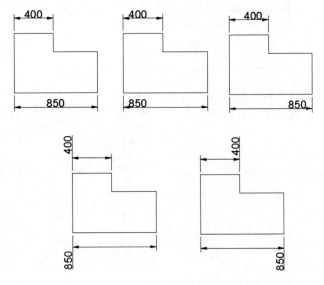

图 9-22　水平位置形式

● 从尺寸线偏移：设置标注文字与尺寸线之间的距离。如果标注文字位于尺寸线的中间，则
表示断开处尺寸线的端点与尺寸文字的间距；若标注的文字带边框，则可以控制文字边框
与其文字的距离，如图 9-23 所示。

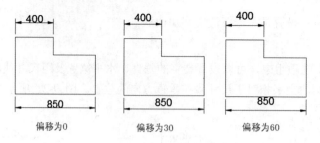

图 9-23　不同偏移效果

3．文字对齐

在【文字对齐】选项组中，可以设置标注文字是保持水平还是与尺寸线对齐，如图 9-24 所示。

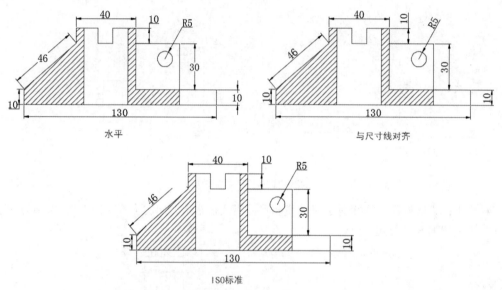

图 9-24　文字对齐方式

- 水平：标注文字水平放置。
- 与尺寸线对齐：标注文字方向与尺寸线方向一致。
- ISO 标准：标注文字按照 ISO 标准放置，当标注文字在尺寸界线之内时，它的方向与尺寸线方向一致，而在尺寸界线之外时将水平放置。

9.2.5　设置调整

在【新建标注样式：副本 ISO-25】对话框中，使用【调整】选项卡，可以设置【调整选项】、【文字位置】、【标注特征比例】和【优化】选项组，如图 9-25 所示。

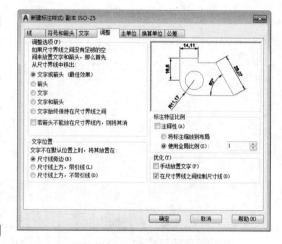

图 9-25　【调整】选项卡

1．调整选项

在【调整选项】选项组中，根据尺寸界线之间的空间控制标注文字和箭头的位置，确定当尺寸界线之间没有足够的空间来同时放置标注文字和箭头时，应首先从尺寸界线之间移出对象。系统默认设置为【文字或箭头（最佳效果）】。该选项组中各选项的含义如下。

- 文字或箭头（最佳效果）：AutoCAD 按照最佳效果自动选择文字和箭头的放置。
- 箭头：如果空间不够，首先将箭头移出。
- 文字：如果空间不够，首先将文字移出。
- 文字和箭头：如果空间不够，将文字和箭头都移出。
- 文字始终保持在尺寸界线之间：将文字始终保持在尺寸界线之内。
- 若箭头不能放在尺寸界线内，则将其消除：如果不能将箭头和文字放在尺寸界线内，则抑制箭头显示。

2．文字位置

在【文字位置】选项组中，当文字不在默认位置（位于两尺寸界线之间）时，可以通过此处选择设置标注文字的放置位置。其中各选项的含义如下。

- 尺寸线旁边：将文本放在尺寸线旁边。
- 尺寸线上方，带引线：将文本放在尺寸线的上方，并加上引线。
- 尺寸线上方，不带引线：将文本放在尺寸线的上方，但不加引线。

图 9-26 所示为上述 3 种情况的设置效果。

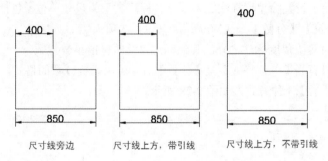

图 9-26　不同文字位置效果

3．标注特征比例

在【标注特征比例】选项组中，可以设置标注尺寸的特征比例，以便通过设置全局标注比例或图纸空间比例来增加或减少各标注的大小。其中各选项的含义如下。

- 将标注缩放到布局：系统自动根据当前模型空间视口与图纸空间之间的缩放关系设置比例。
- 使用全局比例：用于设置尺寸元素的比例因子，使之与当前图形的比例因子相符，该比例不改变尺寸的测量值。

4．优化

可以对标注文字和尺寸线进行细微调整，该选项组包括以下两个复选框。

- 手动放置文字：忽略标注文字的水平设置，在标注时将标注文字放在用户指定的位置。
- 在尺寸界线之间绘制尺寸线：即把箭头放在测量点之外，但在测量点之内绘制尺寸线。

9.2.6 主单位设置

在【新建标注样式：副本：ISO-25】对话框中，使用【主单位】选项卡，可以设置主单位的格式与精度等属性，如图 9-27 所示。

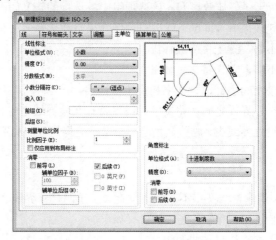

图 9-27 【主单位】选项卡

1. 线性标注

在【线性标注】选项组中，可以设置线性标注的单位格式与精度，其中各选项的含义如下。

● 单位格式：用于设置除角度标注之外其余各标注类型的尺寸单位，包括【科学】、【小数】、
【工程】、【建筑】、【分数】及【Windows 桌面】选项。

● 精度：用于设置除角度标注之外的其他标注尺寸的保留小数位数。

● 分数格式：只有当【单位格式】是【分数】时，可以设置分数的格式，包括【水平】、【对
角】和【非堆叠】3 种方式，如图 9-28 所示。

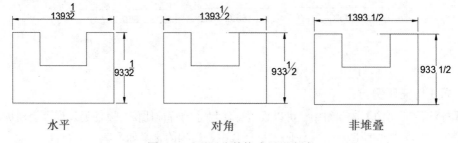

图 9-28 不同分数格式显示方式

● 小数分隔符：用于设置小数的分隔符，包括【逗号】、【句点】和【空格】3 种方式，如图 9-29
所示。

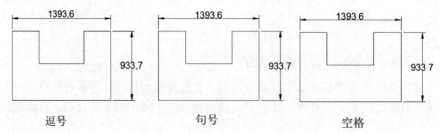

图 9-29 不同小数分隔符的显示效果

- 舍入：用于设置除角度标注外的尺寸测量值的舍入值。
- 前缀和后缀：设置标注文字的前缀和后缀，用户在相应的文本框中输入字符即可。
- 测量单位比例：使用【比例因子】文本框可以设置测量尺寸的缩放比例。
- 消零：可以设置是否显示尺寸标注中的【前导】和【后续】的零。

2．角度标注

在【角度标注】选项组中，可以使用【单位格式】下拉列表框设置标注角度时的单位；使用【精度】下拉列表框设置标注角度的尺寸精度；使用【消零】选项组设置是否消除角度尺寸的前导和后续零。

9.2.7　换算单位设置

在【新建标注样式：副本：ISO-25】对话框中，使用【换算单位】选项卡可以设置换算单位的格式，如图 9-30 所示。

在 AutoCAD 2017 中通过换算标注单位，可以转换使用不同测量单位绘制的标注，如图 9-31 所示。通常是显示公制标注的等效英制标注，或显示英制标注的等效公制标注。在标注文字中，换算标注单位显示在主单位旁边的方括号"[]"中。

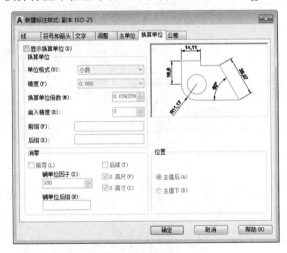

图 9-30　【换算单位】选项卡　　　　　图 9-31　标注效果

在【换算单位】选项卡中勾选【显示换算单位】复选框后，用户可以在【换算单位】选项组中设置换算单位的【单位格式】、【精度】、【换算单位倍数】、【舍入精度】、【前缀】及【后缀】选项，方法与设置主单位的方法相同。

【位置】选项组用于设置换算单位的位置，包括【主值后】和【主值下】两种方式。

9.2.8　公差设置

在【新建标注样式】对话框中，使用【公差】选项卡，可以设置是否在尺寸标注中标注公差，以及以何种方式进行标注，如图 9-32 所示。

在【公差格式】选项组中，可以设置公差的标注格式，其中各选项的含义如下。

- 方式：确定以何种方式标注公差，包括【无】、【对称】、【极限偏差】、【极限尺寸】和【基本尺寸】选项，如图 9-33 所示。

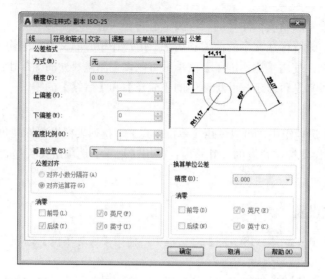

图 9-32　【公差】选项卡

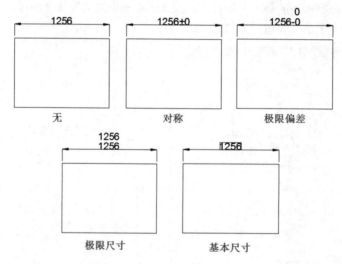

图 9-33　不同公差表示方式效果

- 精度：设置尺寸公差的精度。
- 上偏差、下偏差：设置尺寸的上偏差、下偏差。
- 高度比例：确定公差文字的高度比例因子。
- 垂直位置：控制公差文字相对于尺寸文字的位置，包括【下】、【中】、【上】3 种方式。
- 消零：用于设置是否消除公差值的【前导】或【后续】的零。

【换算单位公差】选项组用于当标注换算单位时，设置换算单位公差的精度和是否消零。

9.2.9　实例——标注器械零件

下面将通过实例讲解如何标注器械零件，具体操作步骤如下。

Step 01 打开配套资源中的素材\第 9 章\【机械图尺寸标注素材.dwg】素材文件，如图 9-34 所示。

Step 02 在命令行中输入 DIMSTYLE 命令，弹出【标注样式管理器】对话框，单击【新建】按钮，弹出【创建新标注样式】对话框，在该对话框中将【新样式名】设置为【机械图尺寸标注】，然后单击【继续】按钮，如图 9-35 所示。

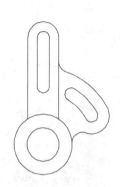

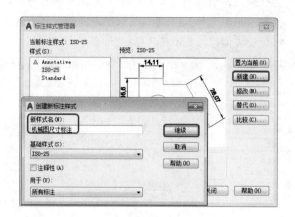

图 9-34　素材文件　　　　　　　　　　　　　图 9-35　新建样式

Step 03 在弹出的【新建标注样式：机械图尺寸标注】对话框中选择【线】选项卡，在【尺寸线】组中将【基线间距】设置为 10，在【尺寸界线】组中将【超出尺寸线】设置为 5，将【起点偏移量】设置为 5，如图 9-36 所示。

Step 04 选择【符号和箭头】选项卡，在【箭头】组中将【第一个】和【第二个】设置为【实心闭合】，将【箭头大小】设置为 3，如图 9-37 所示。

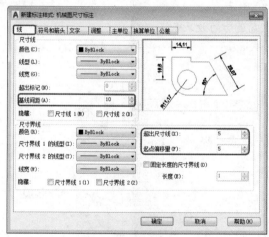

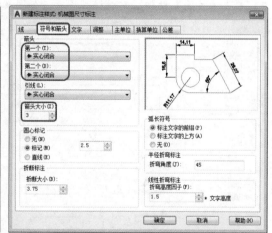

图 9-36　设置【线】选项卡　　　　　　　　　图 9-37　设置【箭头和符号】选项卡

- 【箭头】选项组：设置尺寸线起止点的样式。
  - ➢ 第一个、第二个：选择【实心闭合】选项。
  - ➢ 箭头大小：输入箭头符号的长度为 3。

Step 05 选择【文字】选项卡，在【文字外观】组中将【文字高度】设置为 5，在【文字对齐】组中选中【水平】单选按钮，如图 9-38 所示。

Step 06 打开【主单位】选项卡，在【线性标注】组中将【精度】设置为 0，设置完成后单击【确定】按钮，如图 9-39 所示。

- 文字外观：选择尺寸文字样式为【斜体字】（事先设置好的文字样式）。
- 文字高度：文本高度为 5。
- 文字位置：选择默认样式。

➢ 垂直：选择尺寸文本在垂直方向的对齐方式，本例中设置为【上】。

➢ 水平：选择尺寸文本在水平方向的对齐方式，本例中设置为【居中】。

● 尺寸线偏移：1.5mm。

图 9-38 设置【文字】选项卡

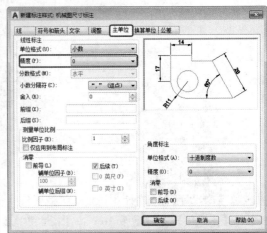

图 9-39 设置【主单位】选项卡

Step 07 返回【标注样式管理器】对话框，单击【置为当前】按钮，将新设置的标注样式置为当前，单击【关闭】按钮，完成样式设置，如图 9-40 所示。

Step 08 使用各种标注命令完成图形的标注，标注完成后的效果如图 9-41 所示。

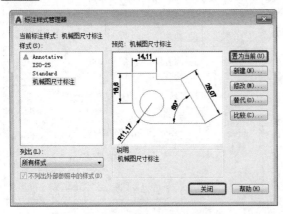

图 9-40 将新建样式置为当前图层

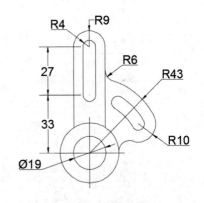

图 9-41 标注效果

9.3 尺寸标注方法

学习了尺寸标注的相关概念及标注样式的设置方法后，本节将介绍如何对图形进行尺寸标注。

9.3.1 实例——利用线性标注对象

在 AutoCAD 2017 中，调用线性标注命令的方法有以下几种。

● 在【注释】选项卡中单击【标注】面板中的【线性标注】按钮 ⊢·。

● 在菜单栏中执行【标注】|【线性标注】命令。

- 在命令行中输入 DIMLINEAR 命令。

线性标注表示两个点之间距离的测量值，如图 9-42 所示。在 AutoCAD 2017 中，执行线性标注的类型有以下几种。

- 水平标注：测量平行于 X 轴的两个点之间的距离。
- 垂直标注：测量平行于 Y 轴的两个点之间的距离。
- 对齐标注：测量指定方向上的两个点之间的距离。使用对齐标注时，尺寸线将平行于两尺寸界线原点之间的直线（想象或实际）。

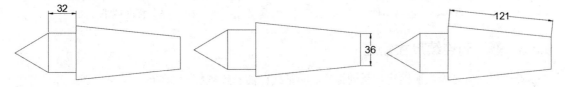

图 9-42　不同线性标注类型效果

下面将通过实例介绍如何利用【线性标注】工具标注对象，具体操作步骤如下。

Step 01 打开配套资源中的素材\第 9 章\【利用线性标注对象素材.dwg】素材文件，如图 9-43 所示。

Step 02 在命令行中输入 DIMLINEAR 命令，对图形对象进行标注即可，标注效果如图 9-44 所示。

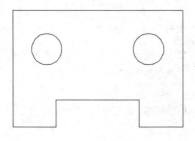

图 9-43　素材文件

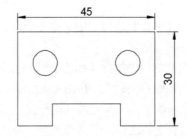

图 9-44　标注效果

9.3.2　实例——利用对齐标注对象

对齐标注是指将尺寸线与两尺寸线原点的连线相平行。

在 AutoCAD 2017 中，对齐标注命令的方法有以下几种。

- 在【注释】选项卡中单击【线性标注】面板中的【对齐标注】按钮 。
- 在菜单栏中执行【标注】|【对齐】命令。
- 在命令行中输入 DIMALIGNED 命令。

下面将通过实例讲解如何利用对齐标注对象，具体操作步骤如下。

Step 01 打开配套资源中的素材\第 9 章\【利用对齐标注对象素材.dwg】素材文件，效果如图 9-45 所示。

Step 02 在命令行中输入 DIMALIGNED 命令，对图形对象进行标注，标注效果如图 9-46 所示。

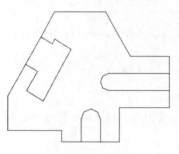

图 9-45 素材文件

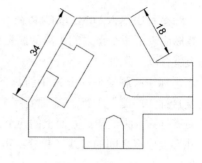

图 9-46 标注效果

9.3.3 基线和连续尺寸标注

设计标注时可能需要创建一系列标注，即基线标注和连续标注，它们都是从上一个尺寸界线处测量的、从同一个基准面或基准线引出的标注，如图 9-47 所示。基线标注是自同一基线处测量的多个标注；连续标注是首尾相连的多个标注。在工程绘图中，可以借助基线或连续标注快速地进行尺寸标注。但是在创建基线或连续标注之前，必须创建线性、对齐或角度标注。

在 AutoCAD 2017 中，执行基线尺寸标注命令的方法有以下几种。

- 在【注释】选项卡中单击【标注】面板中的【基线标注】按钮 。
- 在菜单栏中执行【标注】|【基线】命令。
- 在命令行中输入 DIMBASELINE 命令。

基线标注是指各尺寸线从同一尺寸界线处引出。在执行基线标注前，必须先标注出一个线性尺寸，以确定基线标注所需要的前一标注尺寸的尺寸界线。

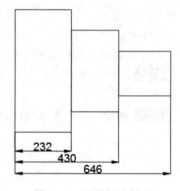

图 9-47 基线标注效果

在 AutoCAD 2017 中，执行连续尺寸标注命令的方法有以下几种。

- 在【注释】选项卡中单击【标注】面板中的【连续标注】按钮 。
- 在菜单栏中执行【标注】|【连续】命令。
- 在命令行中输入 DIMCONTINUE 命令。

连续标注是指相邻两尺寸线共用同一个尺寸界线，第一个连续标注从基准标注的第二个尺寸界线引出，然后下一个连续标注从前一个连续标注的第二个尺寸界线处开始测量。执行连续标注前，必须先创建一个线性、坐标或角度标注作为基准标注，以确定连续标注所需要的前一尺寸标注的尺寸界线，如图 9-48 所示。

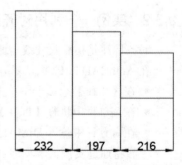

图 9-48 连续标注效果

9.3.4 实例——利用基线标注对象

下面将通过实例讲解如何利用基线标注对象，具体操作步骤如下。

Step 01 打开配套资源中的素材\第 9 章\【利用基线标注对象素材.dwg】素材文件，打开素材效果如图 9-49 所示。

Step 02 在命令行中输入 DIMBASELINE 命令，根据命令行的提示选择标注的左侧为基准标注，然后依次向右选择其他尺寸界线原点，标注完成后的效果如图 9-50 所示。

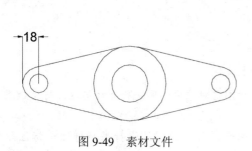

图 9-49　素材文件

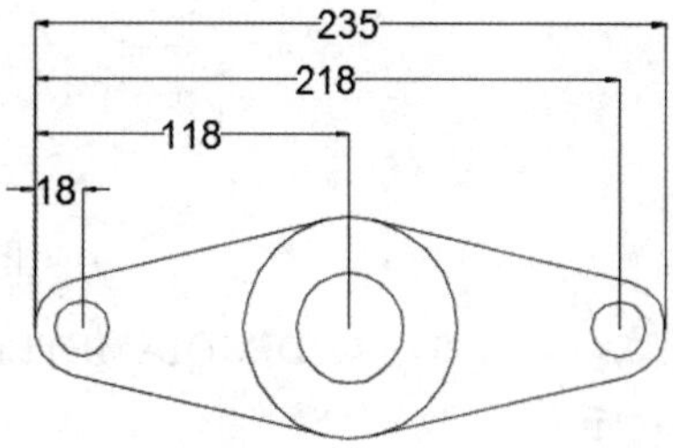

图 9-50　标注效果

9.3.5　实例——利用连续标注对象

下面将通过实例讲解如何利用连续标注对象，具体操作步骤如下。

Step 01 打开配套资源中的素材\第 9 章\【利用基线标注对象素材.dwg】素材文件，打开素材效果如图 9-51 所示。

Step 02 在命令行中输入 DIMCONTINUE 命令，根据命令行的提示选择已标注的右侧，然后依次向右指定尺寸界线原点，标注完成后的显示效果如图 9-52 所示。

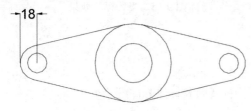
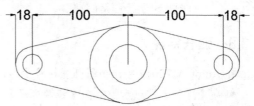

图 9-51　素材文件

图 9-52　连续标注效果

9.3.6　直径尺寸标注和半径尺寸标注

在 AutoCAD 2017 中，执行直径尺寸标注命令的方法有以下几种。

- 在【注释】选项卡中单击【线性标注】面板中的【直径标注】按钮◎⋅。
- 在菜单栏中执行【标注】|【直径】命令。

在命令行中输入 DIMDIAMETER 命令。

在 AutoCAD 2017 中，执行半径尺寸标注命令的方法有以下几种。

- 在【注释】选项卡中单击【线性标注】面板中的【半径标注】按钮◎⋅。
- 在菜单栏中执行【标注】|【半径】命令。
- 在命令行中输入 DIMRADIUS 命令。

9.3.7　实例——利用直径标注和半径尺寸标注对象

下面将通过实例讲解如何利用直径标注和半径尺寸标注标注对象，具体操作步骤如下。

Step 01 打开配套资源中的素材\第 9 章\【利用直径和半径标注素材.dwg】素材文件，显示素材效果如图 9-53 所示。

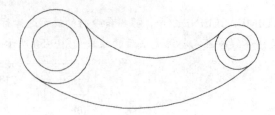

图 9-53　素材文件

Step 02 在命令行中输入 DIMDIAMETER 命令，对图形对象中的圆进行直径标注，标注效果如图 9-54 所示。

Step 03 在命令行中输入 DIMRADIUS 命令，对图形对象中的圆弧进行半径标注，标注效果如图 9-55 所示。

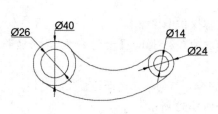

图 9-54　直径标注效果

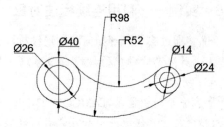

图 9-55　半径标注效果

9.3.8　弧长标注

在 AutoCAD 2017 中，执行弧长标注命令的方法有以下几种。

- 在【注释】选项卡中单击【线性标注】面板中的【弧长标注】按钮 <u>⌒▾</u>。
- 在菜单栏中执行【标注】|【弧长】命令。
- 在命令行中输入 DIMARC 命令。

激活该命令后，命令行提示如下。

选择弧线段或多段线弧线段：（选择要标注弧长的圆弧）

指定弧长标注位置或 [多行文字(M)/文字(T)/角度(A)/部分(P)/引线(L)]：

当指定了尺寸线的位置后，系统将按实际测量值标注出圆弧的长度。也可以利用【多行文字（M）】、【文字（T）】或【角度（A）】选项，确定尺寸文字或尺寸文字的旋转角度。还可以选择【部分（P）】选项，标注选定圆弧某一部分的弧长，如图 9-56 所示。

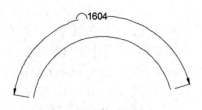

图 9-56　弧长标注效果

9.3.9　折弯标注

在 AutoCAD 2017 中，执行折弯标注命令的方法有以下几种。

- 在【注释】选项卡中单击【线性标注】面板中的【折弯标注】按钮 <u>⌐▾</u>。
- 在菜单栏中执行【标注】|【折弯】命令。
- 在命令行中输入 DIMJOGGED 命令。

激活该命令后，命令行提示如下。

选择圆弧或圆：（选择要标注的圆或圆弧）

指定图示中心位置：（单击圆内任意位置，确定用于代替中心位置的点）
指定尺寸线位置或 [多行文字(M)/文字(T)/角度(A)]：（确定尺寸线位置）
指定折弯位置：（指定折弯位置）

折弯标注效果如图 9-57 所示。

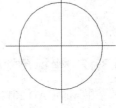

图 9-57　折弯标注效果

9.3.10　圆心标记

在 AutoCAD 2017 中，执行【椭圆弧】命令的方法有以下几种。

- 在菜单栏中执行【标注】|【圆心标记】命令。
- 在命令行中输入 DIMCENTER 命令。

激活该命令可绘制圆或圆弧的圆心标记或中心线，如图 9-58 所示。

激活该命令后，命令行提示如下。

选择圆弧或圆：

在提示下选择圆弧或圆即可。

圆心标记是十字还是中心线由【新建标注样式】

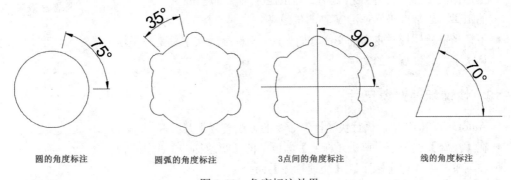

图 9-58　圆心标记

对话框的【符号和箭头】选项卡中的【圆心标记】来设定。中心标记和中心线仅适用于直径和半径标注。仅在将尺寸线置于圆或圆弧之外时才绘制它。

9.3.11　角度尺寸标注

在 AutoCAD 2017 中，执行角度标注命令的方法有以下几种。

- 在【注释】选项卡中单击【线性标注】面板中的【角度标注】按钮△|·。
- 在菜单栏中执行【标注】|【角度】命令。
- 在命令行中输入 DIMANGULAR 命令。

激活角度标注命令后，命令行提示如下：

选择圆弧、圆、直线或<指定顶点>：

角度标注用于测量圆和圆弧的角度、两条直线间的夹角或 3 个点之间的角度。 用户在提示下可标注圆弧的包含角、圆上某一段圆弧的包含角、两条不平行直线之间的夹角，或根据给定的 3 点标注角度。图 9-59 所示为 4 种情况下的角度标注。

| 圆的角度标注 | 圆弧的角度标注 | 3点间的角度标注 | 线的角度标注 |

图 9-59　角度标注效果

要测量圆的两条半径之间的角度，可以选择此圆，然后指定角度端点。对于其他对象，需要先选择对象，然后指定标注位置。还可以通过指定角度顶点和端点标注角度。创建标注时，可以在指定尺寸线位置之前修改文字内容和对齐方式。角度尺寸标注也可以用于连续标注、基线标注，如图 9-60 所示。

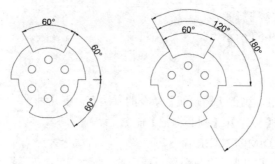

图 9-60   标注效果

9.3.12   坐标尺寸标注

在 AutoCAD 2017 中，执行坐标标注命令的方法有以下几种。

- 在【注释】选项卡中单击【线性标注】面板中的【坐标标注】按钮 ⊡。
- 在菜单栏中执行【标注】|【坐标】命令。
- 在命令行中输入 DIMORDINATE 命令。

上述操作可实现坐标标注。激活该命令后，命令行提示如下：

指定点坐标:

在提示下确定要标注坐标的点后，命令行提示如下。

指定引线端点或[X基准（X）/Y基准（Y）/多行文字（M）/文字（T）/角度（A）]:

可根据提示指定引线端点，也可以在提示后输入各选项。

图 9-61 所示为一个坐标尺寸标注的例子。

坐标标注标识的内容有下面几点。

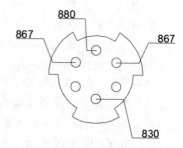

- 坐标标注是指测量原点（称为基准）到标注特征（如部件上的一个孔）的垂直距离。这种标注保持特征点与基准点的精确偏移量，从而避免增大误差。
- 利用坐标标注，可通过 UCS 命令改变坐标系的原点位置。
- 坐标标注中的 X 基准坐标是沿 X 轴测量特征点与基准点的距离；Y 基准坐标是沿 Y 轴测量距离。

图 9-61   坐标标注效果

- 不管当前标注样式定义的文字方向如何，坐标标注文字总是与坐标引线对齐。可以接受默认文字或提供自己的文字。

9.3.13   快速标注对象尺寸

在 AutoCAD 2017 中，执行快速标注命令的方法有以下几种。

- 在【注释】选项卡中单击【标注】面板中的【快速标注】按钮 ⊡。
- 在菜单栏中执行【标注】|【快速标注】命令。
- 在命令行中输入 QDIM 命令。

使用系统提供的【快速标注】功能，可以一次快速地对多个对象进行基线标注、连续标注、直径标注、半径标注和坐标标注。

9.3.14 实例——快速标注对象

下面将通过实例讲解如何快速标注对象，具体操作步骤如下。

Step 01 打开配套资源中的素材\第 9 章\【快速标注对象素材.dwg】素材文件，素材显示效果如图 9-62 所示。

Step 02 在命令行中输入【QDIM】命令，对图形对象进行半径和线性标注，标注效果如图 9-63 所示。使用【快速标注】命令，对图形进行连续标注和基线标注。

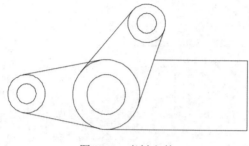

图 9-62 素材文件

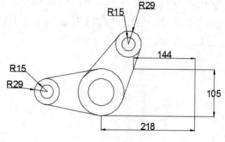

图 9-63 标注效果

9.3.15 标注间距和标注打断

标注间距可以自动调整平行的线性标注和角度标注之间的间距，或根据指定的间距值进行调整。除了调整尺寸线间距外，还可以通过输入间距值 0 使尺寸线相互对齐。由于能够调整尺寸线的间距或对齐尺寸线，因而无须重新创建标注或使用夹点逐条对齐并重新定位尺寸线。

1. 标注间距

在 AutoCAD 2017 中，调整间距命令的方法有以下几种。

- 在【注释】选项卡中单击【标注】面板中的【调整间距】按钮圓。
- 在菜单栏中执行【标注】|【标注间距】命令。
- 在命令行中输入 DIMSPACE 命令。

标注间距可以修改已经标注图形中尺寸线的位置间距大小，如图 9-64 所示。执行该命令，命令行提示如下。

```
选择基准标注: 选择尺寸 500
选择要产生间距的标注: 选择尺寸 1000、1500、2000
输入值或 [自动(A)] <自动>: 输入值 100，按【Enter】键以结束命令
```

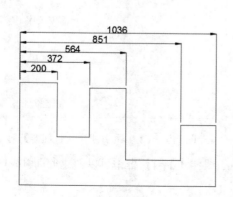

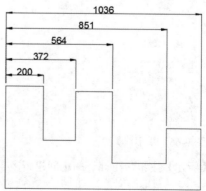

图 9-64 标注间距

标注打断可以在尺寸线或尺寸界线与几何对象或其他标注相交的位置将其打断。虽然不建议采取这种绘图方法，但是在某些情况下是必要的。

2．标注打断

在 AutoCAD 2017 中，执行标注打断命令的方法有以下几种。

- 在【注释】选项卡中单击【标注】面板中的【标注打断】按钮⊥⁺。
- 在菜单栏中执行【标注】|【标注打断】命令。
- 在命令行中输入 DIMBREAK 命令。

执行该命令后的打断标注对比效果如图 9-65 所示。

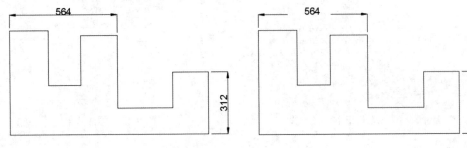

图 9-65　对比效果

9.3.16　多重引线标注

在 AutoCAD 2017 中，执行多重引线命令的方法有以下几种。

- 在【注释】选项卡中单击【引线】面板中的【多重引线】按钮。
- 在菜单栏中执行【默认】|【注释】|【引线】命令。
- 在命令行中输入 MLEADER 命令。

利用多重引线标注，可以标注一些注释、说明等，也可以为引线附着块参照和特征控制框（用于显示形位公差）等。【引线】面板如图 9-66 所示。

在【引线】面板中单击右下角的■按钮，弹出【多重引线样式管理器】对话框，如图 9-67 所示。该对话框可以创建和修改多重引线样式，还可以设置多重引线的格式、结构和内容。

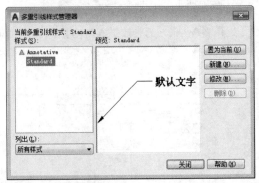

图 9-66　【引线】面板　　　　　图 9-67　【多重引线样式管理器】对话框

单击【新建】按钮，在打开的【创建新多重引线样式】对话框中可以创建多重引线样式，如图 9-68 所示。

设置了新样式的名称和基础样式后，单击该对话框中的【继续】按钮，弹出【修改多重引线样式：副本 Standard】对话框，如图 9-69 所示。该对话框包含【引线格式】【引线结构】和【内容】3 个选项卡，可以设置包含引线箭头大小和形式、引线的约束形式、文字大小及位置等内容。用户自定义多重引线样式后，单击【确定】按钮完成新样式的创建，然后将其置为当前样式。

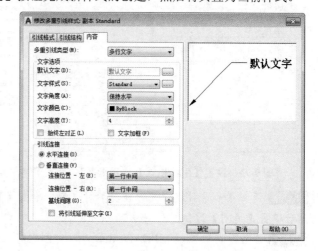

图 9-68 【创建多重引线样式】对话框　　图 9-69 【修改多重引线样式：副本 Standard】对话框

9.3.17 实例——利用引线标注对象

下面将通过实例讲解如何利用引线标注对象，具体操作步骤如下。

Step 01 打开配套资源中的素材\第 9 章\【利用引线标注对象素材.dwg】素材文件，标注图 9-70 所示的图形。

Step 02 在命令行中输入【MLEADERSTYLE】命令，弹出【多重引线样式管理器】对话框，在该对话框中单击【新建】按钮，弹出【创建多重引线样式】对话框，将【新样式名】设置为【引线标注】，然后单击【继续】按钮，如图 9-71 所示。

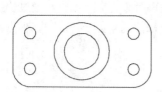

图 9-70 素材文件

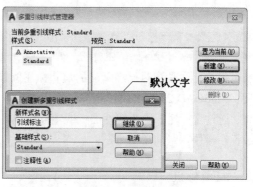

图 9-71 新建样式名

Step 03 在弹出的【修改多重引线样式：引线标注】对话框中选择【引线格式】选项卡，在【箭头】组中将【符号】设置为【实心闭合】，将【大小】设置为 10，如图 9-72 所示。

Step 04 选择【内容】选项卡，在【文字选项】组中将【文字高度】设置为 15，设置完成后单击【确定】按钮，如图 9-73 所示。

图 9-72 设置【引线格式】选项卡参数

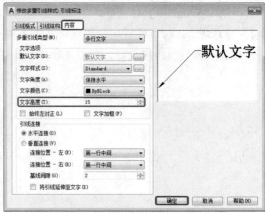

图 9-73 设置【内容】选项卡参数

Step 05 返回【多重引线样式管理器】对话框，单击【置为当前】按钮，将新建样式置为当前，然后单击【关闭】按钮，如图 9-74 所示。

Step 06 在命令行中输入 MLEADER 命令，对图形对象进行标注，标注效果如图 9-75 所示。

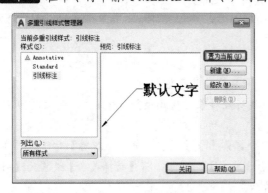

图 9-74 将新建样式置为当前

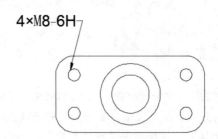

图 9-75 标注效果

9.4 编辑尺寸标注

编辑尺寸标注是指对已经标注的尺寸标注位置、文字位置、文字内容、标注样式等做出改变的过程。AutoCAD 2017 提供了很多编辑尺寸标注的方式，如编辑命令、夹点编辑、通过快捷菜单编辑、通过【标注】快捷特性面板或【标注样式管理器】修改标注的格式等。其中，夹点编辑是修改标注最快、最简单的方法。

9.4.1 编辑标注

单击标注尺寸，右击选择特性，弹出该标注的快捷特性面板，如图 9-76 所示。用户可以使用夹点和特性面板中的选项对选中的标注进行编辑和修改，也可以利用在【视图】选项卡中单击【选项板】面板中的【特性】按钮，打开图 9-77 所示的【特性】选项板，对选中标注的各项特性进行编辑和修改。

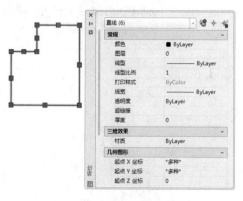

图 9-76　【特性】选项板

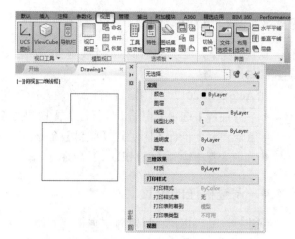

图 9-77　单击【特性】按钮

9.4.2　拉伸标注

在 AutoCAD 2017 中，执行拉伸标注命令的方法有以下几种。

- 选中尺寸标注，把鼠标放在尺寸标注交叉点位置，即出现快捷菜单，执行【拉伸】命令，如图 9-78 所示。
- 在命令行中输入 STRETCH 命令。

可以使用夹点或者 STRITCH 命令拉伸标注。使用该命令时，必须使用交叉窗口和交叉多边形选择标注。文字移出尺寸界线则不需要拆分尺寸线，尺寸线将被重新连接。当图形具有不同方向的尺寸时，如图 9-79 所示，拉伸图形顶点，则会同时拉伸与该顶点相关的尺寸。标注的定义点要包含在交叉选择窗口中，此时拉伸不改变标注样式（对齐、水平或垂直等），AutoCAD 重新对齐和测量对齐标注及垂直标注。

拉伸标注的步骤如下。

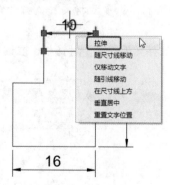

图 9-78　执行【拉伸】命令

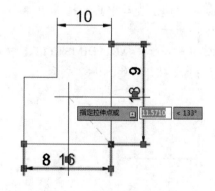

图 9-79　不同方向的尺寸

在 AutoCAD 2017 中，标注的尺寸与标注的对象是关联的。所谓尺寸关联，是指所标注尺寸与被标注对象有关联关系。如果标注的尺寸值是按自动测量值标注，且尺寸标注是按尺寸关联模式标注的，改变被标注对象的大小后相应的标注尺寸也将发生变化，即尺寸界线、尺寸线的位置都将改变到相应位置，尺寸值也改变成新测量值。改变图形则相应的尺寸也变。因此，当用户编辑图形时，相关的标注将自动更新。

9.4.3 倾斜尺寸界线

默认情况下，尺寸界线都与尺寸线垂直。如果尺寸界线与图形中的其他对象发生冲突，可以创建倾斜尺寸界线。

在 AutoCAD 2017 中，执行倾斜命令的方法有以下几种。

- 在【注释】选项卡中单击【标注】面板中的【倾斜】按钮 $\boxed{H}$。
- 在菜单栏中执行【标注】|【倾斜】命令。
- 在命令行中输入【DIMEDIT】命令。

9.4.4 调整标注的位置

创建标注后，用户可以随时根据需要利用夹点编辑方法调整标注的位置。如果希望对标注文字的位置进行各种调整，可首先选中该标注，然后右击该标注并从弹出的快捷菜单中选择一个合适的文字位置选项，如图 9-80 所示。

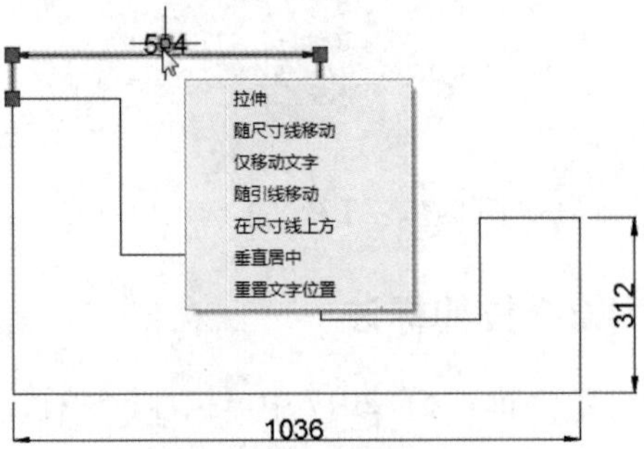

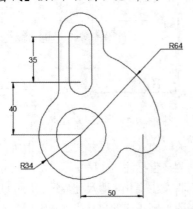

图 9-80 调整标注位置

9.4.5 标注样式替代

对于某个标注，用户可能想不显示标注的尺寸界线，或者修改文字和箭头位置使它们不与图形中的集合重叠，但又不想创建新标注样式，只是临时修改尺寸标注的系统变量，并按该设置修改尺寸标注。这种情况下用户只能为当前样式创建标注样式替代。当用户将其他标注样式设置为当前样式后，标注样式替代被自动删除。

9.4.6 实例——使用替代命令

下面将通过实例讲解如何使用替代命令，具体操作步骤如下。

Step 01 打开配套资源中的素材\第 9 章\【使用替代命令素材.dwg】素材文件，打开素材效果如图 9-81 所示。

Step 02 在命令行中输入【DIMSTYLE】命令，弹出【标注样式管理器】对话框，在该对话框中单击【替代】按钮，如图 9-82 所示。

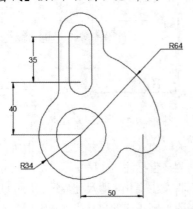

图 9-81 素材文件

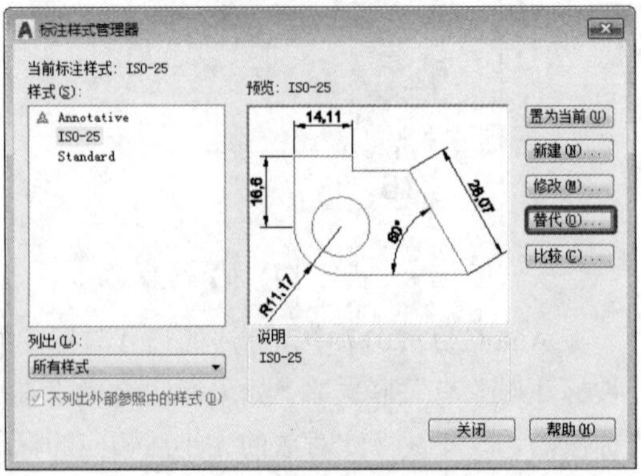

图 9-82 单击【替代】按钮

Step 03 弹出【替代当前样式】对话框，选择【文字】选项卡，在【文字外观】组中将【文字高度】设置为 8，设置完成后单击【确定】按钮，如图 9-83 所示。

Step 04 返回到【标注样式管理器】对话框中，单击【置为当前】按钮，将【样式替代】置为当前，然后单击【关闭】按钮，如图 9-84 所示。

图 9-83　设置【文字】选项卡参数　　　　图 9-84　将【样式替代】置为当前

Step 05 替代后的标注显示效果如图 9-85 所示。

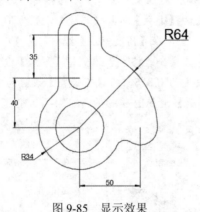

图 9-85　显示效果

9.5　公差标注

在机械图样中，具有装配关系的尺寸需要精确加工，必须标注尺寸公差，同时还需要标注形位公差，因为它是评定产品质量的重要指标。

9.5.1　实例——标注尺寸公差

尺寸公差就是尺寸误差的允许变动范围。尺寸公差取值是否恰当，直接决定着机件的加工成本和使用性能，因此，每一张零件图、装配图都必须标注尺寸公差。国家标准规定，对于没有标注公差的尺寸，其加工精度由自然公差控制，自然公差比较大，对于大多数零件难以满足使用要求。

常见的尺寸公差的标注形式有两种，即在尺寸的后面标注上、下偏差或标注公差带代号，装配图上还需要用公差带代号分子分母的形式表示配合关系。

下面将通过实例讲解如何标注尺寸公差，具体操作步骤如下。

Step 01 打开配套资源中的素材\第 9 章\【标注尺寸公差素材.dwg】素材文件，如图 9-86 所示。

Step 02 在命令行中输入【DIMSTYLE】命令，弹出【标注样式管理器】对话框，在该对话框中单击【新建】按钮，弹出【创建新标注样式】对话框，将【新样式名】设置为【标注尺寸公差】，然后单击【继续】按钮，如图 9-87 所示。

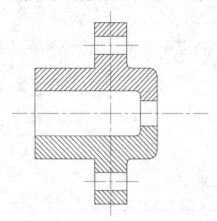

图 9-86　素材文件

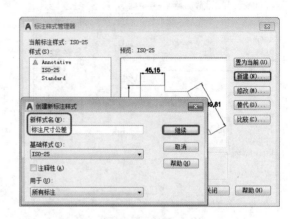

图 9-87　新建样式

Step 03 在弹出的【新建标注样式：标注尺寸公差】对话框中，选择【主单位】选项卡，在【线性标注】组中将【单元格式】设置为【小数】，将【精度】设置为 0，将【小数分隔符】设置为【句点】，将【前缀】设置为【%%C】，在【角度标注】组中勾选【后续】复选框，如图 9-88 所示。

Step 04 选择【公差】选项卡，在【公差格式】组中将【方式】设置为【极限偏差】，将【精度】设置为 0.000，将【上偏差】设置为 0.015，将【下偏差】设置为 0.004，将【高度比例】设置为 0.7，将【垂直位置】设置为【中】，如图 9-89 所示。

图 9-88　设置【主单位】选项卡参数

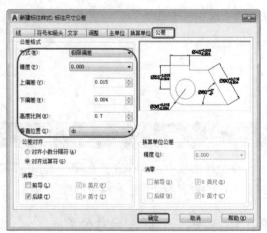

图 9-89　设置【公差】选项卡参数

Step 05 返回到【标注样式管理器】对话框中，单击【置为当前】按钮，将新建样式置为当前，然后单击【关闭】按钮，如图 9-90 所示。

Step 06 在命令行中输入【DIMLINEAR】命令，对图形对象进行线性标注，标注效果如图 9-91 所示。

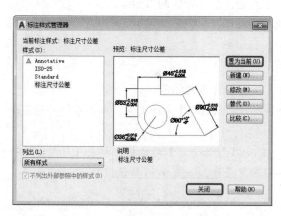

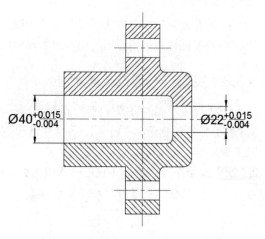

图 9-90　将新建样式置为当前　　　　　　　　　图 9-91　标注效果

9.5.2　形位公差标注

形位公差是指零件的实际形状和实际位置对理想形状和理想位置的允许变动量，也就是实际加工的机械零件表面上的点、线、面的形状和位置相对于基准的误差范围。虽然在大多数建筑图形中几乎不存在，但在机械设计中却是非常重要的。一方面，如果形位公差不能完全控制，零件就不能正确装配；另一方面，精度过高的形位公差会增大制造费用而造成浪费。

在 AutoCAD 2017 中提供了标注形位公差的命令，执行该命令的方法有以下几种。

- 在【注释】选项卡中单击【标注】面板中的【公差】按钮 ⊞。
- 在菜单栏中执行【标注】|【公差】命令。
- 在命令行中输入 TOLERANCE 命令。

在弹出的【形位公差】对话框中，可以设置公差的符号、值及基准等参数，如图 9-92 所示。

在【形位公差】对话框中，用户可通过如下方法输入公差值并修改符号。

- 符号：单击该列的■框，将弹出【特征符号】对话框，在该对话框中可以为第一个或第二个公差选择特征符号，如图 9-93 所示。
- 公差 1 和公差 2：单击该列前面的■框，将插入一个直径符号。在中间的文本框中，可以输入公差值。单击该列后面的■框，将弹出【包容条件】对话框，可以为公差选择包容件符号，如图 9-94 所示。
- 基准 1、基准 2 和基准 3：用于设置公差基准和相应的包容条件。
- 高度：在特征控制框中可以设置投影公差带的值。投影公差带控制固定垂直部分延伸区的高度变化，并以位置公差控制公差精度。

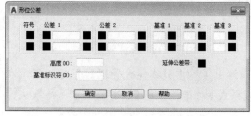

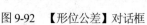
图 9-92　【形位公差】对话框　　　　图 9-93　【特征符号】面板　　　图 9-94　【包容条件】面板

- 延伸公差带：单击【高度】后边的■框，可在延伸公差带值的后面插入延伸公差带符号。
- 基准标识符：用于创建由参照字母组成的基准标识符号。

9.5.3 实例——形位公差标注

下面将通过实例讲解如何进行形位公差标注，具体操作步骤如下。

Step 01 打开配套资源中的素材\第 9 章\【形位公差标注素材.dwg】素材文件，打开素材后的显示效果如图 9-95 所示。

Step 02 在命令行中输入【TOLERANCE】命令，弹出【形位公差】对话框，单击【符号】选项组中上方的黑框，在【特征符号】对话框中选择同轴度符号，如图 9-96 所示。

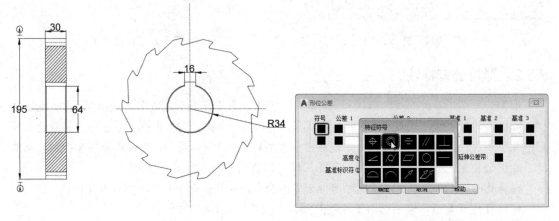

图 9-95　素材文件　　　　　　　　　图 9-96　设置【形位公差】对话框参数

Step 03 单击【公差 1】文本框前的黑框，显示出直径符号φ，在文本框中输入 0.03，在【基准 1】文本框中输入 A，单击【确定】按钮，即可完成形位公差的设置，如图 9-97 所示。

Step 04 系统继续提示【输入公差位置】，在图示形位公差位置单击【确定】按钮放置位置，标注后的显示效果如图 9-98 所示。

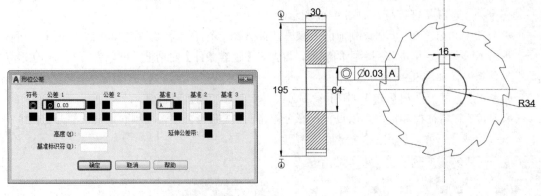

图 9-97　设置形位公差参数　　　　　　　图 9-98　标注效果

Step 05 在命令行中输入【MLEADERSTYLE】命令，弹出【多重引线样式管理器】对话框，在该对话框中单击【新建】按钮，弹出【创建新多重引线样式】对话框，将【新样式名】保持默认，然后单击【继续】按钮，如图 9-99 所示。

Step 06 在弹出的【修改多重引线样式：副本 Standard】对话框中，选择【内容】选项卡，将【多重引线类型】设置成【无】，单击【确定】按钮完成引线设置，如图 9-100 所示。

图 9-99　新建样式

图 9-100　设置【内容】选项卡参数

Step 07 返回到【多重引线样式管理器】对话框中，单击【置为当前】按钮，将新建样式置为当前，然后单击【关闭】按钮，如图 9-101 所示。

Step 08 在命令行中输入【MLEADER】命令，根据命令行中的系统提示在尺寸线与形位公差之间绘制引线，完成标注，标注效果如图 9-102 所示。

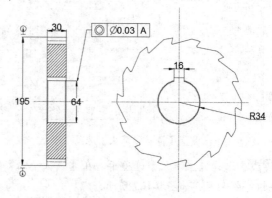

图 9-101　置为当前

图 9-102　标注效果

9.6　综合应用

下面通过两个实例，练习本章所讲知识，巩固提高。

9.6.1　标注棘爪

下面将讲解如何标注棘爪，具体操作步骤如下。

Step 01 打开配套资源中的素材\第 9 章\【标注棘爪素材.dwg】素材文件，如图 9-103 所示。

Step 02 在命令行中输入【DIMSTYLE】命令，弹出【标注样式管理器】对话框，单击【新建】按钮，弹出【创建新标注样式】对话框，将【新样式名】设置为【标注棘爪】，然后单击【继续】按钮，如图 9-104 所示。

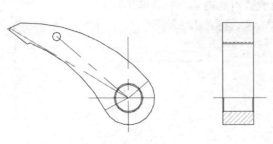

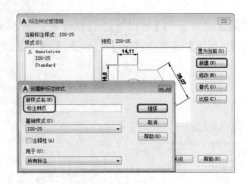

图 9-103　素材文件　　　　　　　　　图 9-104　新建样式

Step 03 弹出【新建标注样式：标注棘爪】对话框，选择【符号和箭头】选项卡，在【箭头】组中将【第一个】设置为【实心闭合】，将【箭头大小】设置为 5，如图 9-105 所示。

Step 04 选择【文字】选项卡，将【文字高度】设置为 8，在【文字位置】组中将【从尺寸线偏移】设置为 1，如图 9-106 所示。

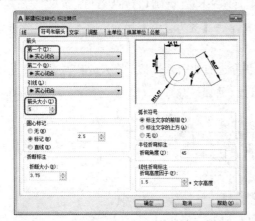

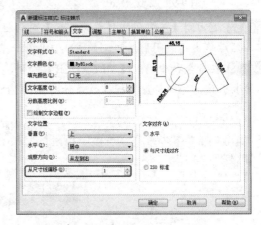

图 9-105　设置【符号和箭头】选项卡参数　　　图 9-106　设置【文字】选项卡参数

Step 05 选择【主单位】选项卡，在【线性标注】组中将【精度】设置为 0，然后单击【确定】按钮完成设置，如图 9-107 所示。

Step 06 返回到【标注样式管理器】对话框，单击【置为当前】按钮，然后单击【关闭】按钮即可，如图 9-108 所示。

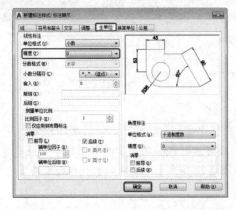

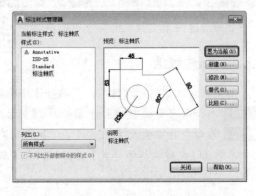

图 9-107　设置【主单位】选项卡参数　　　图 9-108　将新建样式置为当前

Step 07 使用【线性标注】、【对齐标注】和【半径标注】命令，对图形对象进行标注，标注效果如图 9-109 所示。

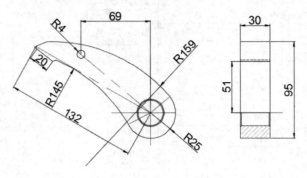

图 9-109　标注效果

9.6.2　标注电磁铁

下面将讲解如何标注电磁铁，具体操作步骤如下。

Step 01 打开配套资源中的素材\第 9 章\【标注电磁铁素材.dwg】素材文件，多重引线样式管理器如图 9-110 所示。

Step 02 在命令行中输入【DIMSTYLE】命令，弹出【多重引线样式管理器】对话框，单击【新建】按钮，弹出【创建新标注样式】对话框，将【新样式名】设置为【标注电磁铁】，然后单击【继续】按钮，如图 9-111 所示。

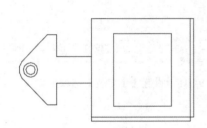

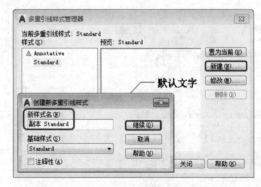

图 9-110　素材文件　　　　　　　　　　图 9-111　新建样式

Step 03 选择【线】选项卡，在【尺寸界线】组中将【起点偏移量】设置为 2，如图 9-112 所示。

Step 04 选择【符号和箭头】选项卡，在【箭头】组中将【第一个】设置为【实心闭合】，将【箭头大小】设置为 5，如图 9-113 所示。

Step 05 选择【文字】选项卡，在【文字外观】组中将【文字高度】设置为 8，在【文字对齐】组中选中【水平】单选按钮，如图 9-114 所示。

Step 06 选择【主单位】选项卡，在【线性标注】组中将【精度】设置为 0，设置完成后单击【确定】按钮，如图 9-115 所示。

Step 07 返回到【标注样式管理器】对话框，单击【置为当前】按钮，将新建样式置为当前，然后单击【关闭】按钮，如图 9-116 所示。

Step 08 使用【线性标注】、【对齐标注】和【半径标注】命令，对图形对象进行标注，标注效果如图 9-117 所示。

图 9-112　设置【线】选项卡参数　　　　图 9-113　设置【符号和箭头】选项卡参数

图 9-114　设置【文字】选项卡参数　　　　图 9-115　设置【主单位】选项卡参数

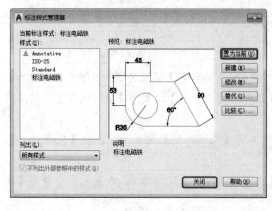

图 9-116　将新建样式置为当前　　　　　图 9-117　标注效果

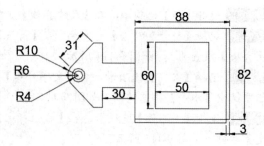

增值服务：扫码做测试题，并可观看讲解测试题的微课程。

第 10 章
常用的机械绘图三维工具

AutoCAD 2017 提供了非常强大的三维建模功能，这对机械设计有着很大的帮助，因为很多时候只凭借二维图形很难表达得非常清楚。在实际工作中建议用户尽可能直接绘制三维图形，这样既方便又快捷。在学习三维绘图之前，首先要求用户树立良好的空间观念，即能够想象，再者要求用户熟悉与三维对象相关的一些操作。本章将在前面二维机械设计的基础上继续讲解机械设计的 AutoCAD 三维设计。

10.1 认识三维图形

虽然 AutoCAD 集成了二维及三维机械设计基础，但是这二者还是有比较大的区别的。在进行三维设计时需要多考虑一个坐标参数。不过 AutoCAD 对此提供了很多的辅助功能，如三维坐标系、视点转换等。下面学习一下三维模型的基础。

10.1.1 三维模型分类

针对不同用户的设计习惯，AutoCAD 2017 提供了 3 种基本模型——线框模型、表面模型和实体模型。在实际的机械三维设计及工程图形中，用户可以根据自己的需要及习惯将图形转换为这 3 种模型中的一种，下面将分别进行介绍。

1．线框模型

线框模型完全由三维空间中的直线或曲线构成。这些线段或曲线没有粗细，而且由这些直线或曲线首尾相连形成的封闭图形也不能形成表面积，所以，线框模型既没有体积，也没有表面积。该模型用线（棱线和转向轮廓线）来描绘三维对象的骨架。由于线框模型中没有面，只有描绘对象边界的点、直线和曲线，因此在 AutoCAD 中可以在三维空间的任何位置放置二维对象来创建线框模型。AutoCAD 也提供了一些专门的三维线框对象，如三维多段线。由于构成线框模型的每个对象必须单独绘制和定位，因此，这种建模方式是最为耗时的，一般只用于简单模型的创建。

2．表面模型

表面模型由三维平面或三维曲面构成。显然，这些三维平面形成了面积。但是，由于三维平面本身是没有厚度的，所以表面模型不能形成体积，就像一个没有壁厚的盒子一样。表面模型可以通过将线框模型拉伸生成。表面模型用物体的表面表示三维物体，在该模型中不仅包括线的信息，还包括面的信息，因而可以解决与图形有关的大多数问题。曲面建模比线框建模复杂得多，它不仅定义三维对象的边，而且定义面。AutoCAD 的曲面模型使用多边形网格来定义镶嵌面，由于网格面是平面的，因此网格只能近似于曲面。

3．实体模型

实体模型是最符合现实情况的模型表达方式，其既有表面积又有体积，是三维建模中使用最多的模型，由基本的表面模型经过拉伸和旋转等操作生成。主要包括实心球、圆柱等实体模型。实体模型是 3 种模型中最高级的一种，其中包括线、面和体的全部信息。对于该模型，用户可以只绘制出简单的基本体模型，再通过【并】【交】和【差】3 种布尔运算，构造出复杂的组合体。

需要注意的是，在设计时线框模型不能直接拉伸成实体模型，必须首先将封闭的线框转换成表面模型，再将表面模型拉伸成实体模型。可将封闭的线框转化为闭合多段线。一旦封闭线框转化为闭合多段线，线框模型就转化为表面模型了。

10.1.2　三维坐标系

三维坐标系与二维坐标系有着很大的区别。三维图形的点均为空间的点，它是由三维点构成的，但是其坐标都以 X、Y、Z 的形式确定，这与二维图形的绘制有明显的区别。按照绘图的习惯可以将坐标系分为世界坐标系和用户坐标系两类，相对来说世界坐标系更容易做出全局定位，而用户坐标系是最常用的坐标系。

1．世界坐标系

正常情况下，在工作界面底部状态栏左端所显示的三维坐标值就是世界坐标系中的数值，它准确地反映了当前十字光标的位置。在默认情况下，坐标原点在绘图区左下角，X 轴以水平向右为正方向，Y 轴以垂直向上为正方向，Z 轴以垂直屏幕向外为正方向。AutoCAD 默认采用世界坐标系来确定形体。在进入 AutoCAD 绘图区时，系统会自动进入世界坐标系第一象限，AutoCAD 就是采用这个坐标系来确定图形的矢量的。在三维世界坐标系中，可以通过输入点的坐标值（X，Y，Z）来确定点的位置。在笛卡儿坐标系中，由于在绘图过程中需要不断地进行视图的操作，判断坐标轴方向并不很容易，因此 AutoCAD 提供了【右手定则】来确定 Z 轴方向。

【右手定则】即要确定 X 轴、Y 轴、Z 轴的正方向，可以将右手背对屏幕，大拇指所指方向为 X 轴正方向，食指所指方向为 Y 轴正方向，中指所指方向为 Z 轴正方向。要确定某个坐标轴的正旋转方向，可以用右手的大拇指指向该轴的正方向并弯曲其他手指，此时右手弯曲手指所指方向为正旋转方向。

2．用户坐标系

默认情况下，AutoCAD 坐标系为世界坐标系，由于世界坐标系是唯一的、固定不变的，在绘制三维图形时很不方便，所以 AutoCAD 允许用户建立自己的用户坐标系 UCS。在进行三维绘图时，用户可以在任意位置、沿任何方向建立 UCS 坐标，从而使三维绘图变得更加容易。

建立 UCS 坐标系的方法有以下 3 种。

- 选择【工具】|【新建 UCS】|【三点】菜单命令。
- 单击 UCS 工具栏中的按钮。
- 在命令行中执行 UCS 命令。

10.1.3　观察三维模型

为了观察三维模型，AutoCAD 提供了视点变换等工具。绘图时，对三维视图进行观察是必需的，对它们的操作包括预置三维视点、选择三维视图、设置视点等。同时 AutoCAD 提供了多种视觉样式，便于设计者在不同样式下观察图形。

1. 选择三维视图及设置视点

（1）选择三维视图

为了满足用户需要，AutoCAD 提供了多种三维视图以供选择。选择【三维视图】命令的方法是：显示菜单栏，选择【视图】|【三维视图】命令，在弹出的子菜单中选择相应的三维视图命令，如图 10-1 所示。

（2）设置视点

要从各个方向观察图形需要不断变化视点，调用【视图】命令的方法如下。

- 显示菜单栏，选择【视图】|【三维视图】|【视点】命令。
- 在命令行中执行-VPOINT 命令。

执行第一种命令后，绘图区中会显示一个坐标球和三轴架，如图 10-2 所示，用户只需移动坐标球中的十字标记即可随意设置视图的方向。坐标球是一个展开的球体，中心点是北极(0,0,n)，内环是赤道（n,n,0），整个外环是南极（0,0,-n）。

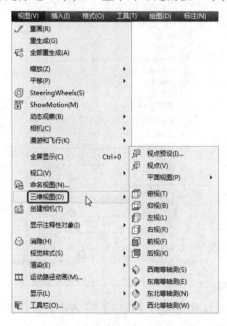

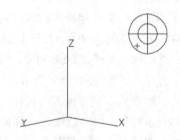

图 10-1　【视图】下拉菜单　　　　图 10-2　显示坐标球和三轴架

坐标球中的小十字标记表示视点的方向，当用户移动小十字标记时，三轴架随之改变。各种情况介绍如下。

- 当十字标记定位在坐标球的中心，视线和 XY 平面垂直，此时为平面视图。
- 当十字标记定位在内圆中，视线和 XY 平面的夹角在 0～90°范围。
- 当十字标记定位在内圆上，视线与 XY 平面成 0°，这便是正视图。
- 当十字标记定位在内圆与外圆之间，视线就和 XY 平面的角度在 0～-90°范围。
- 当十字架标记在外圆上或外圆外，视线与 XY 平面的角度为-90°。

在命令行中执行-VPOINT 命令，具体操作过程如下。

```
命令:-VPOINT                                    (执行 VPOINT 命令)
当前视图方向: VIEWDIR=0.0000,0.0000,1.0000       (系统当前提示)
指定视点或 [旋转(R)] <显示指南针和三轴架>:        (指定视点)
正在重生成模型                                   (系统当前提示)
```

在执行命令的过程中，命令行各选项的含义如下。

- 指定视点：在绘图区中选择任意一点都可作为视点。在确定视点位置后，AutoCAD 将该点与坐标原点的连线方向作为观察方向，并显示该方向上物体的投影。
- 显示指南针和三轴架：根据显示出的指南针和三轴架确定视点。移动鼠标使小十字光标在坐标球范围内移动，与此同时，三轴架的 X、Y 轴将围绕 Z 轴旋转。
- 旋转：按指定角度旋转视点方向。选择该选项后，命令提示行出现【输入 XY 平面中与 X 轴的夹角<270>：】的提示信息，完成视点方向在 XY 平面的投影和 X 轴正方向夹角的输入后，系统会继续出现【输入与 XY 平面的夹角<90>：】的提示信息，输入视点方向与其在 XY 平面上投影的夹角即可。

2．应用视觉样式

绘制了三维图形后，可以为其设置视觉样式，以便更好地观察三维图形。AutoCAD 2017 提供了二维线框、三维线框、三维隐藏、真实和概念等多种视觉样式，便于观察图形。

调用应用视觉样式命令的方法是：显示菜单栏，选择【视图】|【视觉样式】命令，在弹出的子菜单中选择需要的视觉样式命令，如图 10-3 所示。

其中各视觉样式的功能如下。

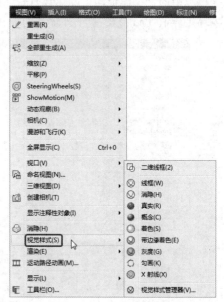

图 10-3　应用视觉样式

- 【二维线框】视觉样式：该样式显示用直线和曲线表示边界的对象。光栅和 OLE 对象、线型和线宽都是可见的，如图 10-4（a）所示。
- 【三维线框】视觉样式：该样式显示用直线和曲线表示边界的对象，这时 UCS 为一个着色的三维图标。光栅和 OLE 对象、线型和线宽都为不可见，如图 10-4（b）所示。
- 【三维隐藏】视觉样式：该样式显示用三维线框表示对象，同时隐藏表示后面的线。该视觉样式与选择【视图】|【消隐】命令后的效果相似，该命令可以用于三维图形的静态观察，如图 10-4（c）所示。
- 【真实】视觉样式：该样式显示着色后的多边形平面间的对象并使对象的边平滑化。若对三维实体设置了材质效果，在该视觉样式中，同时还可显示已经附着到对象上的材质效果，如图 10-4（d）所示。
- 【概念】视觉样式：该样式显示着色后的多边形平面间的对象并使对象的边平滑化。该视觉样式缺乏真实感，但用户可以很方便地在该视觉样式中查看模型的细节，如图 10-4（e）所示。
- 【X 射线】视觉样式：该样式与利用 X 光线透视物体类似，能看到里面的线条，但是有一种朦胧的感觉，如图 10-4（f）所示。

此外，AutoCAD 2017 视觉样式还包括勾画、着色、带边着色等，它们与之前介绍的几种视觉样式的作用相同，都是方便设计者观察图形，这里对剩余的几种样式不再做过多的介绍。

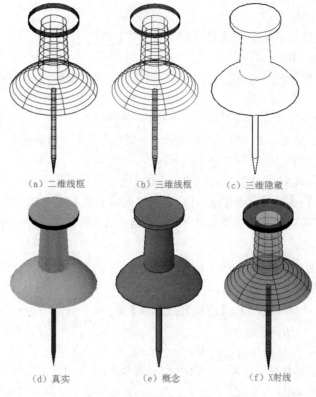

（a）二维线框 　　　（b）三维线框 　　　（c）三维隐藏

（d）真实 　　　（e）概念 　　　（f）X射线

图 10-4 各视觉样式

10.2 创建三维图形

三维实体与二维对象的区别在于其内部是实心的，它表示整个对象的体积。它更真实地反映出实体对象的所有信息，而且更直观。AutoCAD 2017 中提供了长方体、楔体、圆柱体及圆环体等，在 AutoCAD 中，除了可以直接使用系统提供的命令创建多段体、长方体、球体等基本实体外，还可通过拉伸、旋转、扫掠二维对象等命令来生成较复杂的三维图形对象。

10.2.1 创建简单三维图形

AutoCAD 2017 提供了一些简单的三维图形的创建，如长方体、圆柱体、圆环体等，这些实体的创建都是通过软件提供的图形命令完成的，相对较为简单。

1．绘制长方体

长方体是基本的实体模型之一，使用 BOX 命令可以绘制长方体或立方体。生成长方体的方法有多种，如可以分别指定长方体底面两个对角点，然后指定高度；也可以分别指定长方体中心点和底面的一个对角点，然后指定高度；还可以分别指定长、宽、高来绘制。图 10-5 所示为长方体【灰度】样式和【隐藏】样式效果图。

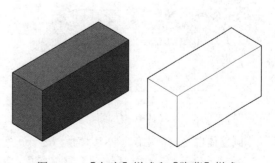

图 10-5 【灰度】样式和【隐藏】样式

绘制长方体的方法如下。

- 显示菜单栏，选择【绘图】|【建模】|【长方体】命令。
- 在命令行中执行 BOX 命令。

切换视图为西南等轴测（本节的知识都将在该视图下进行讲解），执行上述命令后，具体操作过程如下。

Step 01 执行 BOX 命令，指定要绘制的长方体的第一个角点。

Step 02 在绘图区中呈对角向上或向下拖动鼠标并单击指定长方体的高度。

在执行命令的过程中，各选项的含义如下。

- 中心点：使用指定中心点的方式创建长方体。
- 立方体：选择该选项后将创建正方体，即长、宽、高同等大小的长方体。
- 长度：选择该选项，系统将提示用户分别指定长方体的长度、宽度和高度值。

2．绘制球体

使用 SPHERE 命令可以绘制球体。执行 SPHERE 命令后，只需指定球体球心坐标和球体半径或直径即可。绘制球体的方法如下。

- 显示菜单栏，选择【绘图】|【建模】|【球体】命令。
- 在命令行执行 SPHERE 命令。

执行上述命令后，具体操作过程如下。

Step 01 执行 ISOLINES 命令，输入 ISOLINES 的新值为 16。

Step 02 执行 SPHERE 命令，指定球体的中心点，指定球体的半径并完成绘制，这里输入 200，并按空格键，效果如图 10-6 所示。

这里采用的视觉样式分别为【线框】和【概念】。

提 示

一般在使用线框模式时要注意 ISOLINES 值，ISOLINES 值合理与否也决定了线框图形的显示质量，通常默认值为 4。图 10-7 中的值已经被改为 16，这样显示出来从感观上更像球体。

3．绘制圆柱体

使用 CYLINDER 命令可以绘制圆柱体。执行 CYLINDER 命令后，需要指定圆柱体底面的中心点、底面半径及其高度。此外，使用该命令还可以绘制椭圆柱体。图 10-7 所示为圆柱和椭圆柱示意图。

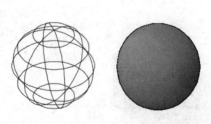

图 10-6　球体

图 10-7　圆柱和椭圆柱

圆柱体也是较常用的基本实体模型之一，绘制圆柱体的方法如下。

- 显示菜单栏，选择【绘图】|【建模】|【圆柱体】命令。
- 在命令行中执行 CYLINDER 命令。

执行上述命令后，具体操作过程如下。

Step 01 执行 ISOLINES 命令，输入 ISOLINES 的新值为 10。

Step 02 执行 CYLINDER 命令，指定底面中心点，这里在绘图区内任意拾取一点，指定高度，此处输入高度值 200，并按空格键，效果如图 10-8 所示。

在执行命令的过程中，各选项的含义如下。

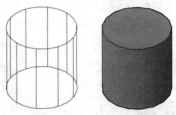

图 10-8　绘制圆柱体

- 椭圆：绘制椭圆形圆柱体。选择该选项后，命令行中提示【指定第一个轴的端点或 [中心点（C）]:】，在该提示下需要指定圆柱体底面椭圆的轴端点、第二个轴端点和椭圆柱的高度等参数。

- 轴端点：选择该选项将以指定圆柱底面圆的轴端点方式绘制圆柱体，而不是以指定高度的方式绘制圆柱体。

4. 绘制圆环

圆环体命令主要用于创建实心圆环体，绘制圆环体的方法如下。

- 显示菜单栏，选择【绘图】|【建模】|【圆环体】命令。
- 在命令行中执行 TORUS 或 TOR 命令。

执行上述命令后，具体操作过程如下。

Step 01 执行 TORUS 命令，指定圆环体的中心点，指定圆环半径，这里输入 120 并按空格键。

Step 02 指定圆管半径并完成绘制，这里输入 40 并按空格键，效果如图 10-9 所示。

图 10-9　绘制圆环

在执行命令的过程中，部分选项的含义如下。

- 指定半径或【直径(D)】：是指从圆环中心到圆环最外侧的距离。
- 指定圆管半径或【亮点(2P)/直径(D)】：圆管半径是指从圆管的中心到其最外侧的距离。

5. 绘制三维多段体

使用 POLYSOLID 命令绘制多段体的方法与绘制多段线相同。默认情况下，多段体始终具有矩形截面轮廓。使用该命令还可以通过现有的直线、二维多段线、圆弧或圆创建多段体。三维多段体是作为单个对象创建的直线段相互连接而成的序列。三维多段体可以不共面，但是不能包括弧线段。绘制三维多段体的方法如下。

- 显示菜单栏，选择【绘图】|【建模】|【三维多段体】命令。
- 在命令行中执行 POLYSOLID 命令。

执行上述命令后，具体操作过程如下。

Step 01 执行 POLYSOLID 命令，选择起点，选择下一点，在命令行中输入 A，指定圆弧的端点，在命令行输入 L 命令，指定直线的长度。

Step 02 在命令行中输入 A 命令及 C 命令，将多段线闭合。

绘制的多段体效果如图 10-10 所示。

图 10-10　绘制三维多段体

6. 绘制圆锥体

使用 CONE 命令可以绘制圆锥体。执行 CONE 命令后，需要指定圆锥体底面的中心点、底面半径及其高度。同样，使用该命令还可以绘制椭圆锥体。

还可以利用夹点功能改变圆锥体的各项参数，例如，选中圆锥体中的一点，沿某一方向拖动，改变圆锥体顶半径，使其值从零增大到任意值。

绘制圆锥体的方法如下。

- 显示菜单栏，选择【绘图】|【建模】|【圆锥体】命令。
- 在命令行中执行 CONE 命令。

执行上述命令后，具体操作过程如下。

Step 01 执行 CONE 命令，在绘图区内任意拾取一点，输入底面半径值，这里输入 200，并按空格键。

Step 02 输入高度值，这里输入 400，并按空格键，即可绘制圆锥体，图 10-11（a）是圆锥体，图 10-11（b）是椭圆椎体。

7. 绘制楔体

使用 WEDGE 命令可以绘制楔体。由于楔体是长方体沿对角线切成两半后的结果，因此，可以使用与绘制长方体同样的方法来绘制楔体。图 10-12 所示为楔体图。

　　　（a）　　　　　　　　（b）

图 10-11　　绘制椭圆锥　　　　　　　　　　　　图 10-12　　绘制楔体

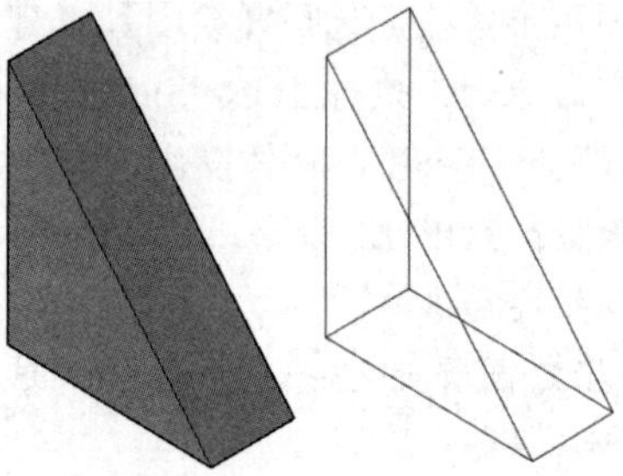

8. 绘制棱锥体

绘制棱锥体的方法如下。

- 显示菜单栏，选择【绘图】|【建模】|【棱锥体】命令。
- 在命令行中执行 PYRAMID 或 PYR 命令。

执行上述命令后，具体操作过程如下。

Step 01 执行 PYRAMID 命令，系统提示当前棱锥体的参数设置，指定底面中心点，在绘图区任意位置处单击，指定底面半径，这里输入 100，并按空格键。

Step 02 指定棱锥体的高度，这里输入 300，并按空格键，如图 10-13 所示。

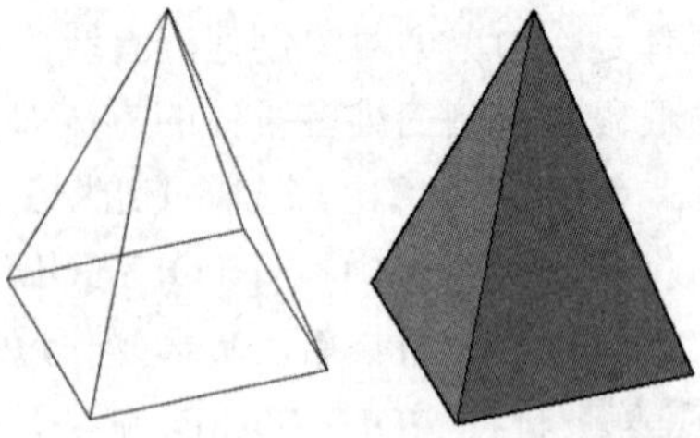

在执行命令的过程中，各选项的含义如下。

图 10-13　　绘制棱锥体

- 边：选择该选项后，可以通过拾取两点的方式来指定棱锥体底面边的长度。
- 侧面：用于指定棱锥体的侧面数，默认为 4，可以输入 3～32 之间的整数。
- 内接：以指定中心点方式绘制时，默认为通过指定底面多边形外接圆的方式确认大小。如果选择该选项，则可以指定棱锥体底面内接于棱锥面的底面半径。且选择该选项后，以后绘制时默认为内接，要更改需选择【外切】选项。
- 顶面半径：选择该选项后，将创建没有顶点的棱锥台。

AutoCAD 2017 提供的上述三维实体命令可以供设计者直接创建一些简单的实体，这对三维设计非常方便。

10.2.2　由二维图形生成三维图形

在 AutoCAD 2017 中，可以将部分平面图形通过特定的操作变为三维实体模型。这些特定操作包括旋转、拉伸、扫掠及放样等。

1．通过旋转创建实体

使用【旋转】命令（REVOLVE），可以将平面图形绕某一轴旋转生成实体或曲面。用于旋转的二维对象可以是封闭多段线、多边形、圆、椭圆、封闭样条曲线、圆环，以及由多个对象组成的封闭区域，并且一次可以旋转多个对象。但是，三维对象、包含在块中的对象、有交叉或自干涉的多段线不能被旋转。

在 AutoCAD 2017 中，也可使用旋转命令通过绕指定的轴旋转将对象旋转生成三维实体。调用【旋转】命令的方法有如下几种。

- 显示菜单栏，选择【绘图】|【建模】|【旋转】命令。
- 在命令行中执行 REVOLVE 或 REV 命令。
- 默认状况下，可以通过指定两个端点来确定旋转轴。
- 对象(O)：绕指定的对象旋转。此时只能选择用【直线】命令绘制的直线或用【多段线】命令绘制的多段线。选择多段线时，如果拾取的多段线是线段，对象将绕该线段旋转；如果选择的是圆弧段，则以该圆弧两端点的连线作为旋转轴旋转。

- X 轴（X）/Y 轴（Y）选项：绕 X、Y 轴旋转。图 10-14 所示为旋转生成的实体效果。

图 10-14　通过旋转创建实体

2．通过拉伸创建实体

使用拉伸命令可将已绘制的二维平面图形拉伸为三维实体。其绝对高度为所绘图形在当前 UCS 坐标系 Z 轴方向上最底端与当前绘图平面的垂直距离，其拉伸厚度为所绘图形在当前 UCS 坐标系 Z 轴方向上的高度。

拉伸命令主要用于将二维封闭图形沿指定的路径拉伸为复杂的三维实体。可以拉伸闭合的对象，如多段线、多边形、矩形、圆、椭圆、闭合的样条曲线、圆环、面域，不能拉伸三维对象、包含在块中的对象、有交叉或横断部分的多段线、非闭合多段线。可沿路径或指定高度值和斜角拉伸对象。

使用【拉伸】命令可以从对象的公共轮廓创建实体，如齿轮或链轮。如果对象包含圆角、倒角和其他不用轮廓很难重新制作的细部图，那么拉伸尤其有用。如果使用直线或圆弧创建轮廓，请使用 PEDIT 的【合并】选项将它们转换为单个多段线对象，或者在使用【拉伸】命令之前将其转变为面域。

对于侧面成一定角度的零件来说，倾斜拉伸特别有用，如铸造车间用来制造金属产品的铸模。请避免使用过大的倾斜角度，因为这样轮廓可能在达到所指定高度以前就倾斜为一个点。图 10-15 所示为同一个二维图形对象及拉伸高度不同拉伸倾角的拉伸情况。

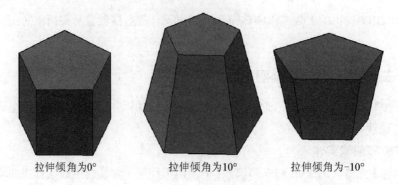

拉伸倾角为0°　　　　　　拉伸倾角为10°　　　　　　拉伸倾角为-10°

图 10-15　通过拉伸创建实体

调用【拉伸】命令的方法如下。

- 显示菜单栏，选择【绘图】|【建模】|【拉伸】命令。
- 在命令行中执行 EXTRUDE 命令。

3. 通过扫掠创建实体

扫掠的方法可以将闭合的二维对象沿指定的路径创建三维实体。调用【扫掠】命令的方法如下。

- 显示菜单栏，选择【绘图】|【建模】|【扫掠】命令。
- 在命令行中执行 SWEEP 命令。

4. 通过放样创建实体

放样命令可以通过指定一系列横截面来创建新的实体或曲面。横截面可以是开放的，也可以是闭合的，通常为曲线或直线。

【放样】命令（LOFT）就是通过对包含两条或两条以上横截面曲线的一组曲线进行放样来创建三维实体或曲面。简单地说，就是将一组截面进行平滑过渡。

如果放样的截面都是开放的，那么将创建曲面；如果放样的对象都是闭合的，那么将创建实体。

调用【放样】命令的方法如下。

- 显示菜单栏，选择【绘图】|【建模】|【放样】命令。
- 在命令行中执行 LOFT 命令。

可以通过以下 3 种方式放样生成实体。

- 放样横截面：显示【放样设置】对话框，设置横截面上的曲面控制方法。执行完放样命令后，图形上方会出现 ◌▽，这时单击后面的下三角符号，系统弹出图 10-16 所示的下拉列表框，用户可以在其中选择放样的形式。图 10-17 所示为用这种方式放样生成的效果图。

　　　　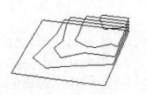　

图 10-16　下拉列表框　　　　　　　　　图 10-17　放样效果图

- 通过导向曲线放样：利用导向曲线可以控制放样效果，导向曲线是直线或曲线，可通过将其他线框信息添加至对象来进一步定义实体或曲面的形状。
- 通过指定路径放样：按照路径对截面进行放样控制。

10.2.3 实例——运用旋转工具创建对象

下面针对这种三维模型的创建方法安排一个实例练习，具体操作过程如下。

Step 01 切换至【三维建模】工作空间，在命令行中输入【POL】命令，将侧面数设置为 5，指定正多边形的中心点，然后在命令行中输入 I 命令，将【圆】的【半径】设置为 600，使用【直线】工具，绘制长度为 100 的直线，效果如图 10-18 所示。

Step 02 在命令行中输入【REVOLVE】命令，选择绘制的多边形作为要旋转的对象，按两次【Enter】键进行确认，选择直线，在命令行中输入 360，设置旋转角度，效果如图 10-19 所示。

Step 03 将【视图控件】设置为【东北等轴侧】，将【视觉样式控件】设置为【概念】，效果如图 10-20 所示。

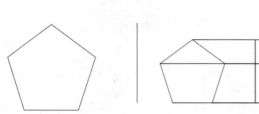

图 10-18 绘制多边形和直线   图 10-19 旋转对象   图 10-20 最终效果

在执行命令的过程中，命令行中各选项的含义如下。

- 对象：选择现有的对象作为旋转对象时的参照轴，轴的正方向从该对象的最近端点指向最远端点，可以是直线、线性多段线、实体或曲面的线性边。
- X/Y/Z：使用当前 UCS 的正向 X、Y 或 Z 轴作为旋转参照轴的正方向。
- 起点角度：指定从旋转对象所在平面开始的旋转偏移。

旋转对象可以是封闭多段线、多边形、圆、椭圆、封闭样条曲线、圆环及封闭区域。三维对象、包含在块中的对象、有交叉或自干涉的多段线不能被旋转。

10.2.4 实例——拉伸对象

下面通过一个实例来介绍拉伸操作。通过拉伸创建实体的操作过程如下。

Step 01 在【前视】视图中选择【绘图】选项组中的【正多边形】工具，然后在绘图区内绘制一个半径为 60 的正五边形，如图 10-21 所示。

Step 02 在菜单栏中选择【视图】|【三维视图】|【右视】命令，如图 10-22 所示。绘制一条直线，如图 10-23 所示。

Step 03 将视图切换至【前视图】，并调整直线的位置，如图 10-24 所示。

Step 04 在【建模】选项卡中选择【拉伸】工具，根据命令行提示选择正五边形，按【Enter】键，输入 p，选择绘制的直线作为路径，将【视图】设置为【后视图】，将【视觉样式】设置为【概念】，完成的拉伸图形如图 10-25 所示。

图 10-21　绘制正五边形

图 10-22　切换至右视视图

图 10-23　绘制直线

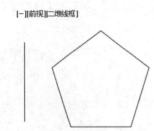

图 10-24　切换视图并调整直线的位置

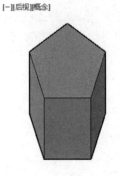

图 10-25　拉伸图形

在执行命令的过程中，命令行中各选项的含义如下。

- 方向：默认情况下，对象可以沿 Z 轴方向拉伸，拉伸的高度可以为正值或负值，它们表示拉伸的方向。
- 路径：通过指定拉伸路径将对象拉伸为三维实体，拉伸的路径可以是开放的，也可以是封闭的。图 10-26 所示为沿路径拉伸效果。

(a)拉伸对象和拉伸路径　　　(b)拉伸效果

图 10-26　路径拉伸效果

- 倾斜角：通过指定的角度拉伸对象，拉伸的角度可以为正值或负值，其绝对值不大于 90°。默认情况下，倾斜角为 0°，表示创建的实体侧面垂直于 XY 平面并且没有锥度。若倾斜角度为正，将产生内锥度，创建的侧面向里靠；若倾斜角度为负，将产生外锥度，创建的侧面则向外靠。

10.2.5　实例——运用扫掠工具创建对象

通过扫掠创建实体的具体操作过程如下。

下面介绍创建扫掠图形的操作过程。

Step 01 切换至【俯视】视图，在菜单栏中输入 SPL 命令，参照如图 10-27 所示的图形在绘图页中绘制样条曲线。

Step 02 使用【圆】工具，绘制一个半径为 45 的圆形，如图 10-28 所示。

Step 03 在【建模】选项卡中选择【扫掠】工具，根据命令行提示选择圆形对象作为扫掠对象，选择样条曲线作为扫掠路径，如图 10-29 所示。

Step 04 将【视觉样式】设置为【概念】，将扫掠后的对象重新生成，切换至概念查看效果，如图 10-30 所示。

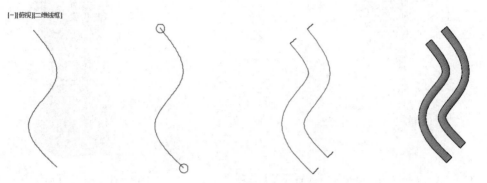

图 10-27　绘制样条曲线　　图 10-28　绘制圆　　　图 10-29　对圆进行扫掠　　图 10-30　完成后的效果

在执行命令的过程中，命令行中各选项的含义如下。

- 对齐：指定是否对齐轮廓以使其作为扫掠路径切向的方向，默认情况下为对齐。
- 基点：指定要扫掠对象的基点。如果指定的点不在选定对象所在的平面上，则该点将被投影到该平面上，将投影点作为基点。
- 比例：指定比例因子进行扫掠操作。从扫掠路径开始到结束，比例因子将统一应用到扫掠的对象。
- 扭曲：设置被扫掠对象的扭曲角度，即扫掠对象沿指定路径扫掠时的旋转量。如果被扫掠的对象为圆，则无须设置扭曲角度。

扫掠命令用于绘制网格面或三维实体。如果要扫掠的对象不是封闭的图形，那么使用扫掠命令后得到的是网格面，否则得到的是三维实体。

10.2.6　实例——运用放样工具创建对象

通过放样创建实体的具体操作过程如下。

Step 01 打开配套资源中的素材\第 10 章\【放样.dwg】图形文件，如图 10-31 所示。

Step 02 在命令行中执行 LOFT 命令，选择最上方的五边形，选择中间的圆，选择最下方的五边形，按空格键结束对象的选择，如图 10-32 所示，弹出快捷菜单，单击下三角符号选择【与起点和端点截面垂直】选项，如图 10-33 所示。

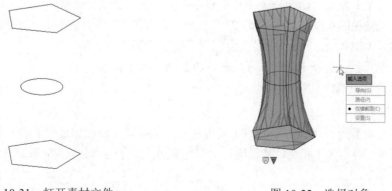

图 10-31　打开素材文件　　　　　　　图 10-32　选择对象

Step 03 右击选择【确认】命令，放样后的效果如图 10-34 所示。

图 10-33　选择【与起点和端点截面垂直】选项　　　　图 10-34　放样后的效果

在执行命令的过程中，命令行中各选项的含义如下。

- 导向：指定控制放样实体或曲面形状的导向曲线（呈直线或曲线），可以通过将其他线框信息添加至对象来进一步定义实体或曲面的形状，或者使用导向曲线来控制点如何匹配相应的横截面，以防止出现不希望看到的效果。
- 路径：指定放样实体或曲面的单一路径。
- 仅横截面：弹出【放样设置】对话框。

10.3　编辑三维模型

与二维图形的绘制过程类似，对三维图形创建完成之后，很多图形继续编辑修改才能达到最终效果。本节将对三维图形编辑的相关内容进行讲解，这些编辑命令包括：三维图形的对齐、移动、镜像，三维图形的布尔运算，以及三维实体编辑和面编辑等。

10.3.1　布尔运算

在 AutoCAD 2017 中，可以对三维基本实体进行并集、差集、交集 3 种布尔运算，用来创建复杂实体。布尔运算对三维实体模型进行编辑计算，速度非常快，从而创建出复杂多变的形体。布尔运算包括并集、交集及差集运算，下面分别进行讲解。

1．并集运算

使用【并集】命令（UNION）可以通过组合多个实体生成一个新实体。该命令主要用于将多个相交或相接触的对象组合在一起。当组合一些不相交的实体时，其显示效果看起来还是多个实体，但实际上却被当作一个对象。调用【并集】命令的方法如下。

- 显示菜单栏，选择【修改】|【实体编辑】|【并集】命令。
- 在命令行中执行 UNION 命令。

2．交集运算

使用【交集】命令（INTERSECT）可以创建一个实体，该实体是两个或多个实体的公共部分。如果所选实体对象不相交，那么进行交集运算后，所选实体对象同时被删除。调用【交集】命令的方法如下。

- 显示菜单栏，选择【修改】|【实体编辑】|【交集】命令。

● 在命令行中执行 INTERSECT 或 IN 命令。

3．差集运算

差集运算可以通过从一个或多个实体中减去一个或多个实体而生成一个新的实体。如果两个实体对象不相交，那么将删除被减去的实体对象。调用【差集】命令的方法如下。

● 显示菜单栏，选择【修改】|【实体编辑】|【差集】命令。

● 在命令行中执行 SUBTRACT 命令。

10.3.2　实例——并集运算对象

对图形对象进行并集运算的具体操作过程如下。

Step 01 打开配套资源中的素材\第 10 章\【并集.dwg】图形文件，如图 10-35 所示。

Step 02 在命令行中执行 UNION 命令，选择绘图区中的所有对象，按空格键进行确认，并集运算后的效果如图 10-36 所示。

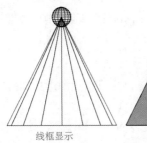

线框显示　　　　　概念显示　　　　　　　线框显示　　　　　概念显示

图 10-35　打开素材文件　　　　　　　　图 10-36　并集运算

10.3.3　实例——交集运算对象

求交集的具体操作如下。

Step 01 打开配套资源中的素材\第 10 章\【交集.dwg】图形文件，如图 10-37 所示。

Step 02 在命令行中执行 INTERSECT 命令，选择所有对象，按空格键结束对象的选择，交集运算后的效果如图 10-38 所示。

图 10-37　打开素材文件　　　　　　　　图 10-38　交集运算后的效果

10.3.4　实例——差集运算对象

求差集的具体操作如下。

Step 01 打开配套资源中的素材\第 10 章\【差集.dwg】图形文件，如图 10-39 所示。

Step 02 在命令行中执行 SUBTRACT 命令，选择如图 10-40 所示的图形对象，按空格键结束对象的选择；选择球体，按空格键结束对象的选择，差集运算后的效果如图 10-41 所示。

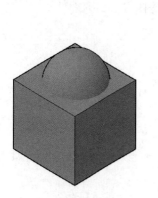
图 10-39　打开素材文件

图 10-40　选择图形对象

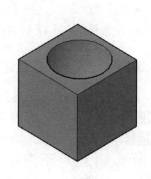
图 10-41　差集运算的效果

10.3.5　圆角和倒角

与二维图形类似，可以对三维图形进行倒圆角和倒斜角操作，通过倒角可以使图形更加圆顺，达到真实效果。

使用【修改】|【圆角】菜单（或执行 FILLET 命令），可以为实体的棱边修圆角，使相邻面之间通过生成的曲面圆滑过渡。图 10-42 所示为创建圆角的效果图。

使用【修改】|【倒角】菜单（或执行 CHAMFER 命令），可以为实体的棱边修倒角，该命令可应用于实体上的任何边，以在两相邻面之间生成一个平坦的过渡面。图 10-43 所示为倒斜角示意图。

图 10-42　圆角效果图　　　　　　　　图 10-43　倒斜角示意图

10.3.6　三维阵列

该命令的使用方法与前面介绍的阵列命令基本相同，只是增加了一些参数而已。例如，创建环形阵列时应指定旋转轴，而不仅仅是旋转中心；创建矩形阵列时，除了设置行、列间距和数量外，还应设置层间距和数量。

三维阵列包括矩形阵列和环形阵列两种，与阵列二维图形对象的方法类似。调用【三维阵列】命令的方法如下。

- 显示菜单栏，选择【修改】|【三维操作】|【三维阵列】命令。
- 在命令行中执行 3DARRAY 命令。

10.3.7　实例——三维矩形阵列球体

三维矩形阵列需要指定列数、行数及层数等参数，具体操作步骤如下。

Step 01 选择【绘图】|【建模】|【球体】命令，在场景中绘制一个半径为 100 的球体，如图 10-44 所示。

Step 02 在命令行输入 3DARRAY 命令，选择绘图区中的对象，按空格键确认对象的选择。按空格键，保持默认选择。输入要阵列的行数和列数都为 4，并分别按空格键。将层数设置为 2，按【Enter】键进行确认。输入行间距、列间距和层间距都为 2000，并分别按空格键。矩形阵列后的效果如图 10-45 所示。

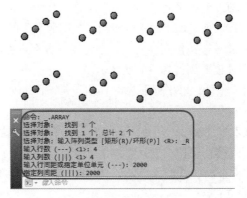

图 10-44　绘制球体　　　　　　　　　　图 10-45　阵列对象

10.3.8　三维镜像

三维镜像命令可以将三维对象以指定的平面进行镜像复制。调用【三维镜像】命令的方法如下。

- 显示菜单栏，选择【修改】|【三维操作】|【三维镜像】命令。
- 在命令行中执行 3DMIRROR 命令。

10.3.9　实例——运用三维镜像工具镜像对象

三维镜像的具体操作步骤如下。

Step 01 打开配套资源中的素材\第 10 章\【三维镜像.dwg】图形文件，效果如图 10-46 所示。

Step 02 在命令行输入 3DMIRROR 命令，选择绘图区中的对象，按空格键确认对象的选择，选择图 10-47 上的 3 个点，三点成一面，按空格键完成镜像操作，效果如图 10-48 所示。

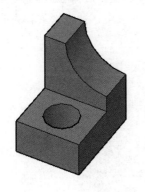

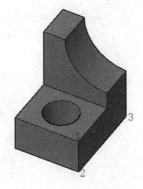

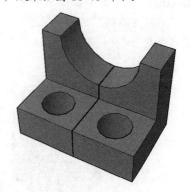

图 10-46　打开素材文件　　　图 10-47　指定镜像点　　　图 10-48　镜像对象

在执行命令的过程中，命令行中各选项的含义如下。

- 对象：选择已有的圆、弧或二维多段线等对象所在的平面作为镜像平面。
- 最近的：将最后一次使用过的镜像平面定义为当前镜像平面。
- Z轴：镜像平面过指定点且与这点和另一点的连线垂直。
- 视图：使镜像平面平行于当前视图所观测的平面，并指定一个点确定镜像平面的位置。使用此选项镜像实体后，在当前视图看不到镜像后的实体（因为二者重合），要打开其他视图才能看到镜像后的实体。
- XY平面：以平行于XY平面的一个平面作为镜像平面，然后指定一个点来确定镜像平面的位置。
- YZ平面：以平行于YZ平面的一个平面作为镜像平面，然后指定一个点来确定镜像平面的位置。
- ZX平面：以平行于ZX平面的一个平面作为镜像平面，然后指定一个点来确定镜像平面的位置。
- 三点：使用所指定的3个点确定的平面作为镜像平面，这是系统默认的指定镜像平面的方式。

10.3.10 抽壳实体

抽壳实体是指在三维实体对象中创建具有指定厚度的壁。调用【抽壳】命令的方法如下。

- 显示菜单栏，选择【修改】|【实体编辑】|【抽壳】命令。
- 在命令行中执行SOLIDEDIT命令。

10.3.11 实例——抽壳圆柱体

执行上述命令后，具体操作过程如下。

Step 01 使用【圆柱体】工具，在场景中绘制半径为500、高为800的圆柱体，将【视图】更改为【西南等轴测】，将【视觉样式】设置为【概念】，如图10-49所示。

Step 02 在命令行中执行SOLIDEDIT命令，选择B（体）选项，并按空格键。选择S（抽壳）选项，并按空格键。选择绘图区中的实体对象，再选择上表面和下表面并按空格键，输入抽壳的偏移距离300，按两次空格键结束命令，抽壳实体后的效果如图10-50所示。

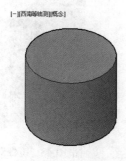

图 10-49 绘制圆柱体

图 10-50 抽壳实体后的效果

10.3.12　分解实体

分解实体与分解二维对象的方法相同，调用该命令的方法如下。

- 在【常用】选项卡的【修改】面板中，单击【分解】按钮。
- 显示菜单栏，选择【修改】|【分解】命令。
- 在命令行中执行 EXPLODE 命令。

图 10-51 所示为实体对象分解前后的效果图。

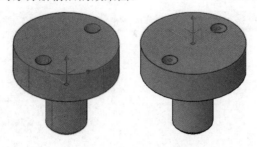

图 10-51　分解实体

10.4　综合应用

下面用实例系统介绍一下 AutoCAD 三维设计的具体方法及几个实例的创建过程。希望通过这几个实例的创建，读者能够独立地设计出比较简单的三维模型。

10.4.1　绘制三角带轮

下面将讲解如何绘制三角带轮，其具体操作步骤如下。

Step 01　使用【多段线】工具，指定多段线的第一点，在命令行中输入（0,10）、（@3,0）、（@7<-60）、（@4,0）、（@7<60）、（@2,0）、（@7<-60）、（@4,0）、（@7<60）、（@2,0）、（@7<60）、（@4,0）、（@7<60）、（@3,0），向下引导鼠标输入 10，在命令行中输入 C 命令，如图 10-52 所示。

Step 02　使用【直线】工具，捕捉多段线的起点，向下引导鼠标，输入 40，向右引导鼠标，输入 43，绘制直线，如图 10-53 所示。

图 10-52　绘制多段线　　　　　　　　　　图 10-53　绘制直线

Step 03　使用【偏移】工具，将绘制的线段向上依次偏移 5、10，如图 10-54 所示。

Step 04　使用【直线】工具，拾取多段线对应的定位点与偏移直线的交点，绘制直线，如图 10-55 所示。

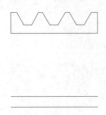

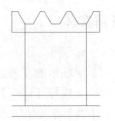

图 10-54　偏移对象　　　　　　　　　　　图 10-55　绘制直线

Step 05 使用【修剪】工具，修剪图形对象，并使用【编辑多段线】命令，合并修剪的线段，如图 10-56 所示。

Step 06 使用【多段线】工具，绘制多段线，如图 10-57 所示。

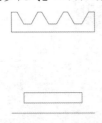

图 10-56　修剪对象　　　　　　　　　　　图 10-57　绘制多段线

Step 07 在命令行中输入 REV 命令，拾取内部轮廓和齿轮轮廓线对象，如图 10-58 所示。

Step 08 以水平直线为旋转轴线，旋转 360°，如图 10-59 所示。

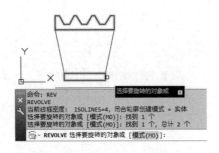

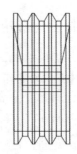

图 10-58　拾取要旋转的对象　　　　　　　图 10-59　旋转处理

Step 09 再次使用【旋转】工具，拾取旋转对象，如图 10-60 所示。

Step 10 以水平直线为旋转轴线，旋转 30°，设置视图为【东南等轴测】，视觉样式为【概念】，如图 10-61 所示。

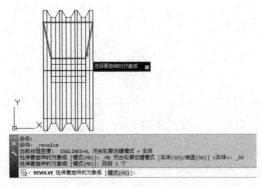

图 10-60　拾取要旋转的对象　　　　　　　图 10-61　旋转后的效果

Step 11 使用【UCS】命令，将坐标系绕 Y 轴旋转 90°，在命令行中输入 3DARR 命令，拾取肋板，以中心线旋转轴，将【项目数】设置为 3，将【填充角度】设置为 360，进行阵列处理，适当地调整视图，观察图形对象，如图 10-62 所示。

图 10-62　阵列处理

10.4.2　轴底座

下面将讲解如何绘制轴底座，其具体操作步骤如下。

Step 01 新建图纸文件，将【视图】设置为【西南等轴测】，使用【长方体】工具，在命令行中输入（0,0），依次输入 L、180、180、15，绘制长方体，如图 10-63 所示。

Step 02 使用【圆柱体】命令，以（20,20,0）为中心点，绘制半径为 5、高度为 15 的圆柱体，如图 10-64 所示。

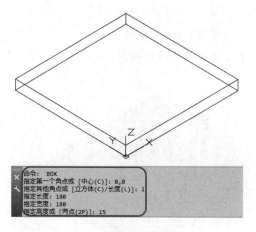

图 10-63　绘制长方体

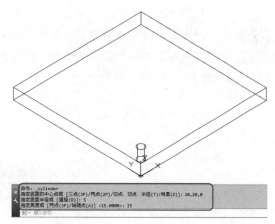

图 10-64　绘制圆柱体

Step 03 在命令行中输入 3DARRAY 命令，拾取圆柱体，依次输入 R、2、2，按【Enter】键，依次输入 140、140，进行阵列处理，如图 10-65 所示。

Step 04 切换至【俯视】，使用【直线】工具，绘制直线，如图 10-66 所示。

Step 05 将【视图】更改为【西南等轴测】，如图 10-67 所示。

Step 06 使用【圆柱体】工具，以其交点作为中心点，绘制半径为 10、20，高度为 50 的圆柱体，如图 10-68 所示。

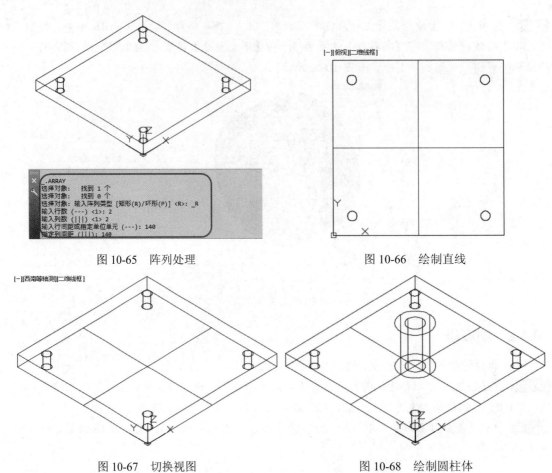

图 10-65　阵列处理　　　　　　　　　　　　　图 10-66　绘制直线

图 10-67　切换视图　　　　　　　　　　　　　图 10-68　绘制圆柱体

Step 07 将【视图】更改为【俯视】，调整圆柱体对象的位置，如图 10-69 所示。

Step 08 使用【删除】工具，删除辅助线，将【视图】更改为【西南等轴测】，将【视觉样式】更改为【概念】，如图 10-70 所示。

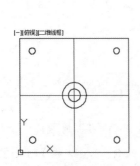

图 10-69　调整对象的位置

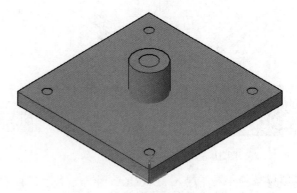

图 10-70　更改视图的显示

Step 09 使用【并集】工具，拾取长方体和半径为 20 的圆柱体，进行并集运算，如图 10-71 所示。

Step 10 使用【差集】工具，选择 Step 09 并集运算的实体，拾取半径为 5、10 的圆柱体，进行差集运算，如图 10-72 所示。

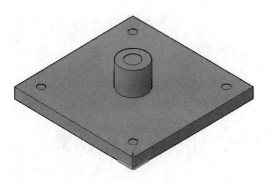

图 10-71　并集运算　　　　　　　　　　图 10-72　差集运算

Step 11 将【视觉样式】更改为【二维线框】，在命令行中输入 FILLETEDGE 命令，选择底座的 4 个角，在命令行中输入 R，将【圆角半径】设置为 20，对底座的 4 个角进行圆角处理，如图 10-73 所示。

Step 12 将【视觉样式】更改为【概念】，使用【长方体】工具，绘制（100,10,50）的长方体，如图 10-74 所示。

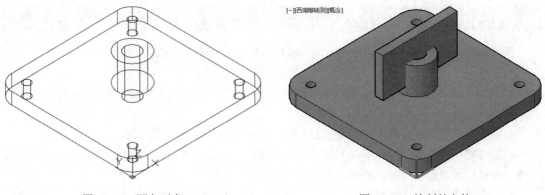

图 10-73　圆角对象　　　　　　　　　　图 10-74　绘制长方体

Step 13 使用【差集】工具，选择底座，拾取 Step 12 绘制的长方体，进行差集运算，如图 10-75 所示。

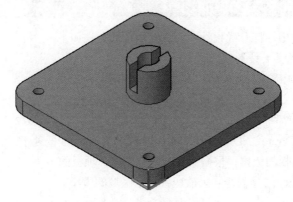

图 10-75　差集运算

增值服务：扫码做测试题，并可观看讲解测试题的微课程。

第 11 章
设计中心和 CAD 标准

AutoCAD 设计中心（Design Center）的作用像 Windows 操作系统中的资源管理器，用于在多文档和多人协同设计环境下管理众多的图形资源。这些图形资源包括：AutoCAD 文件、构成 AutoCAD 图形文件的图层、文字样式、线型样式、标注样式、图块、外部参照、光栅图像等。通过设计中心，既可以管理本地机上的图形资源，又可以管理局域网或 Internet 上的图形资源。

11.1 AutoCAD 设计中心的功能

在 AutoCAD 2017 中，可以使用 AutoCAD 设计中心完成如下操作。
- 定位、观察和打开指定的图形资源。
- 根据不同的查询条件在本地计算机和网络上查找图形文件，找到后可以将它们直接加载到绘图区或设计中心。
- 浏览不同的图形文件，包括当前打开的图形和 Web 站点上的图形库。
- 能够将图块、外部参照等内容插入到当前文件中，也能够将其他文件的图层、文本样式、尺寸样式等迅速复制到当前文件中。

通过控制显示方式来控制设计中心控制板的显示效果，还可以在控制板中显示与图形文件相关的描述信息和预览图像。

11.2 启动 AutoCAD 设计中心

在 AutoCAD 2017 中，打开【设计中心】选项板的方法如下。
- 在菜单栏中选择【工具】|【选项板】|【设计中心】命令。
- 在【视图】选项卡的【选项板】面板中单击【设计中心】按钮▦。
- 在命令行中输入 ADCENTER 命令。

执行以上任意命令都将弹出如图 11-1 所示的【设计中心】选项板。

默认情况下，启动 AutoCAD 设计中心后，【设计中心】选项板处于浮动状态，并且可以通过拖动【设计中心】选项板的边框，根据指针方向来调整选项板的大小；也可以通过调整【设计中心】选项板中各区域之间的分隔线，来改变各显示区域的大小。

在【设计中心】选项板中，用户可以使用【选项卡】和【工具栏】来选择和观察设计中心的图形。

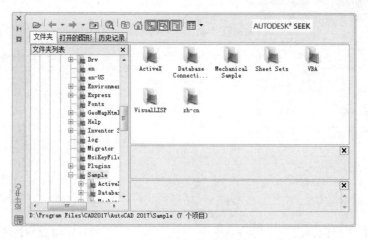

图 11-1 【设计中心】选项板

1．使用选项卡

在【设计中心】选项板中，有以下几种选项卡，各解释如下。

- 文件夹：显示设计中心的资源。
- 打开的图形：用于显示在当前 AutoCAD 环境中打开的所有图形，此时单击某个文件图标，就可以看到该图形的有关设置，如图层、线型、文字样式、块及标注样式等，如图 11-2 所示。
- 历史记录：用于显示用户最近访问过的文件，包括这些文件的完整路径。

图 11-2 【打开的图形】选项卡

2．使用工具栏

在【设计中心】选项板中，各按钮功能如下。

- 【加载】按钮📂：单击该按钮可以弹出【加载】对话框，如图 11-3 所示。用户利用该对话框可以从 Windows 的桌面、收藏夹中或通过 Internet 加载图形文件。
- 【搜索】按钮🔍：用于快速查找对象。单击该按钮，将弹出【搜索】对话框，如图 11-4 所示。
- 【收藏夹】按钮📖：单击该按钮，可以在【文件夹列表】中显示【Favorites/Autodesk】文件夹（在此称为收藏夹）中的内容，同时在树状视图中显示该文件夹。

图 11-3 【加载】对话框   图 11-4 【搜索】对话框

- 【主页】按钮：单击该按钮，可以快速定位到 Design Center 文件夹中。该文件夹位于【AutoCAD 2017\Sample】目录下。
- 【树状图切换】按钮：单击该按钮，可以显示或隐藏树状视图。
- 【预览】按钮：单击该按钮，可以打开或关闭预览窗口，以确定是否显示预览图像。
- 【说明】按钮：打开或关闭说明窗口，可以确定是否显示说明内容。打开说明窗口后单击控制板中的图形文件，如果该图形文件包含有文字描述信息，则在说明窗口中予以显示。如果图形文件没有文字描述信息，则说明窗口为空。
- 【视图】按钮：用于确定控制板所显示内容的显示格式。

11.3 插入图形

直接插入图形资源是设计中心最实用的功能。可以直接将某个 AutoCAD 图形文件作为外部块或者外部参照插入到当前文件中，也可以直接将某图形文件中已经存在的图层、线型、样式等直接插入到当前文件中。

如果需要插入光栅图像、图层、线型、样式等对象，可以将其直接从设计中心拖放到当前文件的工作区中。

11.3.1 插入块

在将块插入到绘图区时，块的定义说明也被插入到图形中，并被复制到图形库中。在AutoCAD 设计中心，系统提供了两种方法插入块：一种是自动换算比例和旋转插入法，即通过自动缩放比较图形和块使用的单位；另一种是定义坐标、比例和旋转角度插入块法。

1．自动换算比例和旋转插入块

比较图形文件和所插入块的单位比例，并以此比例缩放插入块的尺寸。当插入该块时，AutoCAD 自动按【单位】对话框中的单位值缩放块。

插入块时，首先从【文件夹列表】右侧的列表框中或【搜索】对话框中选择要插入的块，并将其拖到绘图窗口中。当鼠标指针在绘图窗口移动时，所插入的块也随之移动。当移到所插入位置时，释放鼠标，则块就以默认的比例和旋转角度插入到绘图区。

☂ **注　意**

当其他命令处于激活状态时不能向绘图区插入块，并且一次只能插入和引用一个块。当块按自动比例方式插入时，块所标注的尺寸是不准确的。

2．定义坐标、比例和旋转角度插入块

自动比例换算插入块容易造成块内的尺寸发生错误，可以采用定义坐标、比例和旋转角度的方式插入块，这时可在【文件夹列表】右侧的列表框中或【搜索】对话框中选择要插入的块，并在选择的块上右击，在弹出的快捷菜单中选择【插入块】命令，弹出【插入】对话框，如图 11-5 所示。

在【插入】对话框中，分别确定插入点、比例和旋转角度（或在屏幕上通过拾取确定以上参数），然后单击【确定】按钮，即可将选定的块按确定的参数插入到绘图区。在块插入过程中，还可勾选【分解】复选框，将块分解后再插入。

图 11-5　【插入】对话框

11.3.2　引用光栅图像

在当前图形中，可以插入光栅图像，如徽标、卫星、航空或数字照片等。光栅图像类似于外部参照，在引用时需要确定插入的坐标、比例和旋转角度。

要在当前图形中引用光栅图像，可在【文件夹列表】右侧的列表框中选择光栅图像文件图标，并将其拖到 AutoCAD 绘图区，然后输入插入点的坐标、缩放比例和旋转角度，即完成光栅图像的引用。

在选中图像文件的图标时，也可右击，在弹出的快捷菜单中选择【附着图像】命令。

11.3.3　应用外部参照

使用 AutoCAD 设计中心引用外部参照和引用块很相似，外部参照在图形文件中也可作为单一对象，在引用时也需要确定插入点坐标、缩放比例和旋转角度等参数。当外部参照出现在绘图区时，也会同时出现在 AutoCAD 设计中心的外部参照区域。外部参照对图形文件的大小影响不大。

要利用 AutoCAD 设计中心引用外部参照，可从【文件夹列表】右侧的列表框中或【搜索】对话框中选择外部参照，并右击，在弹出的快捷菜单中选择【附着外部参照】命令，弹出【附着外部参照】对话框，如图 11-6 所示。

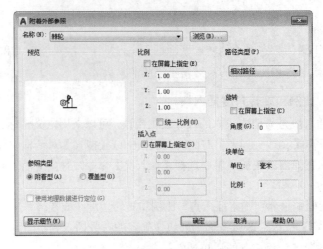

图 11-6　【附着外部参照】对话框

在【附着外部参照】对话框的【参照类型】选项组中，选中【附着型】单选按钮或【覆盖型】单选按钮，然后在【插入点】选项组中输入插入点的坐标值，在【比例】选项组中输入缩放比例，在【旋转】选项组中输入旋转角度（也可在屏幕上直接拾取以上参数值），最后单击【确定】按钮，即完成对外部参照的引用。

11.3.4　在图形之间复制块

在 AutoCAD 设计中心，选择要复制的块并右击，在弹出的快捷菜单中选择【复制】命令，将块复制到剪切板上，然后通过【粘贴】命令粘贴到当前图形中。

11.3.5　在图形中复制图层

在绘图过程中，为管理方便，一般将具有相同特征的对象放在同一个图层。例如，一个图形文件 A 中包含所有标准图层的定义，在建立新的图形文件时，可将 A 图形文件中的图层复制到新图形文件中。这样一方面可节省时间，另一方面也可保持不同图形文件结构的一致性。

利用 AutoCAD 设计中心，用户通过拖放操作可将图层从一个图形复制到另一个图形。在【文件夹列表】右侧的列表框或【搜索】对话框中，选择一个或多个图层并将其拖到打开的图形中，然后释放鼠标即可完成图层的复制。

 提　示

在复制图层之前，应保证复制图层的图形文件当前是打开的，并解决图层的重名问题。

11.4　CAD 标准

在实际工程中，每一个企业或者每一个项目通常都有一套自己的 CAD 制图标准（CAD standard）。这些标准为所有的 AutoCAD 文档规定了统一的图层结构、线型、文本样式、尺寸样式，使得不同工作人员绘制的图形都具有相同的格式，有利于图纸的阅读、交流和更新。为了方便地制定绘图标准，并且使所有图纸都符合标准，AutoCAD 2017 提供了 CAD 标准的配置、检查和转换功能。

11.4.1　CAD 标准的概念

AutoCAD 2017 对图层结构、线型、文本样式、尺寸样式等标准的规定，都保存在扩展名为"*.dws"的标准文件中。在绘图过程中将图形文件与指定的 DWS 标准文件关联，可以检查当前图形的图层结构、线型、文本样式、尺寸样式等是否符合 DWS 文件中规定的标准。如果不符合 DWS 文件规定的标准，可以通过标准转换使图形文件中的非标准样式转换为标准样式。

CAD 标准其实就是为命名对象（如图层和文本样式）定义了一个公共特性集，所有用户在绘制图形时都应严格按照这个约定来创建、修改、应用 AutoCAD 图形。可以依据图形中使用的命名对象来创建 CAD 标准，如图层、文本样式、线型和标注样式等。

在定义了一个标准之后，可以以样板文件的形式存储这个标准，并能够将一个标准文件与多个图形文件相关联，从而检查 CAD 图形文件是否与标准文件一致。

11.4.2　创建 CAD 标准文件

如果要创建 CAD 标准文件，首先要创建一个定义有图层、标注样式、线型和文本样式的文件，然后以样板的形式存储起来。CAD 标准文件的扩展名为".dws"。创建一个具有上述条件的图形文件后，如果要以该文件作为标准文件，可以在菜单栏中选择【文件】|【另存为】命令，打开【图形另存为】对话框。在【文件类型】下拉列表框中选择【AutoCAD 图形标准（*.dws）】选项，然后单击【保存】按钮，这时就会生成一个和当前图形文件同名、扩展名为".dws"的标准文件。

11.4.3　关联标准文件

在使用 CAD 标准文件检查图形文件前，应该将该图形文件与标准文件关联起来。此时，把要检查的图形文件作为当前图形，然后在菜单栏中执行【工具】|【CAD 标准】|【配置】命令，弹出【配置标准】对话框，如图 11-7 所示。

图 11-7　【配置标准】对话框

在【配置标准】对话框中包括【标准】和【插件】两个选项卡。如果当前还没有建立关联，那么【标准】选项卡的【与当前图形关联的标准文件】列表框将是空白的。要选择和当前图形建立关联的标准文件，可单击【添加标准文件】按钮，打开【选择标准文件】对话框，然后选择一个 CAD 标准文件，单击【打开】按钮即可将其添加到【配置标准】对话框中。重复该操作，用户还可以加载更多的 CAD 标准文件。

11.4.4 使用 CAD 标准检查图形

在【配置标准】对话框中，可以单击【检查标准】按钮，或在菜单栏中执行【工具】|【CAD 标准】|【检查】命令，使用 CAD 标准检查图形，此时系统将弹出【检查标准】对话框，如图 11-8 所示。检查出问题后可以单击【修复】按钮，修复出现的问题，也可以单击【下一个】按钮，显示下一个非标准的对象，标准检查完成后系统会显示【检查标准-检查完成】信息提示框，如图 11-9 所示。

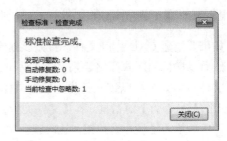

图 11-8　【检查标准】对话框　　　　图 11-9　【检查标准-检查完成】对话框

【检查标准】对话框中各选项功能如下。

- 问题：显示检查的结果，实际上是当前图形中非标准的对象。单击【下一个】按钮后，该列表框将显示下一个非标准的对象。
- 替换为：显示 CAD 标准文件中所有的对象，用户可以从中选择取代在【问题】列表框中出现的有问题的非标准对象，单击【修复】按钮即可进行修复。
- 预览修改：显示将要被改变的非标准对象的特性。单击【修复】按钮后，该列表框将会发生变化。
- 将此问题标记为忽略：勾选该复选框，可以忽略出现的问题。
- 设置：单击该按钮，可弹出【CAD 标准设置】对话框，如图 11-10 所示，可以设置通知方式和检查标准。

图 11-10　【CAD 标准设置】对话框

11.4.5 转换图层

在 AutoCAD 2017 中，使用【图层转换器】可以转换图层，实现图形的标准化和规范化。【图层转换器】能够转换当前图形中的图层，使之与其他图形的图层结构或 CAD 标准文件相匹配。例如，如果打开一个与本单位图层结构不一致的图形时，可以使用【图层转换器】转换图层名称和属性，以符合本单位的图形标准。

在菜单栏中执行【工具】|【CAD 标准】|【图层转换器】命令，弹出【图层转换器】对话框，如图 11-11 所示，该对话框中各选项的含义如下。

- 转换自：显示当前图形中即将被转换的图层结构，可以在列表框中选择，也可以通过【选择过滤器】来选择。

- 转换为：显示可以将当前图形的图层转换成的图层名称。单击【加载】按钮弹出【选择图形文件】对话框，可以从中选择作为图层标准的图形文件，并将该图层结构显示在【转换为】列表框中。单击【新建】按钮打开【新图层】对话框，如图 11-12 所示。可以从中创建新的图层作为转换匹配图层，新建的图层也会显示在【转换为】列表框中。

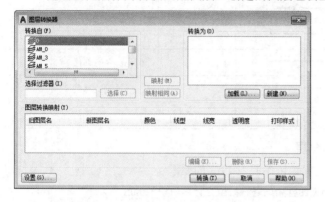

图 11-11 【图层转换器】对话框

图 11-12 【新图层】对话框

- 映射：可以将在【转换自】列表框中选中的图层映射到【转换为】列表框中，并且当图层被映射后，将从【转换自】列表框中删除。
- 映射相同：将【转换自】列表框和【转换为】列表框中名称相同的图层进行转换映射。
- 图层转换映射：显示已经映射的图层名称和相关的特性值。当选中一个图层后，单击【编辑】按钮，将打开【编辑图层】对话框，可以从中修改转换后的图层特性。单击【删除】按钮，可以取消该图层的转换映射，该图层将重新显示在【转换自】列表框中。单击【保存】按钮，将打开【保存图层映射】对话框，可以将图层转换关系保存到一个标准配置文件 "*.dws" 中。

11.4.6 CAD 标准（GB/T 14665-2012）

1．图线组别

为了便于机械工程的 CAD 制图需要，将 GB/T 14665—2012 中所规定的 8 种线型分为以下几组，见表 11-1，一般优先采用第 4 组。

表 11-1 技术制图图线组别

组别	1	2	3	4	5	一 般 用 途
线宽 （mm）	2.0	1.4	1.0	0.7	0.5	粗实线、粗点画线
	1.0	0.7	0.5	0.35	0.25	细实线、波浪线、双折线、虚线、细点画线、双点画线

2．图线颜色

屏幕上显示图线，一般应按表 11-2 中提供的颜色显示，并要求相同类型的图线应采用同样的颜色。

表 11-2　技术制图图线颜色

图线类型	图例	线型	颜色
粗实线		A	绿色
细实线		B	
波浪线		C	白色
双折线		D	
虚线		F	黄色
细点画线		G	红色
粗点画线		I	棕色
双点画线		K	粉色

3．图样中各种线型在计算机中的分层

图样中的各种线型在计算机中的分层标识可参照表 11-3 的要求。

表 11-3　技术制图图样中的各种线型在计算机中的分层

标识号	描述	图例	线型（按 GB/T 17450）
01	粗实线剖切面的粗剖切线		A
02	细实线 细波浪线 细折断线		B C D
03	粗虚线		E
04	细虚线		F
05	细点画线 剖切面的剖切线		G
06	粗点画线		J
07	细双点画线		K
08	尺寸线、投影连线、尺寸终端 与符号细实线		
09	参考圆,包括引出线和终端(如 箭头)		
10	剖面符号		

11.5　工具选项板

【工具选项板】是 AutoCAD 2004 中增加的功能，经过多年的改进，这个功能现在更加强大。

11.5.1　【工具选项板】的组成

默认状况下，在菜单栏中选择【工具】|【选项板】|【工具选项板】命令，打开【工具选项板】。

它由【命令工具样例】、【图案填充】、【土木工程】、【电力】、【机械】等 7 个选项卡组成，如图 11-13 所示。通过【工具选项板】可以看出，AutoCAD 2017 所涉及的应用领域已经非常广泛。

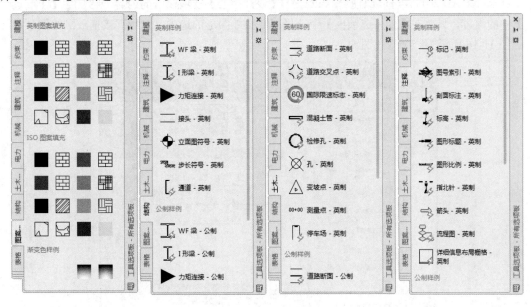

图 11-13　工具选项板

11.5.2　控制【工具选项板】窗口显示

拖动【工具选项板】，可以使其处于浮动状态，并将其拖放到窗口的任何位置。这时标题栏显示的方向也随【工具选项板】的位置不同而发生变化。当【工具选项板】处于浮动状态时，可以在其标题栏上单击【特性】按钮 ※，在弹出的快捷菜单中选择【透明度】命令，弹出【透明度】对话框，如图 11-14 所示，使用该对话框可以设置选项板的透明度。当透明级别设置为最大值时，就可以清楚地观察到位于【工具选项板】上的图形。如图 11-15 所示为透明级别为 50% 的效果。

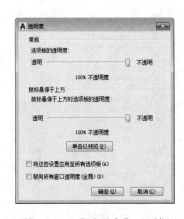

图 11-14　【透明度】对话框

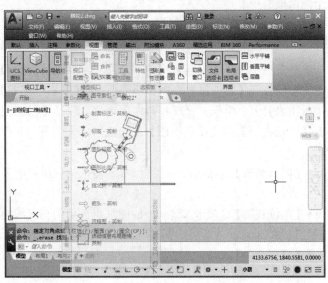

图 11-15　透明级别为 50% 时的效果

11.5.3 使用工具选项板中的内容

在 AutoCAD 2017，可以像使用 AutoCAD【设计中心】选项板中的内容一样使用【工具选项板】中的内容。只要在【工具选项板】中选择需要插入图形的选项，然后直接拖放到绘图区中即可。图 11-16 所示为一个示意图。

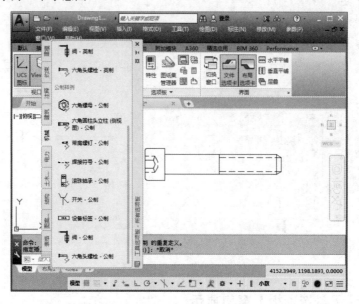

图 11-16　示意图

11.6　创建与管理图纸集

图纸集是由多个图形文件的图纸组成的图纸集合，整理图纸集是大多数设计项目的主体部分。然而，手动组织图纸集将会非常耗时。图纸集管理器是一个协助用户将多个图形文件组织为一个图纸集的新工具。

11.6.1 图纸集管理器

在菜单栏中选择【工具】|【选项板】|【图纸集管理器】命令，可以打开【图纸集管理器】选项板。【图纸集管理器】选项板用来打开、组织、管理和归档图纸集，包括【图纸列表】、【图纸视图】和【模型视图】3 个选项卡，如图 11-17 所示。

- 【图纸列表】选项卡：显示图纸集和图纸的有组织的列表。
- 【图纸视图】选项卡：显示当前图纸集可用的有组织的视图。
- 【模型视图】选项卡：显示当前图纸集可用的文件夹和图形文件的位置。

图 11-17　【图纸集管理器】选项板

11.6.2　组织图纸

　　【图纸集管理器】将图纸和视图组织在一个树形视图中，可以管理大量的图纸集。其中，使用【图纸列表】选项卡，可以将图纸层次分明地组织在【组】和【子集】集合中；使用【图纸视图】选项卡，可以将视图组织在【类别】集合中。在【图纸集管理器】选项板中，图纸集、图纸和子集显示不同的图标。

11.6.3　锁定图纸集

　　当多个用户同时查看一个图纸集时，为了避免该图纸集被其他用户编辑修改，可以在 Windows【资源管理器】对话框中，将该图纸集的文件属性设置为【只读】。如果一个图纸集被设置为只读属性后，该图纸集将被锁定，此时在【图纸集管理器】中将显示一个锁定标记。

第 12 章
打印输出

AutoCAD 2017 提供了强大的输入、输出和打印功能，即可以将由其他应用程序处理好的图形文件传送给 AutoCAD，显示图形，达成数据的共享，也可以将编辑好的图形文件输出给其他应用程序，还可以直接把图形打印出来。为了便于用户根据要求输出图纸，AutoCAD 2017 专门提供了一个图纸空间（默认情况下，用户是在模型空间中绘图的），用户可在该空间中安排图纸输出布局、对图形增加注释等，还可以利用图纸空间输出一个三维图形的多种视图。此外，AutoCAD 2017 还为用户提供了一组布局样板，可利用这些样板快速创建标准布局图。

12.1　打印出图

在【输出】选项卡中，单击【打印】面板右下角的【打印"打印选项"对话框】按钮，如图 12-1 所示，选择【选项】对话框的【打印和发布】选项卡，如图 12-2 所示，通过设置可以控制与打印和发布相关的选项。在打印图形之前，需要对图纸的页面进行设置，用户可以使用【页面设置管理器】对话框来设置打印环境。

图 12-1　单击【打印】右下角的按钮

图 12-2　【打印和发布】选项卡

12.1.1 页面设置

打开【页面设置管理器】对话框的方法如下。

- 【输出】选项卡|【打印】面板|【页面设置管理器】按钮 。
- 菜单命令：【文件】|【页面设置管理器】。
- 右击【模型】或【布局】选项卡，在弹出的快捷菜单中选择【页面设置管理器】命令。

打开【页面设置管理器】对话框，如图 12-3 所示。其各选项功能如下。

- 页面设置：表中列出了当前所有的布局。
- 新建：单击该按钮，打开【新建页面设置】对话框，如图 12-4 所示。

图 12-3 【页面设置管理器】对话框   图 12-4 【新建页面设置】对话框

- 修改：单击该按钮，打开【打印-模型】对话框，如图 12-5 所示。

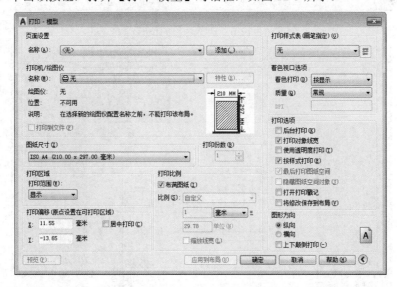

图 12-5 【打印-模型】对话框

- 输入：用于选择设置好的布局。

【打印-模型】对话框中各选项的含义如下。

- 打印机/绘图仪：在【名称】下拉列表框中，选择当前配置的打印设备。

- 图纸尺寸：在下拉列表框中选择所用图纸大小。
- 打印范围：
  - 布局：打印当前布局图中的所有内容。
  - 范围：打印模型空间中绘制的所有图形对象。
  - 显示：打印模型窗口当前视图状态下显示的图形对象。
  - 窗口：用窗选的方法确定打印区域。
- 打印偏移：如果图形位置偏向一侧，可以通过输入 X、Y 的偏移量，调整到正确位置，如图 12-6 所示。调整后的效果如图 12-7 所示。

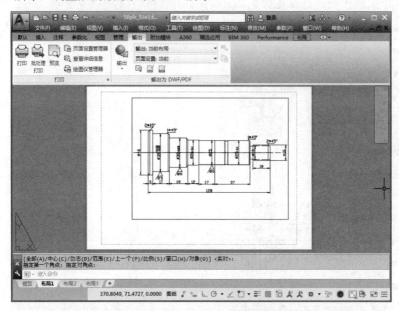

图 12-6　调整对象的位置

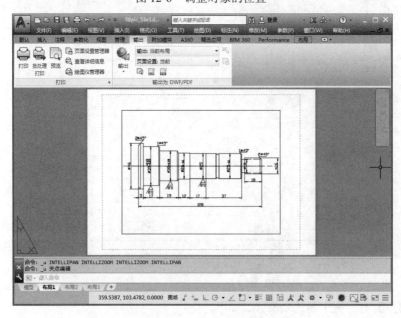

图 12-7　调整后的效果

- 打印比例：在【比例】下拉列表框中选择需要的打印比例。
- 着色视口选项：使用【着色打印】选项，用户可以选择使用【按显示】、【线框】、【消隐】或【渲染】选项打印着色对象集。着色和渲染视口包括打印预览、打印、打印到文件和包含全着色及渲染的批处理打印。
- 图形方向：指定图形方向是横向还是纵向。

12.1.2　视口调整

布局图创建好并完成了页面设置后，就可以对布局图上图形对象的位置与大小进行调整和布置了。

布局图中存在 3 个边界，最外边是图纸边界，虚线线框是打印边界，图形对象四周的线框是视口边界，如图 12-8 所示。在打印时，虚线不会被打印出来，但视口边界被当成图形对象打印。可以利用夹点拉伸调整视口的位置，如图 12-9 所示。单击【视口边界】按钮，4 个角上出现夹点，用鼠标拖动某个夹点到指定位置，视口大小即发生变化。

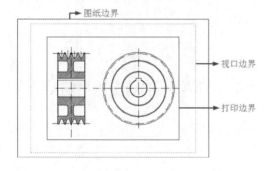

图 12-8　布局图

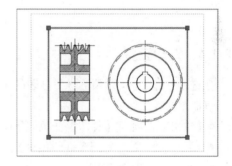

图 12-9　视口边界

12.1.3　设置比例尺

在模型空间绘制对象时通常使用实际的尺寸。也就是说，用户决定使用何种单位（英寸、毫米或米）并按 1∶1 的比例绘制图形。例如，如果测量单位为毫米，那么图形中的一个单位代表 1mm。打印图形时，可以指定精确比例，也可以根据图纸尺寸调整图像，按图纸尺寸缩放图形。

在审阅草图时，通常不需要精确的比例。可以使用【布满图纸】选项，按照能够布满图纸的最大可能尺寸打印视图。AutoCAD 将使图形的高度和宽度与图纸的高度和宽度相适应。

在模型空间始终按照 1∶1 的实际尺寸绘制图形，在要出图时才按照比例尺将模型缩放到布局图上，然后打印出图。

如果要确定布局图上的比例大小，可以切换到布局窗口模型状态下，在状态栏的右边显示的数值就是在图纸空间相对于模型空间的比例尺。

在布局窗口模型状态下，使用缩放工具将图形缩放到合适大小，并将图形平移到视口中间，这时显示的比例尺不是一个整数，还需要选择一个整数的比例尺，在下拉列表框中选择接近该值的整数比例尺数值。例如，图 12-10 的状态栏显示的比例尺是 0.503278，在比例数字上右击，在弹出的快捷菜单中选择 1∶40/2.5% 的比例，按【Enter】键确认即可，图形的大小会根据该数值自动调整。

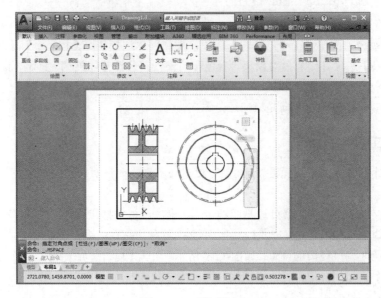

图 12-10　显示比例

12.1.4　打印预览

在进行打印之前，要预览一下打印的图形，以便检查设置是否完全正确、图形布置是否合理。激活该命令的方法如下。

- 【输出】选项卡|【打印】面板|【预览】按钮 ⯐。
- 菜单命令：【文件】|【打印预览】。
- 命令行：PREVIEW。

显示的预览窗口如图 12-11 所示。按【Enter】键结束预览。

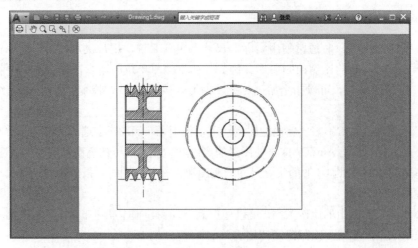

图 12-11　打印预览

12.1.5　打印出图

在 AutoCAD 2017 中，当用户将页面设置完成后，并进行了打印预览，就可以开始打印图形了。选择【文件】|【打印】命令，打开【打印-布局 1】对话框，如图 12-12 所示，单击【确定】

按钮即可进行打印。

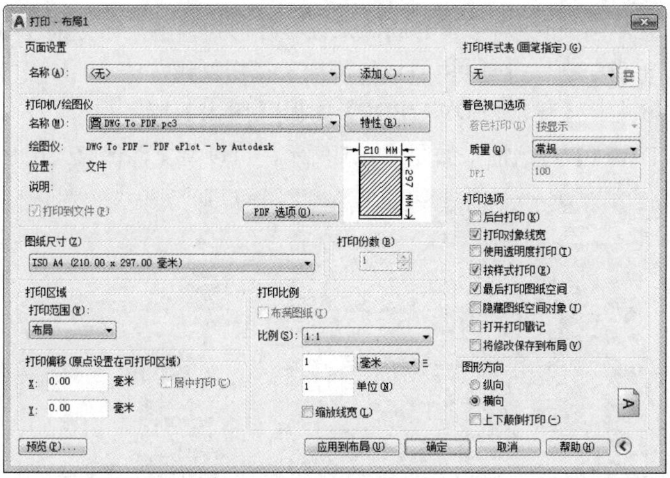

图 12-12 【打印-布局 1】对话框

AutoCAD 2017 简化了打印和发布过程。绘图次序功能控制了图形对象的显示次序，而增强后的绘图次序功能可以确保【所见即所得】的打印效果。

12.2 图形的输入/输出

AutoCAD 2017 可以打开 ".dwg" 格式的图形文件，还可以输入或输出其他格式的图形文件。

12.2.1 图形的输入

打开【输入文件】对话框的方法如下。

- 【插入】选项卡|【输入】面板上方的【输入】按钮 。
- 菜单命令：【文件】|【输入】。

打开【输入文件】对话框，如图 12-13 所示，在该对话框中可以选择输入的文件。

用户也可以在【输入文件】对话框的【文件类型】下拉列表框中选择 3D Studio、ACIS 文件、二进制文件、Windows 图元文件等不同类型的文件，如图 12-14 所示，输入所需的图形文件。

图 12-13 【输入文件】对话框 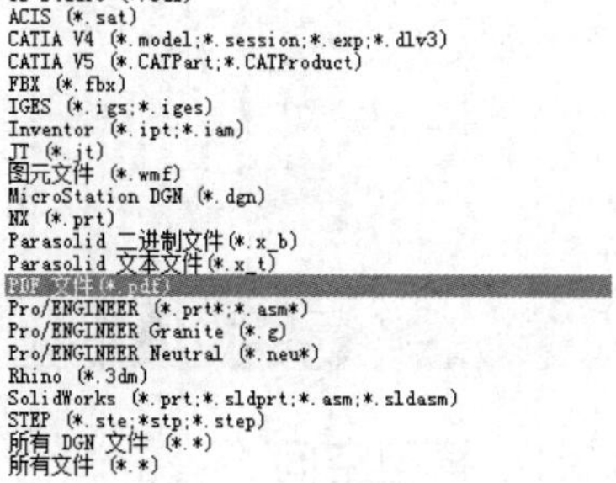 图 12-14 【文件类型】下拉列表框

12.2.2 图形的输出

在 AutoCAD 2017 中，可以将编辑好的图形以多种形式输出，如三维 DWF、三维 DWFx、图元文件、ACIS、平板印刷、封装 PS、DXX 提取、位图、块、V8 DGN 及 V7 DGN 等。

单击【输出】选项卡|【输出为 DWF/PDF】面板|【输出】按钮 。

打开【另存为 DWFx】对话框，如图 12-15 所示，可以将文件保存为用户所需的格式。

图 12-15 　【另存为 DWFx】对话框

打开【输出数据】对话框的方法如下。

- 菜单命令：【文件】|【输出】。
- 命令行：EXPORT。

打开【输出数据】对话框，如图 12-16 所示。

用户可在【保存于】下拉列表框中设置输出的路径，在【文件名】文本框中输入文件名称，在【文件类型】下拉列表框中设置输出的文件类型。单击【保存】按钮，切换到绘图窗口，可以选择需要以指定格式保存的对象。

图 12-16 　【输出数据】对话框

12.3 模型空间和图纸空间

12.3.1 模型空间

模型空间用于建模，是用户在其中完成绘图和设计工作的工作空间，这里可以完成二维或三维模型的造型。前面所讲的绘图、编辑、标注等操作都是在模型空间完成的。模型空间是一个没有界限的三维空间，因此绘图过程中没有比例尺的概念。在模型空间用 1∶1 的比例绘制。模型空间的视口为平铺视口，用户可以创建多个不重叠的平铺视口来展示图形的不同视图，如图 12-17 所示。在模型空间使用多个视口时，只能激活一个视口，该视口被称为【当前视口】。用户只能在当前视口中输入光标和执行视图命令，视口边界亮显。

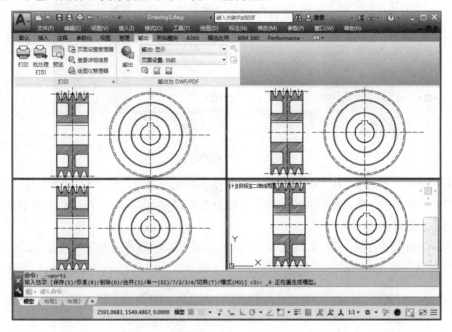

图 12-17 模型空间

12.3.2 图纸空间

图纸空间用来安排图形、绘制局部放大图及绘制图形。AutoCAD 2017 为了方便用户设置打印、纸张、比例尺、图纸布局及预览效果而设置了图纸空间。图纸空间与模型空间的坐标系不同。图纸空间是纸张的模拟，是二维而有界限的，因此在图纸空间有比例尺的概念。

图纸空间为浮动视口，可以改变大小和形状，也可以设置多个视口。

12.3.3 模型窗口

在 AutoCAD 2017 中，模型窗口和布局窗口按钮位于绘图区的下面，用户单击【模型】选项卡或【布局 1】选项卡，即可实现在模型窗口和布局窗口之间进行切换。模型窗口是默认显示方式，只能用于建模。在模型空间窗口中绘制好所有的图形后，建模过程就完成了。

12.3.4 布局窗口

布局窗口是打印图纸的预览效果。在布局窗口中，存在两种空间。

- 模型空间：布局窗口中图形视区的边框是粗线为模型空间，如图 12-18 所示。在布局窗口模型空间状态下执行绘图编辑命令，是对模型本身的修改，改动后的效果会自动反映在模型窗口和其他布局窗口上。

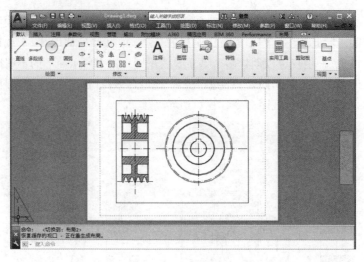

图 12-18　模型空间

- 图纸空间：布局窗口中图形视区的边框是细线为图纸空间，如图 12-19 所示。在布局窗口图纸空间状态下执行绘图编辑命令，仅仅是在布局图上绘图，没有改动模型本身，且修改的图形能打印出来。

要使一个视口成为当前视口，双击该视口即可。在视口外布局内的任何地方双击，则切换到图纸空间。

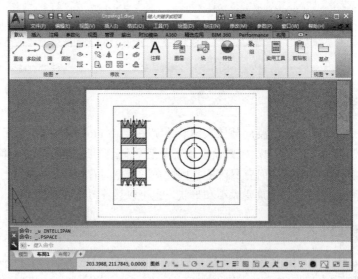

图 12-19　图纸空间

12.4　浮动视口

在图纸空间下视口为浮动视口，可以改变其大小、形状、位置，也可以设置多个视口。单击视区边界，出现 4 个夹点，拉动夹点到指定位置，即可改变视口的大小、形状和位置。

12.4.1　特殊形状视口

在图纸空间状态下画出圆、多边形等图形，可以将这些图形转换成视口。

12.4.2　实例——特殊形状视口查看对象

建立一个圆、一个多边形视口。

Step 01 打开配套资源中的素材\第 12 章\【001.dwg】图形文件，如图 12-20 所示。

Step 02 在图纸空间空白处画出圆和五边形。在菜单栏中执行【视图】|【视口】|【对象】命令，选择圆和五边形图形对象，新视口建立完成，如图 12-21 所示。

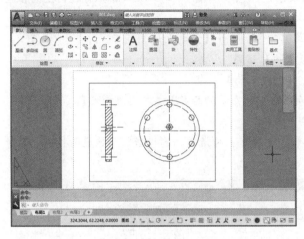

图 12-20　打开素材文件

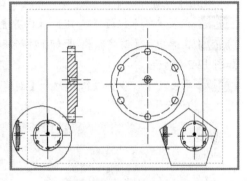

图 12-21　特殊视口

12.4.3　多视口布局

在布局窗口，也可以将当前的一个视口分成多个视口。

选择【视图】|【视口】命令，打开视口菜单，如图 12-22 所示。在各个视口中，用不同的比例、角度和位置来显示同一个模型。在视口内任意位置单击，视口转换为当前视口，可以进行编辑操作。可以把模型的主视图、俯视图、左视图和轴测图布置在各个视口上。多视口设置参看平铺视口。

在图 12-23 中显示了 4 个视口，粗实线为当前视口。在 4 个视口中分别显示了模型的主视图、左视图、移出断面图和完整视图。

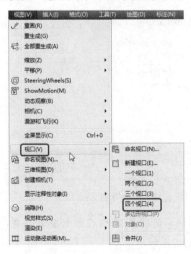

图 12-22　视口菜单

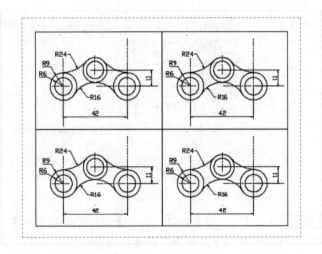

图 12-23　多视口布局

12.5 实例——创建机械制图布局

在 AutoCAD 2017 中，可以创建多种布局，每个布局代表一张单独的打印输出图纸。在正式出图之前，要在布局窗口中创建好布局图，可以选择打印设备、打印设置、插入标题栏，以及指定视口设置。布局图显示的效果就是打印图纸的效果。

布局代表打印的页面。用户可以根据需要创建任意多个布局。每个布局都保存在自己的布局选项卡中，可以与不同图纸尺寸和不同打印机相关联。

选择【工具】|【向导】|【创建布局】菜单命令，打开【创建布局】向导。

使用【创建布局】向导建立一个【机械制图】布局。

Step 01 在菜单栏中执行【工具】|【向导】|【创建布局】命令。

Step 02 在弹出的【创建布局-开始】对话框的【输入新布局的名称】文本框中输入【机械制图】，如图 12-24 所示。

Step 03 单击【下一步】按钮，打开【创建布局-打印机】对话框，选择当前所配置的打印机，如图 12-25 所示。

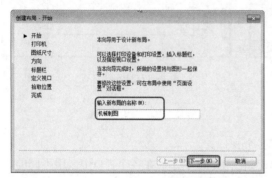

图 12-24　输入新布局的名称

图 12-25　选择当前所配置的打印机

Step 04 单击【下一步】按钮，打开【创建布局-图纸尺寸】对话框，选择要打印图纸的尺寸，确定图形的单位，如图 12-26 所示。

Step 05 单击【下一步】按钮，打开【创建布局-方向】对话框，确定横向打印或纵向打印，如图 12-27 所示。

图 12-26　选择要打印图纸的尺寸

图 12-27　设置打印方向

Step 06 单击【下一步】按钮，打开【创建布局-标题栏】对话框，选择图纸的边框和标题栏的样式，右边的预览框中显示出了所选定的样式预览图形，如图 12-28 所示。

Step 07 单击【下一步】按钮，打开【创建布局-定义视口】对话框，确定视口设置和视口比例，如图 12-29 所示。

图 12-28　设置图纸的边框和标题栏的样式　　　　图 12-29　定义视口

Step 08 单击【下一步】按钮，打开【创建布局-拾取位置】对话框，单击【选择位置】按钮，在绘图区域确定视口的位置，如图 12-30 所示。

Step 09 打开【创建布局-完成】对话框，单击【完成】按钮，如图 12-31 所示。结束机械制图布局的创建，如图 12-32 所示。

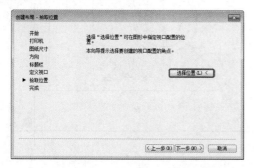

图 12-30　确定视口的位置　　　　　　图 12-31　【创建布局-完成】对话框

创建布局完成后，在绘图区下面的【模型】和【布局】选项卡中会增加一个【新布局】选项卡。此时，用户在布局窗口的布局卡上右击，可以打开快捷菜单，如图 12-33 所示，用户可以进行新建布局、删除、重命名、页面设置等操作管理。

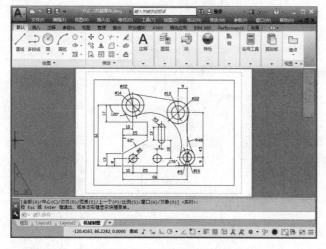

图 12-32　创建完成后的机械制图布局效果

图 12-33　快捷菜单

12.6 综合应用——打印阀盖零件图

下面将讲解如何打印阀盖零件图，其具体操作步骤如下。

Step 01 打开配套资源中的素材\第 12 章\【阀盖.dwg】图形文件，单击快速访问区中的【打印】按钮，弹出【打印-模型】对话框。

Step 02 在【打印机/绘图仪】选项组的【名称】下拉列表中选择所需的打印设备，在【图纸尺寸】下拉列表中选择【ISO A4（210.00×297.00 毫米）】选项。

Step 03 在【打印区域】选项组的【打印范围】下拉列表中选择【窗口】选项，返回绘图区，选择所打印的零件图，如图 12-34 所示。

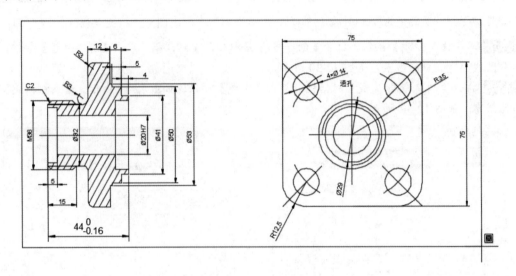

图 12-34 设置打印范围

Step 04 返回【打印-模型】对话框，在【打印样式表】下拉列表中选择【acad.ctb】选项，系统自动弹出【问题】对话框，单击 是(Y) 按钮，如图 12-35 所示。

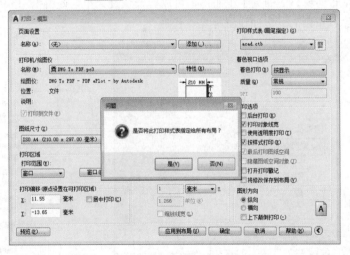

图 12-35 【问题】对话框

Step 05 在【图形方向】选项组中选中 ⊙横向单选按钮，单击左下角的 预览(P)... 按钮，如图 12-36 所示。单击【关闭预览窗口】按钮⊗，查看预览效果，如图 12-37 所示。

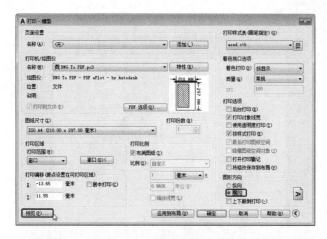

图 12-36　设置图形方向

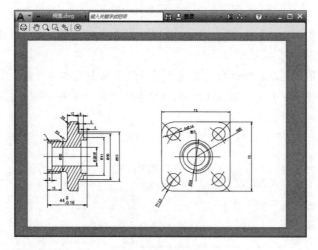

图 12-37　预览效果

Step 06 返回【打印-模型】对话框，在【打印偏移】选项组中勾选 ☑居中打印⒞ 复选框，如图 12-38 所示。然后单击左下角的 预览⒫... 按钮，显示设置打印参数后的打印预览效果，如图 12-39 所示。

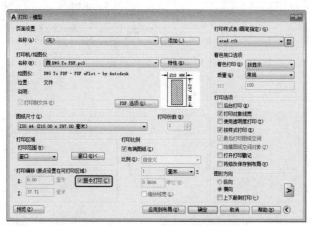

图 12-38　勾选【居中打印】复选框

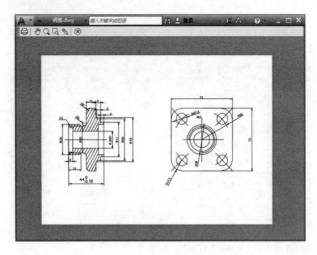

图 12-39　预览打印效果

Step 07 单击【关闭预览窗口】按钮⊗，返回【打印-模型】对话框，在【页面设置】选项组中单击 添加(...) 按钮。

Step 08 弹出【添加页面设置】对话框，在【新页面设置名】文本框中输入机械图纸，然后单击 确定(0) 按钮，如图 12-40 所示。返回【打印-模型】对话框，单击 确定(0) 按钮，然后保存图形文件。

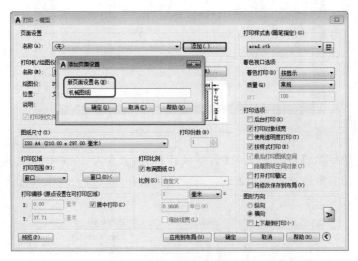

图 12-40　添加页面设置

增值服务：扫码做测试题，并可观看讲解测试题的微课程。

第 13 章
绘制常见的二维机械零件图

机械零件图是表达单个零件形状、大小和特征的图样，也是在制造和检验机器零件时所用的图样，又称零件工作图。在生产过程中，根据零件图样和图样的技术要求进行生产准备、加工制造及检验。因此，它是指导零件生产的重要技术文件。

13.1 平键轴

下面将通过实例讲解如何绘制平键轴，具体操作步骤如下。

Step 01 在命令行中输入 LAYER 命令，弹出【图层特性管理器】选项板，单击【新建图层】按钮，新建两个图层并将其分别重命名为【辅助线】和【轮廓】，将【辅助线】图层的【颜色】设置为【洋红】，将【线型】设置为【CENTER】，继续选中【辅助线】图层然后单击【置为当前】按钮，将【辅助线】图层置为当前图层，如图 13-1 所示。

Step 02 在命令行中输入 LINE 命令，绘制两条互相垂直的线段，将水平线设置为 200，将垂直线段设置为 100，绘制线段效果如图 13-2 所示。

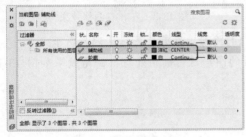

图 13-1　新建图层

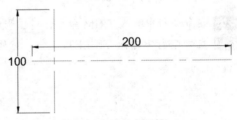

图 13-2　绘制线段

Step 03 将【轮廓】图层置为当前图层。在命令行中输入 LINE 命令，绘制一个长度为 100 的垂直线段，绘制效果如图 13-3 所示。

Step 04 在命令行中输入 CIRCLE 命令，以左侧的交点为圆心绘制一个半径为 15 的圆，绘制圆效果如图 13-4 所示。

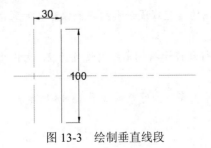

图 13-3　绘制垂直线段

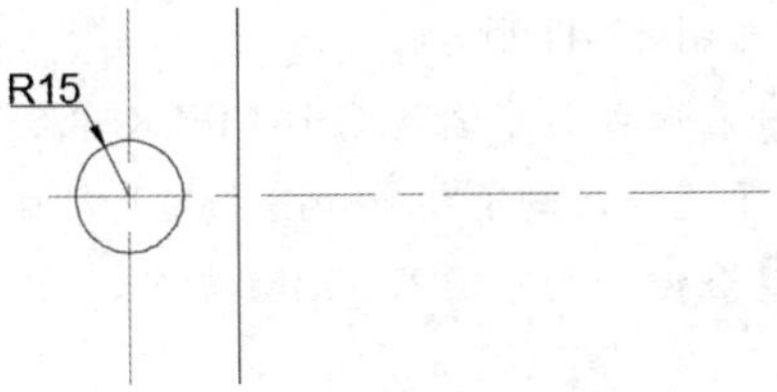

图 13-4　绘制圆效果

Step 05 在命令行中输入 OFFSET 命令，将新绘制的垂直线段向右偏移 140 距离，偏移效果如图 13-5 所示。

Step 06 在命令行中输入 OFFSET 命令，根据命令行的提示执行【图层】|【当前】命令，将中间的水平线段向两侧偏移 15 的距离，偏移效果如图 13-6 所示。

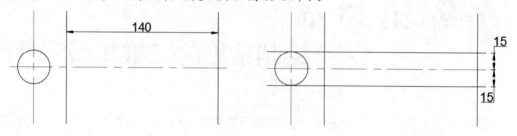

图 13-5　向右偏移效果　　　　　　　　图 13-6　向两侧偏移效果

Step 07 在命令行中输入 TRIM 命令，对图形对象进行修剪，修剪效果如图 13-7 所示。

Step 08 在命令行中输入 OFFSET 命令，根据命令行的提示执行【图层】|【当前】命令，将中间的水平线段向两侧偏移 4 的距离，将左侧黑色的垂直线段向左偏移 20 的距离，向右偏移 30 的距离，偏移效果如图 13-8 所示。

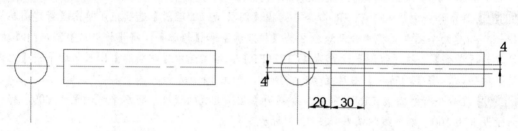

图 13-7　修剪效果　　　　　　　　　　图 13-8　左、右偏移效果

Step 09 在命令行中输入 TRIM 命令，对图形对象进行修剪，修剪效果如图 13-9 所示。

Step 10 在命令行中输入 FILLET 命令，对修剪后的图形进行圆角处理，圆角效果如图 13-10 所示。

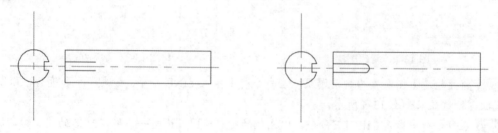

图 13-9　修剪效果　　　　　　　　　　图 13-10　圆角效果

Step 11 在命令行中输入 OFFSET 命令，将四边形两侧的垂直线段分别向内侧偏移 2 的距离，偏移效果如图 13-11 所示。

Step 12 在命令行中输入 CHAMFER 命令，根据命令行的提示将倒角距离设置为 2，对图形对象进行倒角处理，倒角效果如图 13-12 所示。

Step 13 在命令行中输入 TRIM 命令，对图形对象进行修剪，修剪效果如图 13-13 所示。

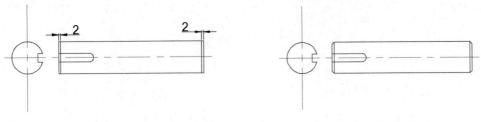

图 13-11 偏移效果　　　　　　　　图 13-12 倒角效果

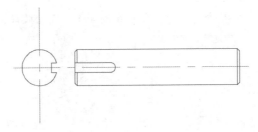

图 13-13 修剪效果

13.2 半圆键

下面将讲解如何绘制半圆键，具体操作步骤如下。

Step 01 在命令行中输入 LINE 命令，绘制一条长度为 35 的水平线，然后以水平线的两端点为起点绘制两条长度为 10 的垂直线段，绘制效果如图 13-14 所示。

Step 02 在命令行中输入 OFFSET 命令，将左侧的垂直线段向右偏移 24.5 的距离，将右侧的垂直线段向左偏移 6 的距离，偏移效果如图 13-15 所示。

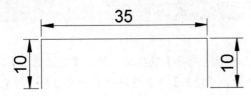

图 13-14 绘制效果

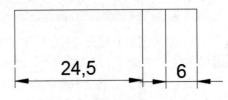

图 13-15 偏移效果

Step 03 在命令行中输入 LINE 命令，对图形对象进行连接，连接效果如图 13-16 所示。

Step 04 在命令行中输入 ARC 命令，根据命令行的提示执行三点画弧命令，分别以左上角端点为起点，以下面水平线段的中心点为第二点，以另一个对角点为端点绘制圆弧，绘制的圆弧效果如图 13-17 所示。

图 13-16 连接效果

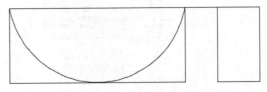

图 13-17 绘制圆弧效果

Step 05 在命令行中输入 OFFSET 命令，将绘制的圆弧向内偏移 0.75 的距离，偏移效果如图 13-18 所示。

Step 06 在命令行中输入 TRIM 命令，对图形对象进行修剪，修剪效果如图 13-19 所示。

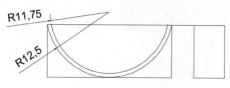

图 13-18　偏移效果

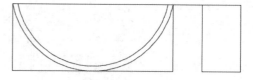

图 13-19　修剪效果

Step 07 在命令行中输入 CHAMFER 命令，根据命令行的提示将倒角距离设置为 0.75，对图形对象进行倒角处理，倒角效果如图 13-20 所示。

Step 08 在命令行中输入 ERASE 命令，将多余的线段删除，删除效果如图 13-21 所示。

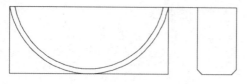

图 13-20　倒角效果

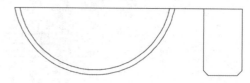

图 13-21　删除效果

Step 09 在命令行中输入 LINE 命令，连接如图 13-22 所示的线段，连接效果如图 13-22 所示。

Step 10 在命令行中输入 TRIM 命令，对图形对象进行修剪，修剪效果如图 13-23 所示。

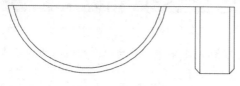

图 13-22　连接效果

图 13-23　修剪效果

13.3　弹簧

下面将讲解如何绘制弹簧，具体操作步骤如下。

Step 01 在命令行中输入 LAYER 命令，弹出【图层特性管理器】选项板，单击【新建图层】按钮 ，新建两个图层并将其分别重命名为【辅助线】和【轮廓】，将【辅助线】图层的【颜色】设置为【洋红】，将【线型】设置为【CENTER】，继续选中【辅助线】图层然后单击【置为当前】按钮，将【辅助线】图层置为当前图层，如图 13-24 所示。

Step 02 在命令行中输入 LINE 命令，绘制一个长度为 150 的水平线段，绘制效果如图 13-25 所示。

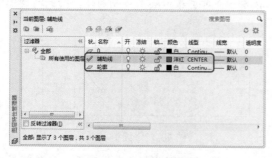

图 13-24　新建图层

图 13-25　绘制效果

Step 03 在命令行中输入 OFFSET 命令，将绘制的水平线段分别向上偏移 40、80 的距离，偏移效果如图 13-26 所示。

Step 04 在命令行中输入 LINE 命令，在距离原水平线段左端点 20 的距离位置处，绘制一个长度为 30 的垂直线段，绘制效果如图 13-27 所示。

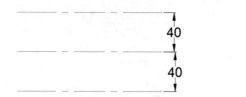

图 13-26 偏移效果

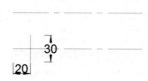

图 13-27 绘制线段效果

Step 05 将【轮廓】图层置为当前图层。在命令行中输入 CIRCLE 命令，以图形中的交点为圆心，绘制一个半径为 8 的圆，绘制圆效果如图 13-28 所示。

Step 06 在命令行中输入 ARRAYRECT 命令，根据命令行的提示将【行数】设置为 1，将【列数】设置为 4，将【列间距】设置为 30，阵列后的显示效果如图 13-29 所示。然后在命令行中输入 EXPLODE 命令，将阵列对象分解。

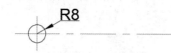

图 13-28 绘制圆效果

图 13-29 阵列效果

Step 07 在命令行中输入 MIRROR 命令，选中阵列对象作为镜像对象，以中间的水平线段作为镜像线，进行镜像处理，镜像效果如图 13-30 所示。

Step 08 在命令行中输入 MOVE 命令，选中镜像后的图形对象，将其向右移动 8 的距离，移动后的显示效果如图 13-31 所示。

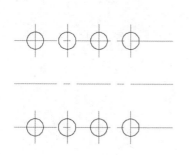

图 13-30 镜像效果

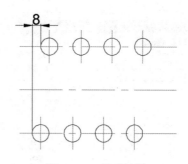

图 13-31 移动效果

Step 09 在命令行中输入 OSNAP 命令，弹出【草图设置】对话框，如图 13-32 所示，选择【对象捕捉】选项卡，勾选【启用对象捕捉】和【启用对象捕捉追踪】复选框，在【对象捕捉模式】组中勾选【端点】、【象限点】、【交点】选项，设置完成后单击【确定】按钮。

Step 10 在命令行中输入 LINE 命令，拾取上圆的左象限点为起点，拾取下圆的上象限点为端点，拾取上圆的右象限点为起点，拾取下圆的右象限点为端点进行连接，连接效果如图 13-33 所示。

图 13-32 【草图设置】对话框

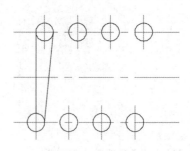

图 13-33 连接效果 1

Step 11 在命令行中输入 LINE 命令，连接其他圆的象限点，连接效果如图 13-34 所示。

Step 12 在命令行中输入 TRIM 命令，对图形对象进行修剪，修剪效果如图 13-35 所示。

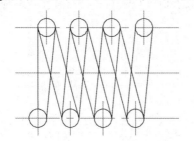

图 13-34 连接效果 2

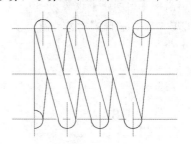

图 13-35 修剪效果

Step 13 在命令行中输入 HATCH 命令，根据命令行的提示执行【设置】命令，弹出【图案填充和渐变色】对话框，将【图案】设置为【JIS-WOOD】，将【比例】设置为 3，设置完成后单击【确定】按钮，如图 13-36 所示。

Step 14 返回到绘图区中，在需要填充的区域单击即可填充，填充完成后的显示效果如图 13-37 所示。

图 13-36 设置填充参数

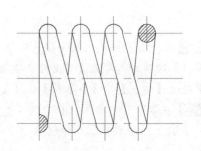

图 13-37 填充效果

Step 15 在命令行中输入 MIRROR 命令，选中所有图形对象作为镜像对象，以水平线段右侧的端点连线为镜像线进行镜像处理，镜像效果如图 13-38 所示。

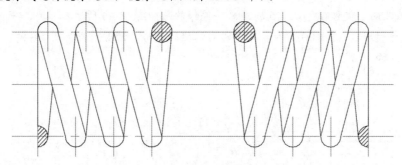

图 13-38 镜像效果

13.4 曲轴

下面讲解如何绘制曲轴，具体操作步骤如下。

Step 01 在命令行中输入 LAYER 命令，弹出【图层特性管理器】选项板，单击【新建图层】按钮 ，新建两个图层并将其分别重命名为【辅助线】和【轮廓】，将【辅助线】图层的【颜色】设置为【洋红】，将【线型】设置为【CENTER】，继续选中【辅助线】图层，然后单击【置为当前】按钮 ，将【辅助线】图层置为当前图层，如图 13-39 所示。

Step 02 在命令行中输入 LINE 命令，绘制两条互相垂直的线段，将水平线段设置为 200，将垂直线段设置为 100，绘制效果如图 13-40 所示。

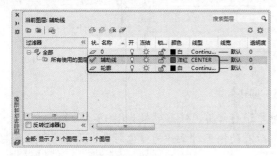

图 13-39 新建图层

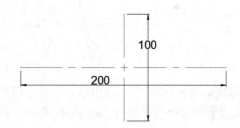

图 13-40 绘制线段

Step 03 在命令行中输入 OFFSET 命令，将垂直线段向右偏移 80 的距离，偏移效果如图 13-41 所示。

Step 04 在命令行中输入 OFFSET 命令，将水平线段向下偏移 30 的距离，偏移效果如图 13-42 所示。

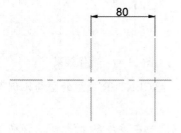

图 13-41 向右偏移效果

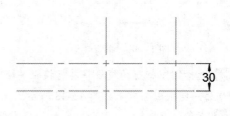

图 13-42 向下偏移效果

Step 05 将【轮廓】图层置为当前图层。继续在命令行中输入 OFFSET 命令，根据命令行的提示执行【图层】|【当前】命令，将左侧的垂直线段分别向左偏移 15、25、60、65、85 的距离，将上面的水平线段向上偏移 6、10、15 的距离，偏移效果如图 13-43 所示。

Step 06 在命令行中输入 TRIM 命令，对图形对象进行修剪，修剪效果如图 13-44 所示。

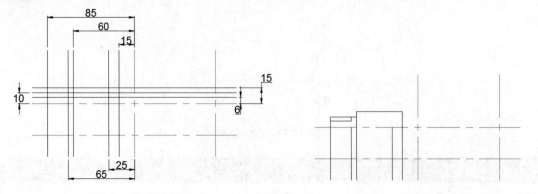

图 13-43　偏移效果　　　　　　　　　　　　图 13-44　修剪效果

Step 07 在命令行中输入 OFFSET 命令，将上面红色的水平线段向下偏移 10、15 的距离，将下面的红色水平线段向下偏移 15 的距离，偏移效果如图 13-45 所示。

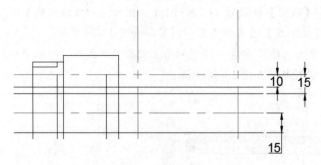

图 13-45　偏移效果

Step 08 在命令行中输入 TRIM 命令，对图形对象进行修剪，修剪效果如图 13-46 所示。

Step 09 在命令行中输入 MIRROR 命令，选中所有的轮廓对象作为镜像对象，以左侧的红色垂直线段为镜像线，镜像效果如图 13-47 所示。

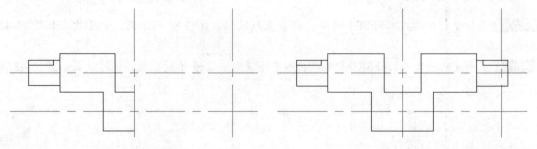

图 13-46　修剪效果　　　　　　　　　　　　图 13-47　镜像效果

Step 10 选择图中相应的线段将其转换至【辅助线】图层中，将 CENTER 线型的全局比例因子设置为 0.25，转换图层效果如图 13-48 所示。

Step 11 在命令行中输入 MOVE 命令，将右侧红色的垂直线段向右移动 60 的距离，移动效果如

图 13-49 所示。

Step 12 在命令行中输入 LENGTHEN 命令，将两条红色水平线向右拉长 60 的距离，拉长效果如图 13-50 所示。

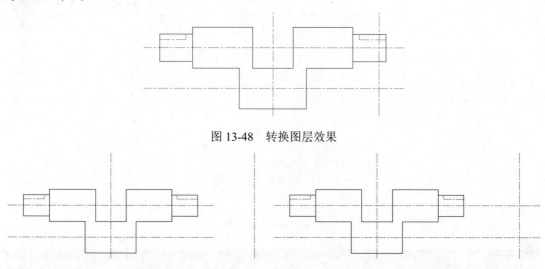

图 13-48　转换图层效果

图 13-49　移动效果　　　　　　　　　图 13-50　拉长效果

Step 13 在命令行中输入 CIRCLE 命令，分别以右侧拉长线段的交点为圆心绘制两个半径为 15 的圆和一个半径为 10 的圆，绘制效果如图 13-51 所示。

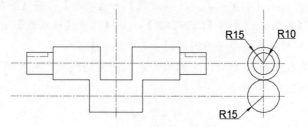

图 13-51　绘制圆效果

Step 14 在命令行中输入 LINE 命令，连接两个大圆的象限点，连接效果如图 13-52 所示。

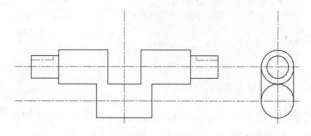

图 13-52　连接效果

Step 15 在命令行中输入 OFFSET 命令，根据命令行的提示执行【图层】|【当前】命令，将垂直线段向两侧偏移 2.5 的距离，将上面红色的水平线段向上偏移 6 的距离，偏移效果如图 13-53 所示。

Step 16 在命令行中输入 TRIM 命令，对图形对象进行修剪，修剪效果如图 13-54 所示。

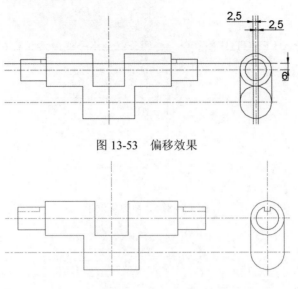

图 13-53　偏移效果

图 13-54　修剪效果

13.5　曲柄

下面将讲解如何绘制曲柄，具体操作步骤如下。

Step 01 在命令行中输入 LAYER 命令，弹出【图层特性管理器】选项板，单击【新建图层】按钮，新建两个图层并将其分别重命名为【辅助线】和【轮廓】，将【辅助线】图层的【颜色】设置为【洋红】，将【线型】设置为【CENTER】，继续选中【辅助线】图层，然后单击【置为当前】按钮，将【辅助线】图层置为当前图层，如图 13-55 所示。

Step 02 在命令行中输入 LINE 命令，绘制两条互相垂直的线段，将两条线段的长度均设置为 200，绘制线段效果如图 13-56 所示。

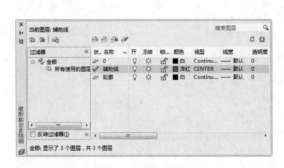

图 13-55　新建图层

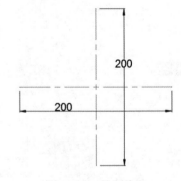

图 13-56　绘制线段

Step 03 将【轮廓】图层置为当前图层。在命令行中输入 CIRCLE 命令，以交点为圆心，绘制两个半径分别为 14、21 的圆，绘制圆效果如图 13-57 所示。

Step 04 在命令行中输入 OFFSET 命令，根据命令行的提示执行【图层】|【当前】命令，将水平线段向上偏移 60 的距离，将垂直线段向两侧偏移 10 的距离，偏移效果如图 13-58 所示。

Step 05 在命令行中输入 LINE 命令，以偏移线段之间的交点为起点连接半径为 21 的圆的切点，连接效果如图 13-59 所示。

Step 06 在命令行中输入 CIRCLE 命令，以偏移得到的水平线段与红色垂直线段的交点为圆心绘制两个半径分别为 5.5、10 的圆，绘制圆效果如图 13-60 所示。

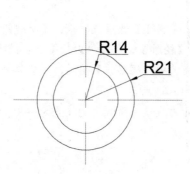

图 13-57　绘制圆效果

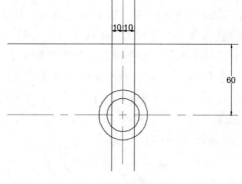

图 13-58　偏移效果 1

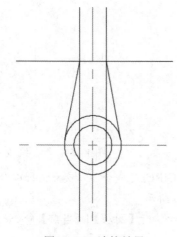

图 13-59　连接效果

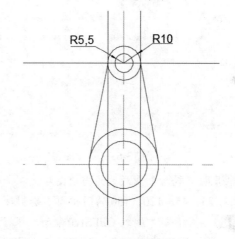

图 13-60　绘制圆效果

Step 07 在命令行中输入 OFFSET 命令，根据命令行的提示执行【图层】|【当前】命令，将红色垂直线段向两侧偏移 1.5 的距离，将最上面的水平线段向下偏移 7.5 的距离，偏移效果如图 13-61 所示。

Step 08 在命令行中输入 TRIM 命令，对图形对象进行修剪，修剪效果如图 13-62 所示。

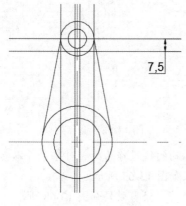

图 13-61　偏移效果 2

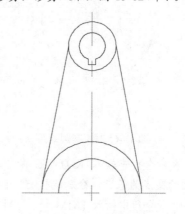

图 13-62　修剪效果

13.6　间歇轮

下面将讲解如何绘制间歇轮，具体操作步骤如下。

Step 01 在命令行中输入 LAYER 命令，弹出【图层特性管理器】选项板，单击【新建图层】按钮，新建两个图层并将其分别重命名为【辅助线】和【轮廓】，将【辅助线】图层的【颜色】设置为【洋红】，将【线型】设置为【CENTER】，继续选中【辅助线】图层，然后单击【置为当前】按钮，将【辅助线】图层置为当前图层，如图 13-63 所示。

Step 02 在命令行中输入 LINE 命令，绘制两条互相垂直的线段，将长度均设置为 400，绘制线段效果如图 13-64 所示。

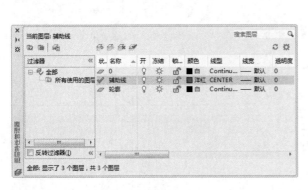

图 13-63　新建图层

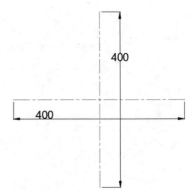

图 13-64　绘制线段

Step 03 将【轮廓】图层置为当前图层。在命令行中输入 CIRCLE 命令，以交点为圆心分别绘制半径为 25、45、120、150 的同心圆，绘制效果如图 13-65 所示。

Step 04 在命令行中输入 OFFSET 命令，根据命令行的提示执行【图层】|【当前】命令，将垂直线段向两侧偏移 10 的距离，偏移效果如图 13-66 所示。

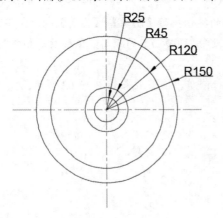

图 13-65　绘制圆效果

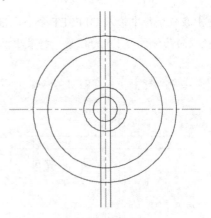

图 13-66　偏移效果

Step 05 在命令行中输入 ROTATE 命令，分别将偏移得到的线段作为旋转对象，并以与半径为 120 的圆的交点为基点，分别旋转-5° 和 5°，旋转效果如图 13-67 所示。

Step 06 在命令行中输入 TRIM 命令，对图形对象进行修剪，修剪效果如图 13-68 所示。

Step 07 在命令行中输入 ARRAYPOLAR 命令，选择修剪后的倾斜线作为阵列对象，以圆心为阵列中心点，将【项目】设置为 6，将【填充角度】设置为 360°，阵列后的显示效果如图 13-69 所示。

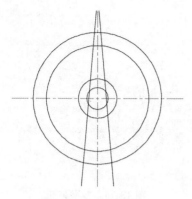

图 13-67 旋转效果

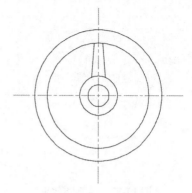

图 13-68 修剪效果

Step 08 在命令行中输入 CIRCLE 命令，以半径为 120 的圆与垂直线段的交点为圆心，绘制一个半径为 80 的圆，绘制效果如图 13-70 所示。

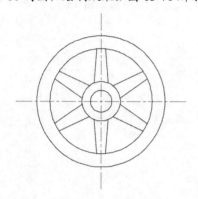

图 13-69 阵列效果

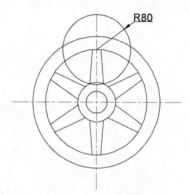

图 13-70 绘制圆效果

Step 09 在命令行中输入 TRIM 命令，对新绘制的圆进行修剪，修剪效果如图 13-71 所示。

Step 10 在命令行中输入 ARRAYPOLAR 命令，选择修剪后的圆弧作为阵列对象，以圆心为阵列中心点，将【项目】设置为 6，将【填充角度】设置为 360°，阵列后的显示效果如图 13-72 所示。

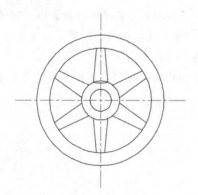

图 13-71 修剪效果

图 13-72 阵列效果

Step 11 在命令行中输入 CIRCLE 命令，以半径为 150 的圆的左象限点为圆心，绘制一个半径为 40 的圆，绘制效果如图 13-73 所示。

Step 12 在命令行中输入 TRIM 命令，对新绘制的圆进行修剪，修剪效果如图 13-74 所示。

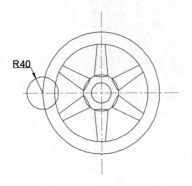

图 13-73　绘制圆效果

图 13-74　修剪效果

Step 13 在命令行中输入 ARRAYPOLAR 命令，选择修剪后的圆弧作为阵列对象，以圆心为阵列中心点，将【项目】设置为 6，将【填充角度】设置为 360°，阵列后的显示效果如图 13-75 所示。

Step 14 在命令行中输入 TRIM 命令，对图形对象进行修剪，修剪效果如图 13-76 所示。

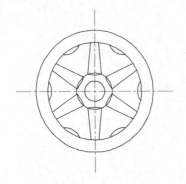

图 13-75　阵列效果

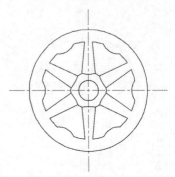

图 13-76　修剪效果

13.7　操作杆

下面将讲解如何绘制操作杆，具体操作步骤如下。

Step 01 在命令行中输入 LAYER 命令，弹出【图层特性管理器】选项板，单击【新建图层】按钮 ，新建两个图层并将其分别重命名为【辅助线】和【轮廓】，将【辅助线】图层的【颜色】设置为【洋红】，将【线型】设置为【CENTER】，继续选中【辅助线】图层，然后单击【置为当前】按钮 ，将【辅助线】图层置为当前图层，如图 13-77 所示。

Step 02 在命令行中输入 LINE 命令，绘制两条互相垂直的线段，将水平线长度设置为 1 000，将垂直线段设置为 400，绘制线段效果如图 13-78 所示。

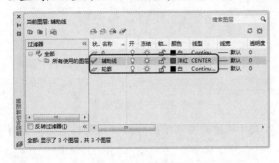

图 13-77　新建图层

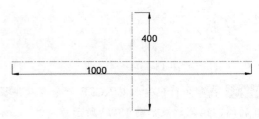

图 13-78　绘制线段

Step 03 在命令行中输入 OFFSET 命令，将水平线段向上偏移 25 的距离，偏移效果如图 13-79 所示。

Step 04 在命令行中输入 ROTATE 命令，根据命令行的提示选择垂直线段作为旋转对象，以上交点作为基点，然后执行【复制】命令，分别将其旋转 30° 和-25°，旋转效果如图 13-80 所示。

图 13-79　偏移效果	图 13-80　旋转效果

Step 05 将【轮廓】图层置为当前图层。在命令行中输入 CIRCLE 命令，以上交点为圆心分别绘制半径为 50、70、90 的圆，绘制圆效果如图 13-81 所示。

Step 06 在命令行中输入 CIRCLE 命令，分别以旋转线段与半径为 70 的圆的上交点为圆心，绘制两组半径分别为 10、20 的圆，绘制圆效果如图 13-82 所示。

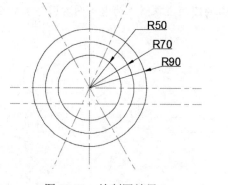
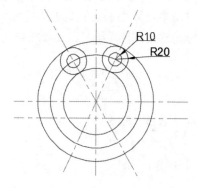

图 13-81　绘制圆效果 1	13-82　绘制圆效果 2

Step 07 在命令行中输入 OFFSET 命令，将半径为 70 的圆分别向内向外偏移 10 的距离，偏移效果如图 13-83 所示。

Step 08 在命令行中输入 XLINE 命令，根据命令行的提示执行【垂直】命令，然后分别拾取左侧半径为 20 的圆的左象限点和右侧半径为 20 的圆的右象限点，绘制构造线效果如图 13-84 所示。

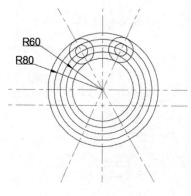
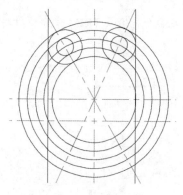

图 13-83　偏移效果	图 13-84　绘制构造线效果

Step 09 在命令行中输入 TRIM 命令，对图形对象进行修剪，修剪效果如图 13-85 所示。

Step 10 在命令行中输入 OFFSET 命令，将红色垂直线段向左偏移 90、140 的距离，偏移效果如图 13-86 所示。

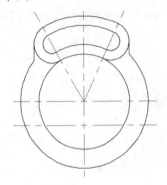

图 13-85　修剪效果 1

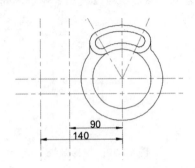

图 13-86　偏移效果

Step 11 在命令行中输入 CIRCLE 命令，分别以偏移线段与下面水平线段的交点为圆心，绘制半径为 15、30 的圆，绘制圆效果如图 13-87 所示。

Step 12 在命令行中输入 LINE 命令，连接两个半径为 15 的圆的象限点，捕捉半径为 30 的圆的下象限点与半径为 70 的圆的切点，然后以半径为 30 的圆的上象限点为起点向右引导鼠标绘制长度为 100 的水平线段，绘制线段效果如图 13-88 所示。

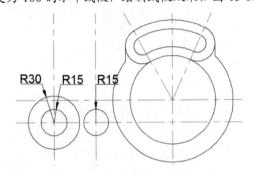

图 13-87　绘制圆效果

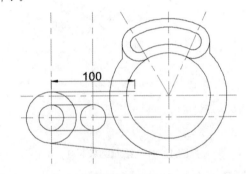

图 13-88　绘制线段效果

Step 13 在命令行中输入 CIRCLE 命令，根据命令行的提示执行【切点、切点、半径】命令，将切点位置确定在新绘制的水平线段和右侧图形均相切的圆，将半径设置为 50，绘制圆效果如图 13-89 所示。

Step 14 在命令行输入 TRIM 命令，对图形对象进行修剪，修剪效果如图 13-90 所示。

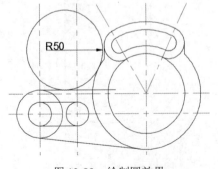

图 13-89　绘制圆效果

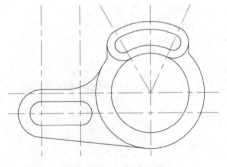

图 13-90　修剪效果 2

Step 15 在命令行中输入 OFFSRT 命令，根据命令行的提示执行【图层】|【当前】命令，将下面红色的水平线段向上和向下偏移 10 的距离，将右侧红的垂直线段向左偏移 240 的距离，偏移效果如图 13-91 所示。

Step 16 在命令行中输入 CIRCLE 命令，以偏移得到的垂直线段与下面红色水平线段的交点为圆心，绘制一个半径为 12.5 的圆，绘制圆效果如图 13-92 所示。

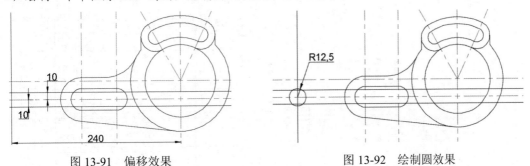

图 13-91　偏移效果　　　　　　　　　　图 13-92　绘制圆效果

Step 17 在命令行中输入 TRIM 命令，对图形对象进行修剪，修剪效果如图 13-93 所示。

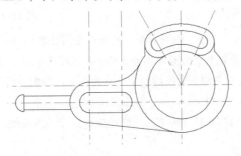

图 13-93　修剪效果

13.8　浇口套

下面讲解如何绘制浇口套，具体操作步骤如下。

Step 01 在命令行中输入 LAYER 命令，弹出【图层特性管理器】选项板，单击【新建图层】按钮，新建两个图层并将其分别重命名为【辅助线】和【轮廓】，将【辅助线】图层的【颜色】设置为【洋红】，将【线型】设置为【CENTER】，继续选中【辅助线】图层，然后单击【置为当前】按钮，将【辅助线】图层置为当前图层，如图 13-94 所示。

Step 02 在命令行中输入 LINE 命令，绘制两条互相垂直的线段，将水平线段设置为 100，将垂直线段设置为 70，绘制线段效果如图 13-95 所示。

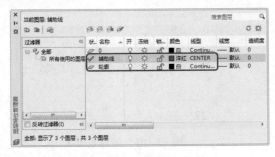
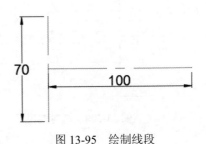

图 13-94　新建图层　　　　　　　　　　图 13-95　绘制线段

Step 03 在命令行中输入 OFFSET 命令，将水平线段向上和向下偏移 2.5 的距离，偏移效果如图 13-96 所示。

Step 04 将【轮廓】图层置为当前图层。继续在命令行中输入 OFFSET 命令，根据命令行的提示执行【图层】|【当前】命令，将中间的水平线段向两侧分别偏移 15、17.5、35 的距离，将垂直线段向右偏移 5、25、100 的距离，偏移效果如图 13-97 所示。

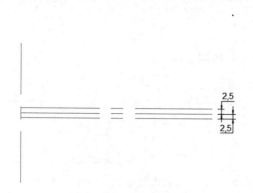

图 13-96 偏移效果 1

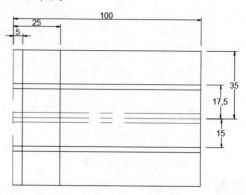

图 13-97 偏移效果 2

Step 05 在命令行中输入 ARC 命令，根据命令行的提示分别拾取偏移距离为 17.5 的水平线段与左侧垂直线段的下交点为起点，拾取垂直偏移距离为 5 的垂直线段与中间水平线段的交点为第二点，拾取偏移距离为 17.5 的水平线段与左侧垂直线段的上交点为端点，绘制圆弧效果如图 13-98 所示。

Step 06 在命令行中输入 ROTATE 命令，分别选择两侧的红色水平线段作为旋转对象，指定线段与圆弧的交点为基点，分别旋转 1° 和-1° ，旋转后的显示效果如图 13-99 所示。

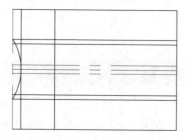

图 13-98 绘制圆弧效果

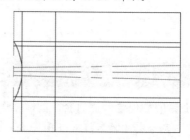

图 13-99 旋转效果

Step 07 在命令行中输入 TRIM 命令，对图形对象进行修剪，修剪效果如图 13-100 所示。

Step 08 在命令行中输入 OFFSET 命令，根据命令行的提示执行【图层】|【源】命令，将中间的水平线段向下偏移 25 的距离，将左侧的垂直线段向右偏移 12 的距离，偏移效果如图 13-101 所示。

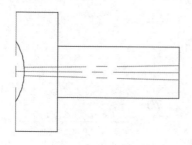

图 13-100 修剪效果

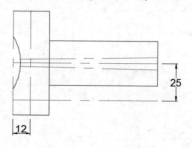

图 13-101 偏移效果 3

Step 09 在命令行中输入 TRIM 命令，对图形对象进行修剪，将 CENTER 线型全局比例因子设置为 0.15，效果如图 13-102 所示。

Step 10 将【辅助线】图层置为当前图层。在命令行中输入 LINE 命令，以中间水平线段右端点为起点，向右引导鼠标绘制一个长度为 100 的水平线段，绘制线段效果如图 13-103 所示。

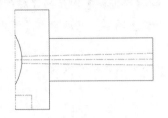
图 13-102　修剪效果 1

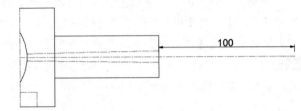
图 13-103　绘制线段效果

Step 11 将【轮廓】图层置为当前图层。在命令行中输入 OFFSET 命令，将最左侧的垂直线段向右偏移 150 的距离，偏移效果如图 13-104 所示。

Step 12 在命令行中输入 CIRCLE 命令，以新偏移线段与水平线的交点为圆心，分别绘制直径为 5、8.3、30、70 的圆，绘制圆效果如图 13-105 所示。

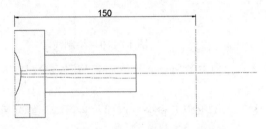

图 13-104　偏移效果 1

图 13-105　绘制圆效果

Step 13 将【辅助线】图层置为当前图层。在命令行中输入 CIRCLE 命令，以圆心为圆心绘制一个直径为 35 的圆，绘制圆效果如图 13-106 所示。

Step 14 在命令行中输入 OFFSET 命令，将最右侧的垂直线段向两侧偏移 2.5 的距离，将水平线段向下偏移 25 的距离，偏移效果如图 13-107 所示。

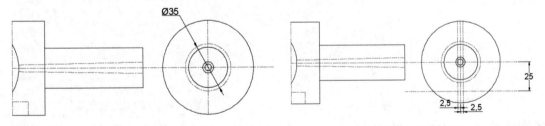

图 13-106　绘制圆效果

图 13-107　偏移效果 2

Step 15 在命令行中输入 TRIM 命令，对图形对象进行修剪，修剪效果如图 13-108 所示。

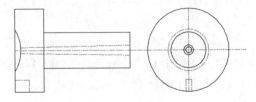

图 13-108　修剪效果 2

13.9 定位圈

下面将讲解如何绘制定位圈，具体操作步骤如下。

Step 01 在命令行中输入 LAYER 命令，弹出【图层特性管理器】选项板，单击【新建图层】按钮，新建两个图层并将其分别重命名为【辅助线】和【轮廓】，将【辅助线】图层的【颜色】设置为【洋红】，将【线型】设置为【CENTER】，继续选中【辅助线】图层，然后单击【置为当前】按钮，将【辅助线】图层置为当前图层，如图 13-109 所示。

Step 02 在命令行中输入 LINE 命令，绘制两条互相垂直的线段，将水平线和垂直线段的长度均设置为 200，绘制线段效果如图 13-110 所示。

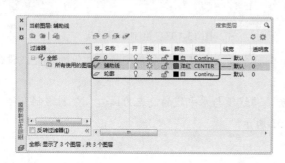

图 13-109 新建图层

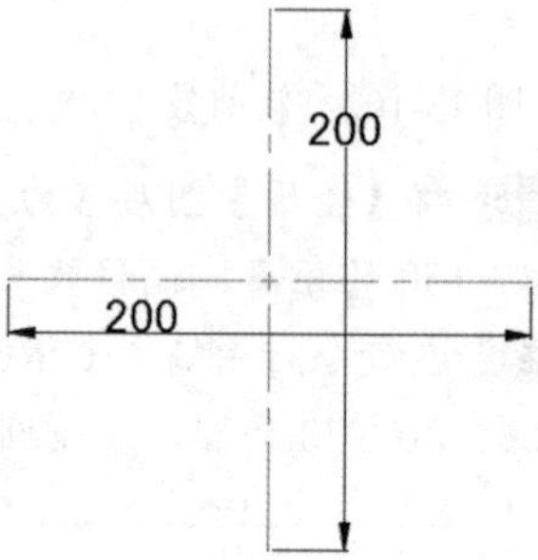

图 13-110 绘制线段

Step 03 在命令行中输入 CIRCLE 命令，以线段的交点为圆心绘制一个半径为 40 的圆，绘制圆效果如图 13-111 所示。

Step 04 将【轮廓】图层置为当前图层。在命令行中输入 CIRCLE 命令，以圆心为圆心，绘制两个半径分别为 30、50 的圆，绘制圆效果如图 13-112 所示。

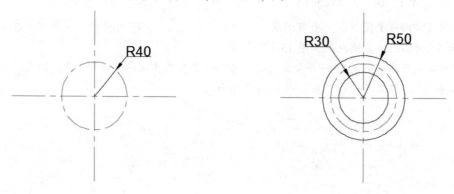

图 13-111 绘制圆效果 1

图 13-112 绘制圆效果 2

Step 05 在命令行中输入 CIRCLE 命令，以垂直线段与半径为 40 的圆的交点为圆心，分别绘制两组半径为 5、8 的圆，绘制圆效果如图 13-113 所示。

Step 06 在命令行中输入 OFFSET 命令，根据命令行的提示执行【图层】|【当前】命令，将垂直线段向左右两侧偏移 8 的距离，偏移效果如图 13-114 所示。

Step 07 在命令行中输入 TRIM 命令，对图形对象进行修剪，修剪效果如图 13-115 所示。

Step 08 在命令行中输入 OFFSET 命令，根据命令行的提示执行【图层】|【源】命令，将垂直线段向右偏移 90 的距离，偏移效果如图 13-116 所示。

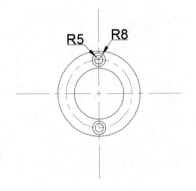

图 13-113　绘制圆效果

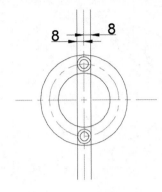

图 13-114　偏移效果 1

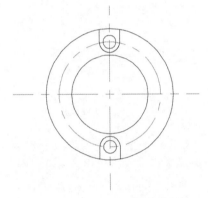

图 13-115　修剪效果

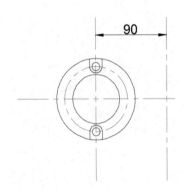

图 13-116　偏移效果 2

Step 09 在命令行中输入 OFFSET 命令，根据命令行的提示执行【图层】|【当前】命令，将最右侧的垂直线段向两侧偏移 10 的距离，偏移效果如图 13-117 所示。

Step 10 在命令行中输入 OFFSET 命令，根据命令行的提示执行【图层】|【源】命令，将中间的水平线段分别向两侧偏移 30、32、35、40、45、50 的距离，偏移效果如图 13-118 所示。

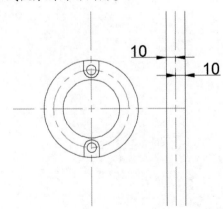

图 13-117　偏移效果 3

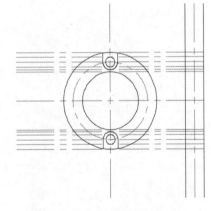

图 13-118　偏移效果 4

Step 11 在命令行中输入 TRIM 命令，对图形对象进行修剪，将 CENTER 线型的全局比例因子设置为 0.15，效果如图 13-119 所示。

Step 12 将右侧图形中最上和最下面的水平线段转换至【轮廓】图层中，转换效果如图 13-120 所示。

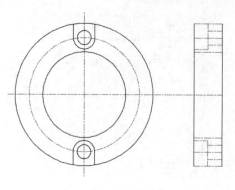

图 13-119　修剪效果

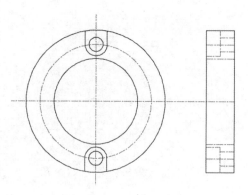

图 13-120　转换图层效果

第14章
绘制定位零件

定位零件是指保证条料或毛坯在模具中的位置正确的零件。包括导料板（或导料销）、挡料销等。本章将讲解支撑套、齿轮轴套、花键轴、回转器、楔键、定位块的绘制。

14.1 支撑套

本例将讲解如何绘制支撑套，其具体操作步骤如下。

Step 01 新建图纸文件，开启线宽模式，在命令行中输入 LA 命令，弹出【图层特性管理器】选项板，新建如图 14-1 所示的图层，将【点画线】置为当前图层。

Step 02 使用【直线】工具，绘制水平长度为 65，垂直长度为 90 的相交直线，如图 14-2 所示。

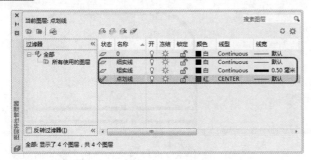

图 14-1　新建图层　　　　　　　　　　　　　　　　　图 14-2　绘制直线

Step 03 使用【偏移】工具，将水平线段向上偏移 19.75、5.25，如图 14-3 所示。

Step 04 使用【偏移】工具，将垂直直线分别向左、向右偏移 16.5，如图 14-4 所示。

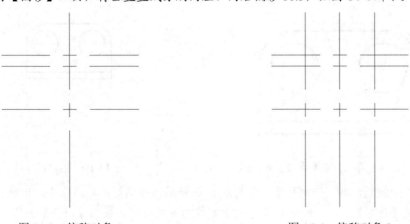

图 14-3　偏移对象 1　　　　　　　　　　　　　　　图 14-4　偏移对象 2

Step 05 在命令行中输入 LA 命令，将【粗实线】图层置为当前图层，如图 14-5 所示。

Step 06 使用【矩形】工具，将矩形的长度设置为 60，宽度为 37.5，绘制矩形，使用【移动】工具，移动矩形的位置，如图 14-6 所示。

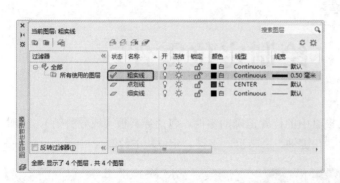

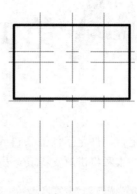

图 14-5　将【粗实线】置为当前图层　　　　　　图 14-6　移动矩形的位置

Step 07 使用【圆角】工具，将【圆角半径】设置为 13，如图 14-7 所示。

Step 08 将绘制的矩形对象进行分解，将矩形的下侧边向上偏移 4.5，将多余的辅助线删除，如图 14-8 所示。

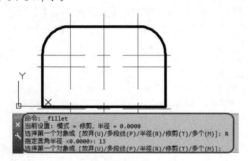

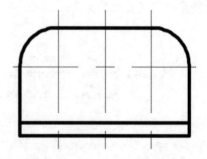

图 14-7　圆角对象　　　　　　　　　　图 14-8　偏移对象并删除多余的辅助线

Step 09 使用【圆】工具，绘制半径为 9 的圆，并使用【打断】工具打断辅助线，将多余的线段删除，如图 14-9 所示。

Step 10 使用【偏移】工具，将水平直线向下偏移 49.5，如图 14-10 所示。

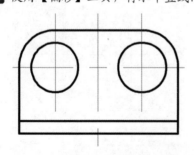

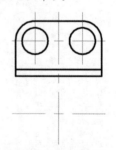

图 14-9　绘制圆并删除不需要的辅助线　　　　图 14-10　偏移辅助线

Step 11 使用【矩形】工具，绘制长度和宽度为 42 的矩形，并调整矩形的位置，如图 14-11 所示。

Step 12 使用【矩形】工具，绘制长度为 13、宽度为 6 的矩形，使用【圆角】工具，将【圆角半径】设置为 3，对矩形进行圆角处理，如图 14-12 所示。

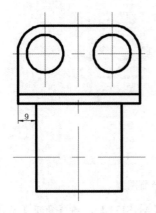

图 14-11　绘制矩形并调整矩形的位置

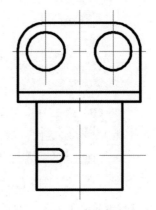

图 14-12　绘制圆角矩形

Step 13 使用【镜像】工具，镜像图形对象，如图 14-13 所示。

Step 14 使用【矩形】工具，绘制长度为 21、宽度为 34.5 的矩形，如图 14-14 所示。

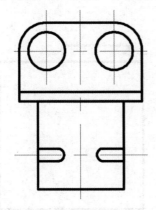

图 14-13　镜像图形对象

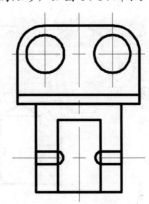

图 14-14　绘制矩形

Step 15 使用【修剪】工具，修剪图形对象，如图 14-15 所示。

Step 16 使用【直线】工具，绘制直线，如图 14-16 所示。

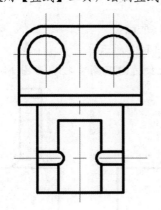

图 14-15　修剪对象

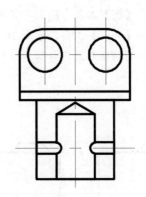

图 14-17　绘制直线

Step 17 在命令行中输入 LA 命令，将【细实线】图层置为当前图层，如图 14-17 所示。

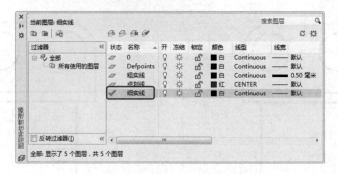

图 14-17　将【细实线】置为当前图层

Step 18 使用【图案填充】工具，将【图案填充】设置为【ANSI31】，将【角度】设置为 0，将【比例】设置为 1，如图 14-18 所示。

Step 19 将【粗实线】置为当前图层，使用【矩形】工具，绘制两个面积分别为 42×42、19.5×4.5 的矩形，如图 14-19 所示。

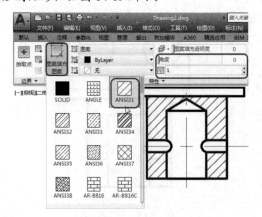

图 14-18　图案填充　　　　　　　　　　图 14-19　绘制矩形 1

Step 20 使用【倒角】工具，将【倒角距离】设置为 4.5，然后对小矩形进行倒角处理，如图 14-20 所示。

Step 21 使用【圆】工具，绘制半径为 3 的圆，如图 14-21 所示。

Step 22 使用【矩形】工具，绘制 10.5×33 的矩形，如图 14-22 所示。

Step 23 将绘制的矩形进行分解，使用【偏移】工具，将上侧边向下偏移 4.5，如图 14-23 所示。

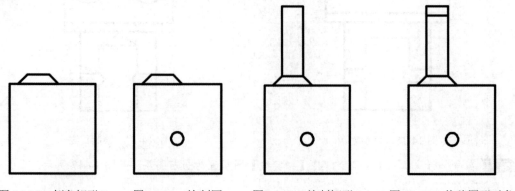

图 14-20　倒角矩形 2　　　图 14-21　绘制圆　　　图 14-22　绘制矩形 3　　　图 14-23　偏移图形对象

Step 24 将【细实线】图层置为当前图层，使用【图案填充】工具，将【比例】设置为 0.5，填充图形对象，如图 14-24 所示。最终效果如图 14-25 所示。

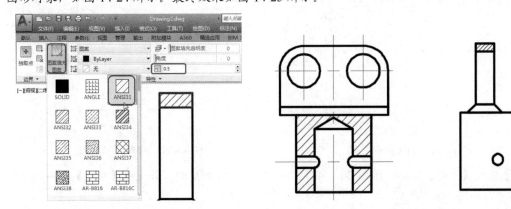

图 14-24 填充图形对象　　　　　　　　图 14-25 绘制的支撑套最终效果

14.2 齿轮轴套

下面将讲解如何绘制齿轮轴套，首先使用直线、圆、偏移工具绘制出齿轮轴套的轮廓，然后使用修剪工具修剪图形，并使用倒角工具倒角图形，从而轻松地绘制出整体效果，其具体操作步骤如下。

Step 01 新建图纸文件，在命令行中输入 LA 命令，新建如图 14-26 所示的图层。

Step 02 使用【直线】工具，绘制水平长度为 150、垂直长度为 70 的直线，如图 14-27 所示。

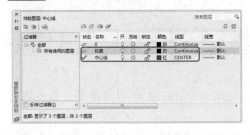

图 14-26 新建图层　　　　　　　　　　图 14-27 绘制直线

Step 03 使用【偏移】工具，将垂直长度向左偏移 25、25，如图 14-28 所示。

Step 04 将右侧的辅助线删除，将【轮廓】图层置为当前图层，使用【圆】工具，绘制半径为 10 的圆，如图 14-29 所示。

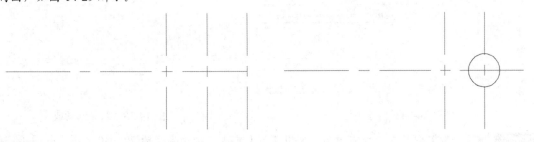

图 14-28 偏移对象　　　　　　　　　　图 14-29 绘制圆

Step 05 将右侧的线段分别向左、右偏移 3，将水平线段向上偏移 13，如图 14-30 所示，选择偏移后的线段，将图层更改为【轮廓】图层。

Step 06 使用【修剪】工具，修剪图形对象，如图 14-31 所示。

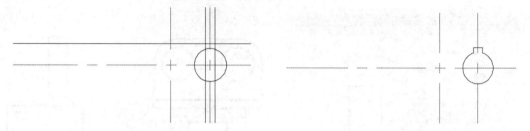

图 14-30　偏移图形对象　　　　　　　　图 14-31　修剪图形对象

Step 07 使用【矩形】工具，绘制 20×50、37×30、3×30 的矩形，并使用【移动】工具，移动图形对象，如图 14-32 所示。

Step 08 使用【倒角】工具，将【倒角距离】设置为 2，将对图形对象进行倒角处理，如图 14-33 所示。

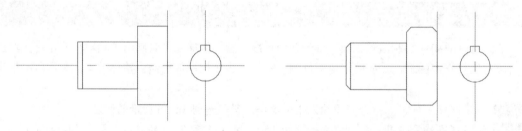

图 14-32　绘制矩形并移动图形对象　　　　图 14-33　倒角处理图形对象

14.3　花键轴

下面将讲解如何绘制花键轴，其具体操作步骤如下。

Step 01 新建图纸文件，在命令行中输入 LA 命令，新建如图 14-34 所示的图层，开启线宽模式。

Step 02 使用【直线】工具，绘制水平长度为 180，垂直长度为 50 的两条辅助线，如图 14-35 所示。

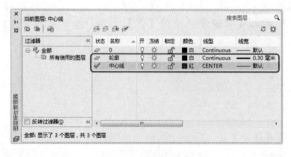

图 14-34　新建图层　　　　　　　　　　图 14-35　绘制辅助线

Step 03 将【轮廓】图层置为当前图层，使用【圆】工具，绘制半径为 20、30 的圆，如图 14-36 所示。

Step 04 使用【矩形】工具，绘制长度为 10、宽度为 10 的矩形，如图 14-37 所示。

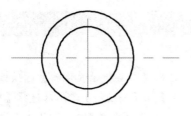

图 14-36 绘制圆

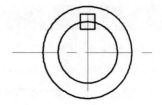

图 14-37 绘制矩形

Step 05 使用【修剪】工具，修剪图形对象，如图 14-38 所示。

Step 06 使用【环形阵列】工具，选择如图 14-39 所示的对象作为要阵列的对象。

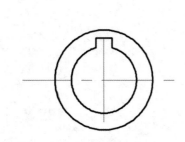

图 14-38 修剪图形对象

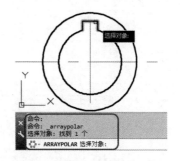

图 14-39 选择要阵列的对象

Step 07 指定阵列的基点，将【项目数】设置为 8，如图 14-40 所示。

Step 08 将阵列的对象进行分解，使用【修剪】工具修剪图形对象，如图 14-41 所示。

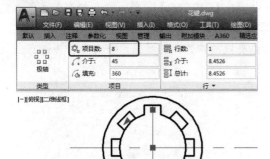

图 14-40 设置项目数

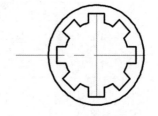

图 14-41 修剪图形对象

Step 09 使用【矩形】工具，绘制两个 25×50、65×36 的矩形，最终效果如图 14-42 所示。

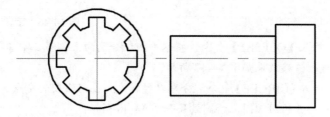

图 14-42 花键轴最终效果

14.4 回转器

下面将讲解如何绘制回转器，其具体操作步骤如下。

Step 01 新建一个图形文件，在命令行中输入 LA 命令，弹出【图层特性管理器】选项板，单击【新建图层】按钮 ，新建两个图层并将其重命名为【轮廓】和【辅助线】，然后选择【辅助线】图层并单击【置为当前】按钮，将【辅助线】图层置为当前图层，并将【颜色】设置为【红】，将【线型】设置为【ACAD-ISO04W100】，如图 14-43 所示。

Step 02 在命令行中输入【LINE】命令，绘制两条互相垂直的辅助线，长度均为 100，绘制效果如图 14-44 所示。

图 14-43　新建图层并重命名　　　　　　　　　　　　图 14-44　绘制线段

Step 03 将【轮廓】图层置为当前图层，在命令行中输入【CIRCLE】命令，以互相垂直线段的交点为圆心绘制两个半径分别为 13、27.5 的同心圆，绘制圆的效果如图 14-45 所示。

Step 04 在命令行中输入【ROTATE】命令，选择垂直线段作为旋转对象，将交点作为基点分别旋转-23°和43°，旋转效果如图 14-46 所示。

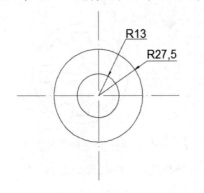

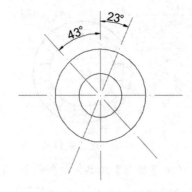

图 14-45　绘制圆效果　　　　　　　　　　　　图 14-46　旋转效果

Step 05 在命令行中输入【OFFSET】命令，将水平线段分别向上偏移 27、34 的距离，使用【修剪】工具修剪辅助线，偏移效果如图 14-47 所示。

Step 06 在命令行中输入【CIRCLE】命令，分别以倾斜线与偏移线段的交点为圆心，绘制两组相同的半径分别为 3.5、5.5 的同心圆，绘制效果如图 14-48 所示。

Step 07 在命令行中输入【OFFSET】命令，将下面的水平线分别向上、向下偏移 2，将垂直线段向左偏移 34，将两条倾斜线分别向两侧偏移 5.5，偏移效果如图 14-49 所示。

Step 08 选中所有新偏移的对象将其转换至【轮廓】图层中，转换效果如图 14-50 所示。

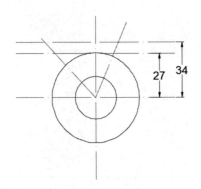

图 14-47　偏移效果

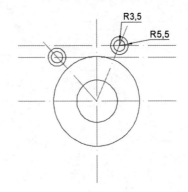

图 14-48　绘制圆效果

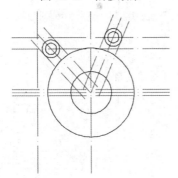

图 14-49　偏移效果

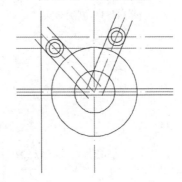

图 14-50　转换图层效果

Step 09 在命令行中输入【TRIM】命令，按两次【Enter】键对图形对象进行修剪，修剪效果如图 14-51 所示。

Step 10 在命令行中输入【LINE】命令，连接两条通过圆心的直线，连接效果如图 14-52 所示。

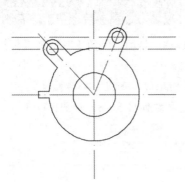

图 14-51　修剪效果

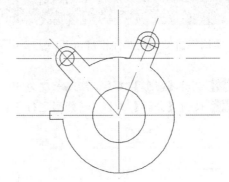

图 14-52　连接效果

Step 11 在命令行中输入【ERASE】命令，将多余的线段删除，删除效果如图 14-53 所示。

Step 12 在命令行中输入【ARRAYPOLAR】命令，根据命令行的提示操作，选择图形阵列对象，如图 14-54 所示。

Step 13 指定阵列的基点，将【项目数】设置为 13，将【填充角度】设置为 190°，阵列后的显示效果如图 14-55 所示。

Step 14 在命令行中输入【TRIM】命令，按两次【Enter】键对图形对象进行修剪，修剪效果如图 14-56 所示。

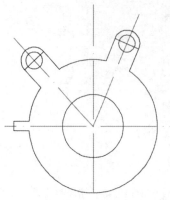

图 14-53　删除效果

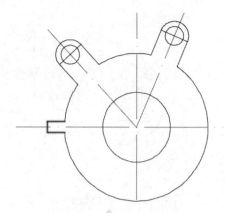

图 14-54　选择阵列对象

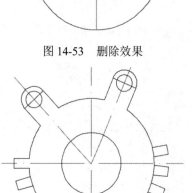

图 14-55　阵列效果

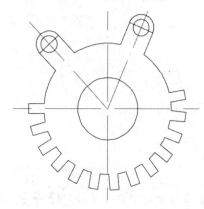

图 14-56　修剪效果

14.5　楔键

本例将讲解如何绘制楔键，其中主要用到了直线、偏移、修剪、倒角工具，其具体操作步骤如下。

Step 01 使用【矩形】工具，绘制长度为 30、宽度为 10 的矩形，如图 14-57 所示。

Step 02 使用【分解】工具，将矩形进行分解，将左侧边向右偏移 5、8，如图 14-58 所示。

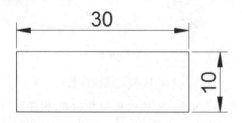

图 14-57　绘制矩形

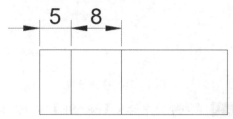

图 14-58　偏移对象

Step 03 使用【矩形】工具，绘制长度为 30、宽度为 20 的矩形，如图 14-59 所示。

Step 04 将矩形分解，使用【偏移】工具，将上侧边向下偏移 8，将左侧边向右偏移 13，如图 14-60 所示。

Step 05 使用【修剪】工具，修剪图形对象，如图 14-61 所示。

Step 06 使用【倒角】工具，将【倒角距离】设置为 5，如图 14-62 所示。

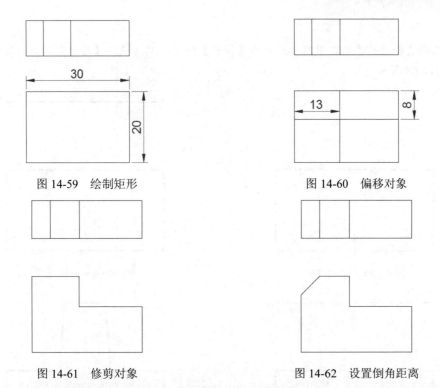

图 14-59 绘制矩形　　　　　　　　　　　　图 14-60 偏移对象

图 14-61 修剪对象　　　　　　　　　　　　图 14-62 设置倒角距离

14.6 定位块

下面将讲解如何绘制定位块，其中主要使用矩形、分解、直线、偏移、旋转、修剪工具进行绘制，其具体操作步骤如下。

Step 01 新建图纸文件，在命令行中输入 LA 命令，新建如图 14-63 所示的图层，将【轮廓】图层置为当前图层。

Step 02 开启线宽模式，使用【矩形】工具，绘制长度为 120、宽度为 60 的矩形，如图 14-64 所示。

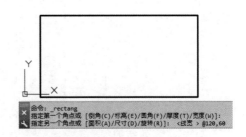

图 14-63 新建图层　　　　　　　　　　　　图 14-64 绘制矩形

Step 03 使用【直线】工具，捕捉矩形的底边中心，确定直线的第一点，向上引导鼠标，输入 120，绘制一条直线，更改线段的图层为【辅助线】图层，如图 14-65 所示。

Step 04 使用【分解】工具，分解图形对象，使用【偏移】工具，选择矩形上方的边，向上偏移 50，选择垂直直线向左、向右各偏移 25，如图 14-66 所示。

Step 05 使用【旋转】工具，选择拾取左侧垂直线段和右侧的垂直线段，旋转-5、5，如图 14-67

所示。

Step 06 选择旋转后的直线，更改其图层为【轮廓】图层，然后使用【修剪】工具，修剪图形对象，如图 14-68 所示。

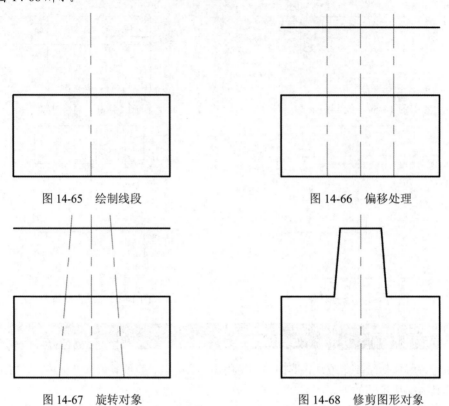

图 14-65　绘制线段　　　　　　　　　　图 14-66　偏移处理

图 14-67　旋转对象　　　　　　　　　　图 14-68　修剪图形对象

第15章
绘制螺纹与工具零件

　　螺纹类零件按功能分为两大类：螺纹紧固型和螺纹传动型，主要包括盖形螺母、螺栓、碟形螺母、调节螺杆等；工具类零件主要应用于日常生活中常见的工具，以及机械装配和机器操作零件的绘制，如梅花扳手、六角扳手、拉环、方向盘、螺丝刀、支架。下面将一一讲解如何绘制零件的方法和技巧。

15.1　盖形螺母

　　下面将讲解如何绘制盖形螺母，具体操作步骤如下。

Step 01 在命令行中输入 LAYER 命令，弹出【图层特性管理器】选项板，单击【新建图层】按钮，新建两个图层并将其分别重命名为【辅助线】和【轮廓】，将【辅助线】图层的【颜色】设置为【洋红】，将【线型】设置为【CENTER】，继续选中【辅助线】图层，然后单击【置为当前】按钮，将【辅助线】图层置为当前图层，如图15-1所示。

Step 02 在命令行中输入 LINE 命令，绘制两条互相垂直的线段，将水平线段设置为 200，将垂直线段设置为 100，绘制线段效果如图15-2所示。

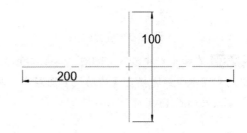

　　　　图 15-1　新建图层　　　　　　　　　　　　图 15-2　绘制线段效果

Step 03 将【轮廓】图层置为当前图层。在命令行中输入 CIRCLE 命令，以两条线的交点为圆心，分别绘制半径为 5.5、6、10 的圆，绘制圆效果如图15-3所示。

Step 04 在命令行中输入 POLYGON 命令，根据命令行的提示将正多边形的面数设置为6，指定圆心为正多边形的中心点，然后执行【外切于圆】命令，将圆半径设置为10，绘制效果如图15-4所示。

Step 05 在命令行中输入 BREAK 命令，根据命令行的提示选择半径为 6 的圆作为打断对象，然后指定【第一点】，再指定【第二点】，即可将其打断，打断效果如图15-5所示。

Step 06 在命令行中输入 OFFSET 命令，根据命令行的提示执行【图层】|【当前】命令，将垂直线段向右偏移30、45的距离，将水平线段分别向两侧偏移5.5、6、10的距离，偏移效果如图15-6所示。

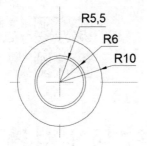

图 15-3　绘制圆效果

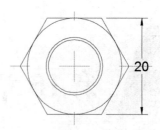

图 15-4　绘制正六边形效果

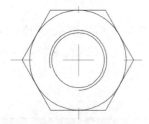

图 15-5　打断效果

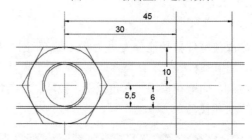

图 15-6　偏移效果

Step 07 在命令行中输入 TRIM 命令，对图形对象进行修剪，修剪效果如图 15-7 所示。

Step 08 在命令行中输入 CIRCLE 命令，以最右侧垂直线段的中心点为圆心，绘制一个半径为 10 的圆，绘制效果如图 15-8 所示。

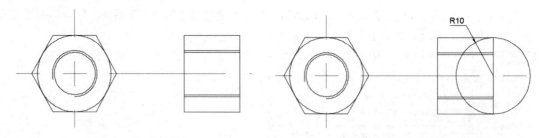

图 15-7　修剪效果

图 15-8　绘制圆效果

Step 09 在命令行中输入 TRIM 命令，对图形对象进行修剪，修剪完成后将打断的圆和右侧图形中的中间水平线转换至【辅助线】图层中，将 CENTER 线型的全局比例因子设置为 0.25，最终完成效果如图 15-9 所示。

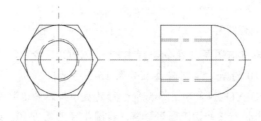

图 15-9　完成效果

15.2　螺栓

下面将讲解如何绘制螺栓，具体操作步骤如下。

Step 01 在命令行中输入 LAYER 命令，弹出【图层特性管理器】选项板，单击【新建图层】按钮，新建两个图层并将其分别重命名为【辅助线】和【轮廓】，将【辅助线】图层的【颜色】设置为【洋红】，将【线型】设置为【CENTER】，继续选中【辅助线】图层，然后单击【置为当前】按钮，将【辅助线】图层置为当前图层，如图 15-10 所示。

Step 02 将 CENTER 线型的全局比例因子设置为 0.25，在命令行中输入 LINE 命令，绘制两条互相垂直的线段，将水平线段设置为 100，将垂直线段设置为 50，绘制线段效果如图 15-11 所示。

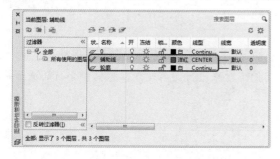

图 15-10　新建图层

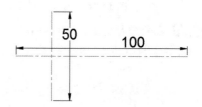

图 15-11　绘制线段效果

Step 03 将【轮廓】图层置为当前图层。在命令行中输入 CIRCLE 命令，以交点为圆心，绘制两个半径分别为 5、10 的圆，绘制圆效果如图 15-12 所示。

Step 04 在命令行中输入 OFFSET 命令，根据命令行的提示执行【图层】|【当前】命令，将垂直线段分别向两侧偏移 7 的距离，偏移效果如图 15-13 所示。

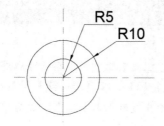

图 15-12　绘制圆效果

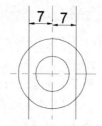

图 15-13　偏移效果

Step 05 在命令行中输入 TRIM 命令，对图形对象进行修剪，修剪效果如图 15-14 所示。

Step 06 在命令行中输入 OFFSET 命令，将中间红色的水平线段分别向两侧偏移 5、10 的距离，将红色垂直线段向右偏移 20 的距离，偏移效果如图 15-15 所示。

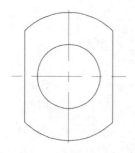

图 15-14　修剪效果

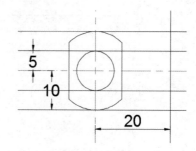

图 15-15　偏移效果

Step 07 在命令行中输入 OFFSET 命令，将最右侧的垂直线段分别向右偏移 5、29、30 的距离，偏移效果如图 15-16 所示。

Step 08 在命令行中输入 TRIM 命令，对图形对象进行修剪，修剪效果如图 15-17 所示。

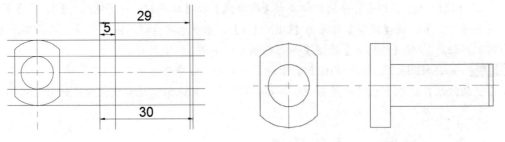

图 15-16　偏移效果　　　　　　　　　　　图 15-17　修剪效果

Step 09 在命令行中输入 CHAMFER 命令，对图形对象进行倒角处理，根据命令行的提示将倒角【距离】设置为 1，倒角效果如图 15-18 所示。

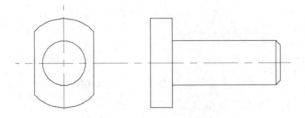

图 15-18　倒角效果

15.3　碟形螺母

　　下面将讲解如何绘制碟形螺母，其具体操作步骤如下。

Step 01 在命令行中输入 LAYER 命令，弹出【图层特性管理器】选项板，单击【新建图层】按钮，新建两个图层并将其分别重命名为【辅助线】和【轮廓】，将【辅助线】图层的【颜色】设置为【洋红】，将【线型】设置为【CENTER】，继续选中【辅助线】图层，然后单击【置为当前】按钮，将【辅助线】图层置为当前图层，如图 15-19 所示。

Step 02 将 CENTER 线型的全局比例因子设置为 0.25，在命令行中输入 LINE 命令，绘制两条互相垂直的线段，将水平线段设置为 100，将垂直线段设置为 50，绘制线段效果如图 15-20 所示。

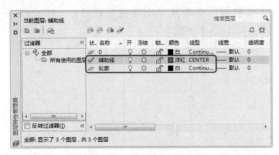

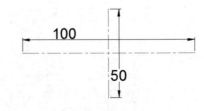

图 15-19　新建图层　　　　　　　　　　　图 15-20　绘制线段

Step 03 在命令行中输入 OFFSET 命令，将垂直线段向右偏移 6、7 的距离，偏移效果如图 15-21 所示。

Step 04 将【轮廓】图层置为当前图层。继续在命令行中输入 OFFSET 命令，根据命令行的提示执行【图层】|【当前】命令，将水平线段分别向两侧偏移 6 的距离，将最左侧的垂直线段向右

偏移 10、13 的距离，偏移效果如图 15-22 所示。

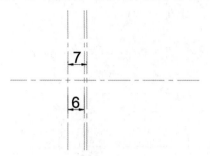

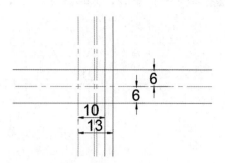

图 15-21 偏移效果   图 15-22 偏移效果

Step 05 在命令行中输入 TRIM 命令，对图形对象进行修剪，修剪效果如图 15-23 所示。

Step 06 在命令行中输入 LINE 命令，绘制如图 15-24 所示的倾斜线。

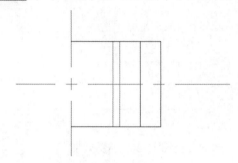

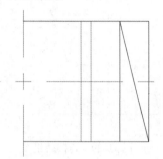

图 15-23 修剪效果   图 15-24 绘制倾斜线

Step 07 在命令行中输入 TRIM 命令，对图形对象进行修剪，将 CENTER 线型的全局比例因子设置为 0.1，效果如图 15-25 所示。

Step 08 在命令行中输入 MIRROR 命令，选中最左侧垂直线段右侧的所有图形对象作为镜像对象，并以该垂直线段作为镜像线，进行镜像操作，镜像效果如图 15-26 所示。

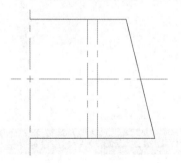

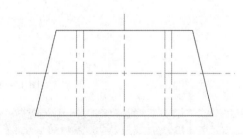

图 15-25 修剪效果   图 15-26 镜像效果

Step 09 在命令行中输入 OFFSET 命令，根据命令行的提示执行【图层】|【源】命令，将中间红色的垂直线段向右偏移 21 的距离，将红色水平线段向上偏移 15 的距离，偏移效果如图 15-27 所示。

Step 10 在命令行中输入 CIRCLE 命令，以偏移线段左上角的交点为圆心，绘制一个半径为 7.5 的圆，绘制圆效果如图 15-28 所示。

Step 11 在命令行中输入 LINE 命令，分别连接右上角点与右下角点与圆的切点，连接效果如图 15-29 所示。

Step 12 在命令行中输入 TRIM 命令，对图形对象进行修剪，修剪效果如图 15-30 所示。

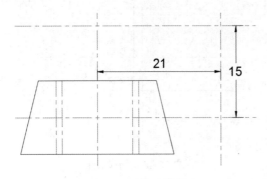

图 15-27　偏移效果

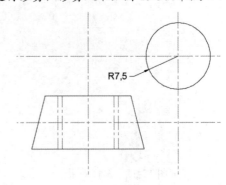

图 15-28　绘制圆效果

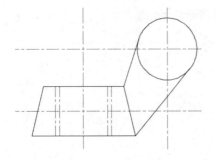

图 15-29　连接效果

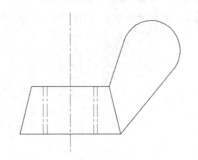

图 15-30　修剪效果

Step 13 在命令行中输入 MIRROR 命令，选择右侧新绘制的图形对象作为镜像对象，以中间的垂直线段作为镜像线，进行镜像操作，镜像效果如图 15-31 所示。

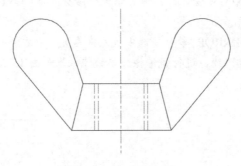

图 15-31　镜像效果

15.4　调节螺杆

下面将讲解如何绘制调节螺杆，具体操作步骤如下。

Step 01 在命令行中输入 LAYER 命令，弹出【图层特性管理器】选项板，单击【新建图层】按钮，新建两个图层并将其分别重命名为【辅助线】和【轮廓】，将【辅助线】图层的【颜色】设置为【洋红】，将【线型】设置为【CENTER】，继续选中【辅助线】图层然后单击【置为当前】按钮，将【辅助线】图层置为当前图层，如图 15-32 所示。

Step 02 将 CENTER 线型的全局比例因子设置为 0.25，在命令行中输入 LINE 命令，绘制一条长度为 100 的水平线段，绘制线段效果如图 15-33 所示。

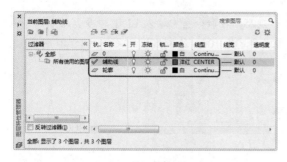

图 15-32　新建图层
图 15-33　绘制线段 

Step 03 将【轮廓】图层置为当前图层。在命令行中输入 LINE 命令，绘制一条长度为 50 的垂直线段，绘制线段效果如图 15-34 所示。

Step 04 在命令行中输入 OFFSET 命令，根据命令行的提示执行【图层】|【当前】命令，将水平线段分别向两侧偏移 3、5、6、8 的距离，将垂直线段向右偏移 10、50、55、75 的距离，偏移效果如图 15-35 所示。

图 15-34　绘制线段效果
图 15-35　偏移效果 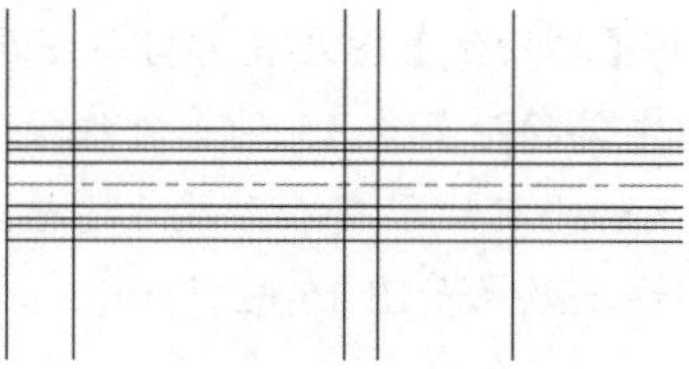

Step 05 在命令行中输入 TRIM 命令，对图形对象进行修剪，修剪效果如图 15-36 所示。

Step 06 在命令行中输入 CHAMFER 命令，根据命令行的提示将【距离】设置为 1，对图形右侧部分进行倒角处理，倒角效果如图 15-37 所示。

图 15-36　修剪效果
图 15-37　倒角效果

Step 07 在命令行中输入 LINE 命令，连接图形中左侧四边形的对角点，连接效果如图 15-38 所示。

图 15-38　连接效果

15.5　梅花扳手

下面将讲解如何绘制梅花扳手，具体操作步骤如下。

Step 01 在命令行中输入 LAYER 命令，弹出【图层特性管理器】选项板，单击【新建图层】按钮，新建两个图层并将其分别重命名为【辅助线】和【轮廓】，将【辅助线】图层的【颜色】设置为【洋红】，将【线型】设置为【CENTER】，继续选中【辅助线】图层，然后单击【置为当前】按钮，将【辅助线】图层置为当前图层，如图 15-39 所示。

Step 02 将 CENTER 线型的全局比例因子设置为 0.25，在命令行中输入 LINE 命令，绘制两条互相垂直的线段，将水平线段设置为 200，将垂直线段设置为 100，绘制线段效果如图 15-40 所示。

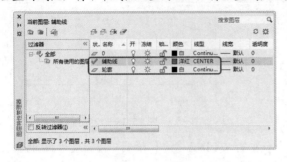

图 15-39　新建图层　　　　　　　　　　　　图 15-40　绘制线段效果

Step 03 将【轮廓】图层置为当前图层。在命令行中输入 OFFSET 命令，根据命令行的提示执行【图层】|【当前】命令，将垂直线段向右偏移 15、30、90 的距离，向左偏移 15 的距离，将水平线段向上偏移 20、40 的距离，偏移效果如图 15-41 所示。

Step 04 将【辅助线】图层置为当前图层。在命令行中输入 LINE 命令，以偏移距离为 20 的水平线段与向左偏移距离为 15 的垂直线段的交点为起点向右引导鼠标，确定第二点位置为向右偏移距离为 15 的垂直线段交点，然后连接最近的右上角点，最后向右引导鼠标，确定交点为端点即可，绘制线段效果如图 15-42 所示。

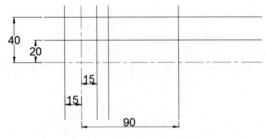
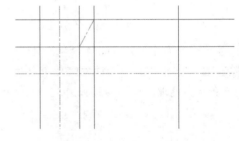

图 15-41　偏移效果　　　　　　　　　　　　图 15-42　绘制线段效果

Step 05 在命令行中输入 ERASE 命令，将多余的线段删除，删除效果如图 15-43 所示。

Step 06 将【轮廓】图层置为当前图层。在命令行中输入 OFFSET 命令，根据命令行的提示执行【图层】|【当前】命令，将垂直线段分别向两侧偏移 12.5 的距离，将最短的水平线段向上偏移 3、6、7 的距离，再将其向下偏移 5、6、7 的距离，偏移效果如图 15-44 所示。

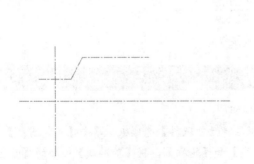
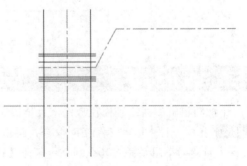

图 15-43　删除效果　　　　　　　　　　　　图 15-44　偏移效果

Step 07 在命令行中输入 TRIM 命令，对图形对象进行修剪，修剪效果如图 15-45 所示。

Step 08 在命令行中输入 OFFSET 命令，将倾斜线和最上面的水平线段分别向两侧偏移 3 的距离，偏移效果如图 15-46 所示。

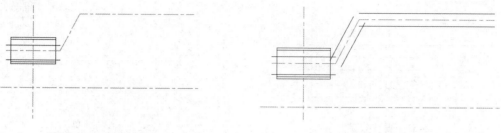

图 15-45　修剪效果　　　　　　　　　　　图 15-46　偏移效果

Step 09 在命令行中输入 FILLET 命令，根据命令行的提示将【半径】设置为 5，然后对图形对象进行圆角处理，圆角效果如图 15-47 所示。

Step 10 在命令行中输入 TRIM 命令，对图形对象进行修剪，修剪效果如图 15-48 所示。

图 15-47　圆角效果　　　　　　　　　　　图 15-48　修剪效果

Step 11 在命令行中输入 CHAMFER 命令，将倒角距离设置为 1，对图形对象进行倒角处理。在命令行中输入 MOVE 命令，将下面的水平线段向下移动到下方合适的位置，移动效果如图 15-49 所示。

Step 12 在命令行中输入 CIRCLE 命令，以最下面的交点为圆心，绘制两个半径分别为 11.5、12.5 的圆，绘制圆效果如图 15-50 所示。

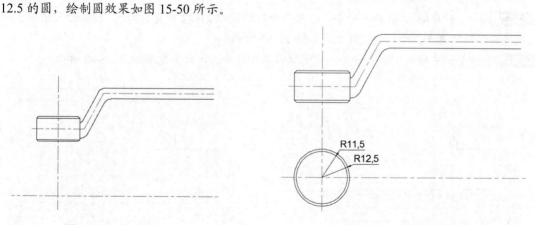

图 15-49　移动效果　　　　　　　　　　　图 15-50　绘制圆效果

Step 13 在命令行中输入 OFFSET 命令，根据命令行的提示执行【图层】|【当前】命令，将最下面的水平线段分别向两侧偏移 7.5 的距离，将红色垂直线段向右偏移 90 的距离，偏移效果如图 15-51 所示。

Step 14 在命令行中输入 TRIM 命令，对图形对象进行修剪，修剪效果如图 15-52 所示。

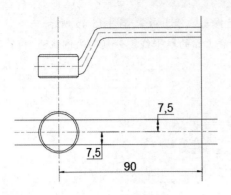

图 15-51　偏移效果

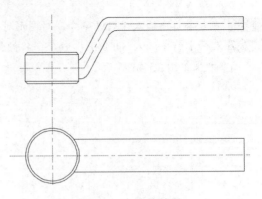

图 15-52　修剪效果

Step 15　在命令行中输入 POLYGON 命令，根据命令行的提示将面数设置为 6，指定圆心为中心点，然后执行【外切于圆】命令，将半径设置为 8，绘制正六边形效果如图 15-53 所示。

Step 16　在命令行中输入 FILLET 命令，对图形对象进行圆角处理，圆角效果如图 15-54 所示。

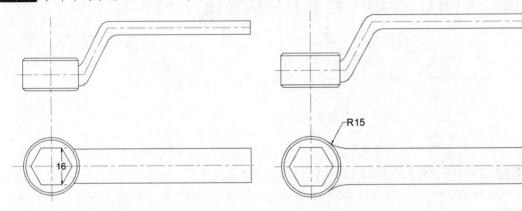

图 15-53　绘制正六边形　　　　　　　　　　　　图 15-54　圆角效果

Step 17　在命令行中输入 XLINE 命令，根据命令行的提示执行【垂直】命令，然后分别拾取上面红色倾斜线的两端点，绘制构造线效果如图 15-55 所示。

Step 18　在命令行中输入 TRIM 命令，对图形对象进行修剪，修剪效果如图 15-56 所示。

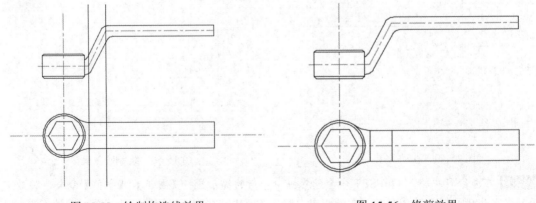

图 15-55　绘制构造线效果　　　　　　　　　　　图 15-56　修剪效果

15.6 六角扳手

下面将讲解如何绘制六角扳手，具体操作步骤如下。

Step 01 在命令行中输入 RECTANG 命令，绘制一个长度为 145、宽度为 8 的矩形，绘制矩形效果如图 15-57 所示。

Step 02 继续在命令行中输入 RECTANG 命令，绘制一个长度为 8、宽度为 25 的矩形，并将新绘制矩形的左上角点调整到原矩形右下角点位置，绘制矩形效果如图 15-58 所示，然后在命令行中输入 EXPLODE 命令，将绘制的两个矩形分解。

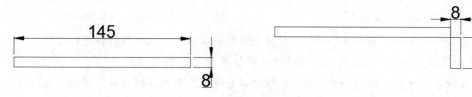

图 15-57 绘制矩形效果   图 15-58 绘制矩形效果

Step 03 在命令行中输入 FILLET 命令，根据命令行的提示将【半径】设置为 8，对图形对象进行圆角处理，圆角效果如图 15-59 所示。

Step 04 在命令行中输入 FILLET 命令，根据命令行的提示将【半径】设置为 5，对图形对象进行圆角处理，圆角效果如图 15-60 所示。

图 15-59 圆角效果 1   图 15-60 圆角效果 2

Step 05 在命令行中输入 ERASE 命令，将多余的线段删除，删除效果如图 15-61 所示。

Step 06 在命令行中输入 POLYGON 命令，将面数设置为 6，捕捉最左边垂直线段的中点，然后向左引导鼠标输入 10 并确定，根据命令行提示操作将【半径】设置为 4，执行【外切于圆】命令，绘制正六边形效果如图 15-62 所示。

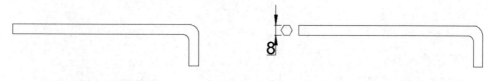

图 15-61 删除效果   图 15-62 绘制正六边形效果

15.7 拉环

下面将讲解如何绘制拉环，具体操作步骤如下。

Step 01 在命令行中输入 CIRCLE 命令，在绘图区中的任意位置指定一点作为圆心，分别绘制半径为 10、47、50、55 的圆，绘制圆效果如图 15-63 所示。

Step 02 在命令行中输入 LINE 命令，以最大圆的左象限点为起点，以右象限点为端点，绘制一条水平线段，绘制线段效果如图 15-64 所示。

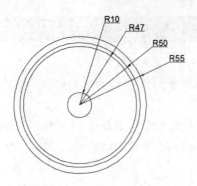

图 15-63　绘制圆效果

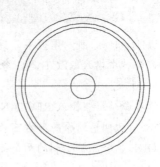

图 15-64　绘制线段效果

Step 03 在命令行中输入 BREAK 命令，根据命令行的提示选择水平线段作为打断对象，然后指定第一点和第二点同为圆心位置，打断后的效果如图 15-65 所示。

Step 04 在命令行中输入 ROTATE 命令，拾取打断的两条水平线段作为旋转对象，并都以圆心作为基点，分别旋转 25° 和-25° ，旋转后的显示效果如图 15-66 所示。

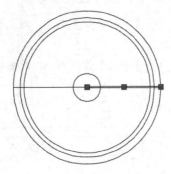

图 15-65　打断效果

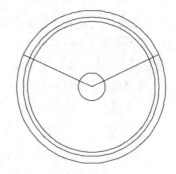

图 15-66　旋转效果

Step 05 在命令行中输入 TRIM 命令，对图形对象进行修剪，修剪效果如图 15-67 所示。

图 15-67　修剪效果

15.8　方向盘

下面将讲解如何绘制方向盘，具体操作步骤如下。

Step 01 在命令行中输入 LAYER 命令，弹出【图层特性管理器】选项板，单击【新建图层】按钮，新建两个图层并将其分别重命名为【辅助线】和【轮廓】，将【辅助线】图层的【颜色】设置为【洋红】，将【线型】设置为【CENTER】，继续选中【辅助线】图层，然后单击【置为当前】按钮 ，将【辅助线】图层置为当前图层，如图 15-68 所示。

Step 02 在命令行中输入 LINE 命令，绘制两条互相垂直的线段，将两条线段均设置为 600，绘制线段效果如图 15-69 所示。

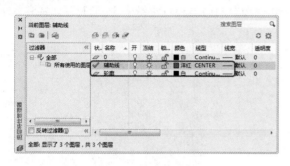

图 15-68　新建图层

图 15-69　绘制线段效果

Step 03 在命令行中输入 CIRCLE 命令，以交点为圆心，绘制一个长度为 270 的圆，绘制圆效果如图 15-70 所示。

Step 04 将【轮廓】图层置为当前图层。在命令行中输入 CIRCLE 命令，以圆心为圆心，分别绘制半径为 70、80 的圆，绘制圆效果如图 15-71 所示。

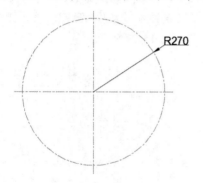

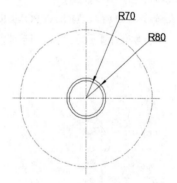

图 15-70　绘制圆效果 1

图 15-71　绘制圆效果 2

Step 05 在命令行中输入 OFFSET 命令，根据命令行的提示执行【图层】|【当前】命令，将半径为 270 的圆分别向内和向外偏移 18 的距离，偏移效果如图 15-72 所示。

Step 06 在命令行中输入 OFFSET 命令，根据命令行的提示执行【图层】|【源】命令，将水平线段向上偏移 140 的距离，将垂直线段向左偏移 50 的距离，偏移效果如图 15-73 所示。

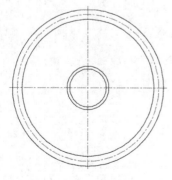

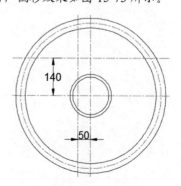

图 15-72　偏移效果 3

图 15-73　偏移效果 4

Step 07 将【辅助线】图层置为当前图层。在命令行中输入 CIRCLE 命令，以新偏移线段的左上交点为圆心，绘制一个半径为 150 的圆，绘制圆效果如图 15-74 所示。

Step 08 将【轮廓】图层置为当前图层。在命令行中输入 OFFSET 命令，根据命令行的提示执行【图层】|【当前】命令，将新绘制的半径为 150 的圆分别向内和向外偏移 30 的距离，偏移效果如图 15-75 所示。

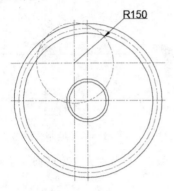

图 15-74　绘制圆效果

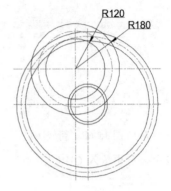

图 15-75　偏移效果

Step 09 在命令行中输入 TRIM 命令，对图形对象进行修剪，修剪效果如图 15-76 所示。

Step 10 在命令行中输入 ARRAYPOLAR 命令，选择修剪后的图形对象作为阵列对象，指定圆心为中心点，将【项目】设置为 3，阵列完成后的显示效果如图 15-77 所示。

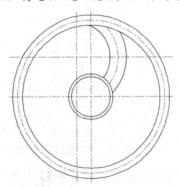

图 15-76　修剪效果

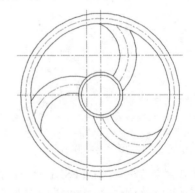

图 15-77　阵列效果

Step 11 在命令行中将多余的线段进行删除，删除后的显示效果如图 15-78 所示。

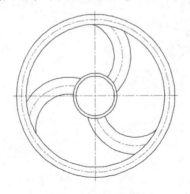

图 15-78　删除效果

15.9　螺丝刀

下面将讲解如何绘制螺丝刀，具体操作步骤如下。

Step 01 在命令行中输入 LAYER 命令，弹出【图层特性管理器】选项板，单击【新建图层】按钮🗐，新建两个图层并将其分别重命名为【辅助线】和【轮廓】，将【辅助线】图层的【颜色】设置为【洋红】，将【线型】设置为【CENTER】，继续选中【辅助线】图层，然后单击【置为当前】按钮✍，将【辅助线】图层置为当前图层，如图 15-79 所示。

Step 02 将 CENTER 线型的全局比例因子设置为 0.5，在命令行中输入 LINE 命令，绘制两条互相垂直的线段，将水平线段长度设置为 200，将垂直线段长度设置为 100，绘制线段效果如图 15-80 所示。

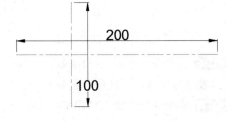

图 15-79　新建图层　　　　　　　　　　　　图 15-80　绘制线段效果

Step 03 将【轮廓】图层置为当前图层。在命令行中输入 ELLIPSE 命令，根据命令行的提示操作指定椭圆中心点为线段的交点，将长半轴设置为 35，将短半轴设置为 8，绘制椭圆效果如图 15-81 所示。

Step 04 在命令行中输入 OFFSET 命令，根据命令行的提示执行【图层】|【当前】图层，将水平线段分别向两侧偏移 2、5 的距离，将垂直线段向右偏移 32、35 的距离，偏移效果如图 15-82 所示。

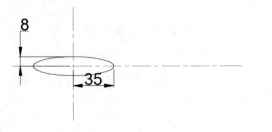

图 15-81　绘制椭圆效果　　　　　　　　　　图 15-82　偏移效果 1

Step 05 在命令行中输入 TRIM 命令，对图形对象进行修剪，修剪效果如图 15-83 所示。

Step 06 在命令行中输入 OFFSET 命令将红色垂直线段向右偏移 110、115 的距离，偏移效果如图 15-84 所示。

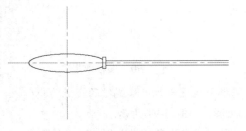

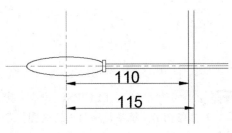

图 15-83　修剪效果　　　　　　　　　　　　图 15-84　偏移效果 2

Step 07 在命令行中输入 OFFSET 命令，将中间的水平线段向两侧偏移 1.5 的距离，偏移效果如图 15-85 所示。

Step 08 在命令行中输入 XLINE 命令，根据命令行的提示将【角度】设置为-15°，然后捕捉最右侧垂直线段与向上偏移 1.5 距离的水平线段的交点确定构造线的位置，绘制构造线效果如图 15-86 所示。

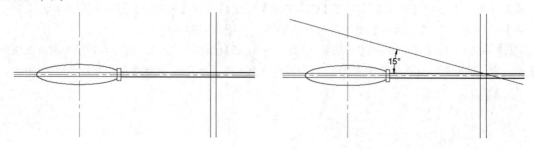

图 15-85　偏移效果`1　　　　　　　　　　图 15-86　绘制构造线效果

Step 09 在命令行中输入 MIRROR 命令，选择新绘制的构造线作为镜像对象，以中间的红色水平线段作为镜像线，镜像效果如图 15-87 所示。

Step 10 在命令行中输入 MIRROR 命令，选择两条构造线作为镜像对象，以从右数第二条垂直线段作为镜像线，进行镜像操作，镜像效果如图 15-88 所示。

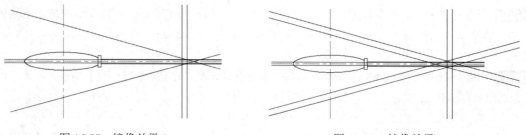

图 15-87　镜像效果 1　　　　　　　　　　图 15-88　镜像效果 2

Step 11 在命令行中输入 TRIM 命令，对图形对象进行修剪，修剪效果如图 15-89 所示。

Step 12 在命令行中输入 OFFSET 命令，将红色的垂直线段分别向两侧偏移 20 的距离，将中间红色水平线段向两侧偏移 2.5 的距离，偏移效果如图 15-90 所示。

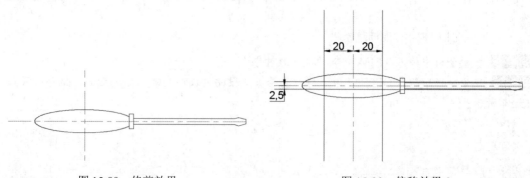

图 15-89　修剪效果　　　　　　　　　　图 15-90　偏移效果 2

Step 13 在命令行中输入 ELLIPSE 命令，指定中间水平线段与新偏移线段的交点为中心点，绘制两个长半轴为 6、短半轴为 2.5 的椭圆，绘制椭圆效果如图 15-91 所示。

Step 14 在命令行中输入 TRIM 命令，对图形对象进行修剪，修剪效果如图 15-92 所示。

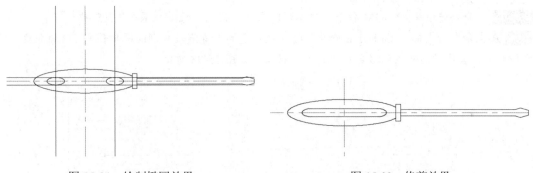

图 15-91　绘制椭圆效果　　　　　　　　　　　图 15-92　修剪效果

15.10　支架

下面将讲解如何绘制支架，具体操作步骤如下。

Step 01 在命令行中输入 LAYER 命令，弹出【图层特性管理器】选项板，单击【新建图层】按钮，新建两个图层并将其分别重命名为【辅助线】和【轮廓】，将【辅助线】图层的【颜色】设置为【洋红】，将【线型】设置为【CENTER】，选中【轮廓】图层，然后单击【置为当前】按钮，将【轮廓】图层置为当前图层，如图 15-93 所示。

Step 02 在命令行中输入 LINE 命令，绘制两条互相垂直的线段，并将长度均设置为 200，绘制线段效果如图 15-94 所示。

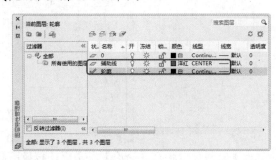

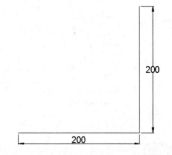

图 15-93　新建效果　　　　　　　　　　　图 15-94　绘制线段效果

Step 03 在命令行中输入 OFFSET 命令，将垂直线段向左偏移 50、65 的距离，将水平线段向上偏移 15、60、75 的距离，偏移效果如图 15-95 所示。

Step 04 将【辅助线】图层置为当前图层。在命令行中输入 OFFSET 命令，根据命令行的提示执行【图层】|【当前】命令，将垂直线段向左偏移 25、120 的距离，偏移效果如图 15-96 所示。

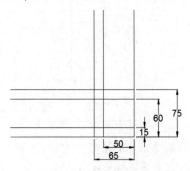

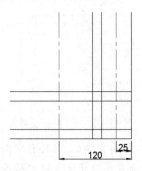

图 15-95　偏移效果 1　　　　　　　　　　　图 15-96　偏移效果 2

Step 05 在命令行中输入 TRIM 命令，对图形对象进行修剪，修剪效果如图 15-97 所示。

Step 06 在命令行中输入 OFFSET 命令，将左侧红色的垂直线段分别向两侧偏移 20 的距离，将右侧红色垂直线段向两侧偏移 8 的距离，偏移效果如图 15-98 所示。

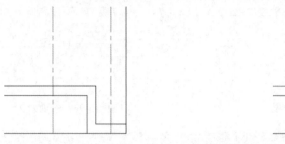

图 15-97　修剪效果 1　　　　　　　　　　　图 15-98　偏移效果 1

Step 07 将【轮廓】图层置为当前图层。继续在命令行中输入 OFFSET 命令，根据命令行的提示执行【图层】|【当前】命令，将左侧中间的红色垂直线段向两侧偏移 30 的距离，将最下面的水平线段向上偏移 40、90 的距离，偏移效果如图 15-99 所示。

Step 08 在命令行中输入 TRIM 命令，对图形对象进行修剪，将 CENTER 线型的全局比例因子设置 0.25，效果如图 15-100 所示。

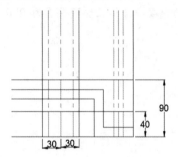

图 15-99　偏移效果 2

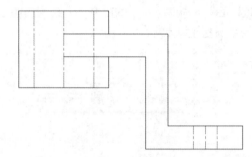

图 15-100　修剪效果 2

Step 09 在命令行中将两组红色垂直线段中间的红色垂直线段转换至【轮廓】图层中，转换图层效果如图 15-101 所示。

Step 10 在命令行中输入 OFFSET 命令，将最下面的水平线段向上偏移 55 的距离，偏移效果如图 15-102 所示。

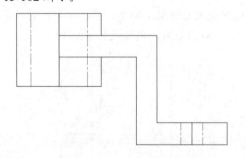

图 15-101　转换图层效果

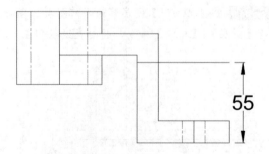

图 15-102　偏移效果 3

Step 11 在命令行中输入 XLINE 命令，根据命令提示操作将【角度】设置为 120°，然后拾取新偏移线段与垂直线段的交点确定构造线的位置，绘制构造线效果如图 15-103 所示。

Step 12 在命令行中输入 TRIM 命令，对图形对象进行修剪，修剪效果如图 15-104 所示。

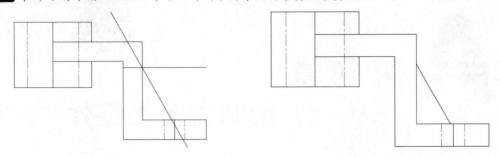

图 15-103　绘制构造线效果　　　　　　　　　　　　图 15-104　修剪效果

Step 13 在命令行中输入 FILLET 命令，对图形对象进行圆角操作，将半径设置为 15，圆角后的效果如图 15-105 所示。

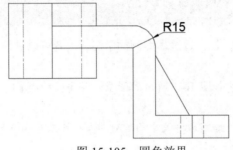

图 15-105　圆角效果

第16章
绘制盘盖类零件

盘盖类零件在机械传动方面的应用非常广泛，本章主要介绍飞轮、凸轮、涡轮、偏心轮、弹簧盖、泵盖、阀盖的绘制，通过本章的学习，读者将迅速提高 AutoCAD 机械绘图能力。

16.1　飞轮

本例将讲解绘制飞轮的方法，通过本案例的学习，读者可以掌握圆、偏移、镜像和修剪等命令的使用方法。

Step 01 新建图纸文件，新建如图 16-1 所示的图层，将【辅助线】图层置为当前图层，开启线宽模式。

Step 02 使用【直线】工具，绘制水平长度为 470、垂直长度为 300 的直线，如图 16-2 所示。

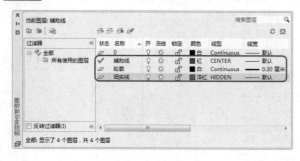

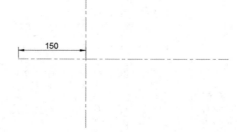

图 16-1　新建图层

图 16-2　绘制直线

Step 03 将【轮廓】图层置为当前图层，使用【圆】工具，以两条直线的交点为圆心，依次输入 25、45、55、120、130、150，绘制同心圆，如图 16-3 所示。

Step 04 选择半径为 130 的圆将其转换为【细实线】图层，如图 16-4 所示。

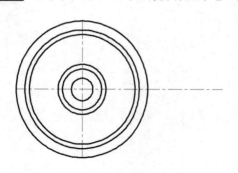

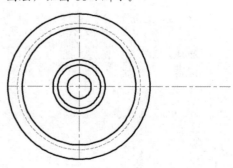

图 16-3　绘制同心圆

图 16-4　更改图层

Step 05 使用【偏移】工具，输入 250，将垂直辅助线向右偏移，如图 16-5 所示。

Step 06 再次使用【偏移】工具，将偏移后的辅助线分别向左、向右偏移 20、30、35、45，将偏移后的线段转换为【轮廓】图层，如图 16-6 所示。

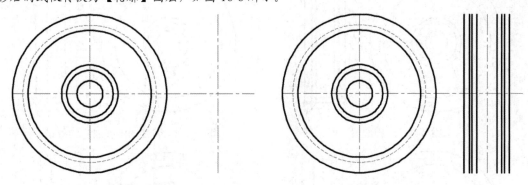

图 16-5 偏移对象 1 　　　　　　　　　　图 16-6 偏移对象 2

Step 07 使用【构造线】工具，拾取半径为 120、130、150 的圆的象限点，如图 16-7 所示。

Step 08 使用【直线】工具，绘制直线，如图 16-8 所示。

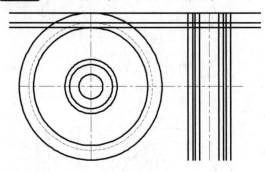 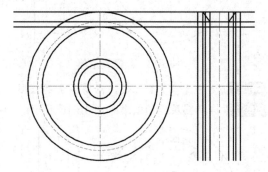

图 16-7 绘制构造线 　　　　　　　　　　图 16-8 绘制直线

Step 09 使用【修剪】工具，修剪图形对象，如图 16-9 所示。

Step 10 使用【镜像】工具，镜像图形对象，如图 16-10 所示。

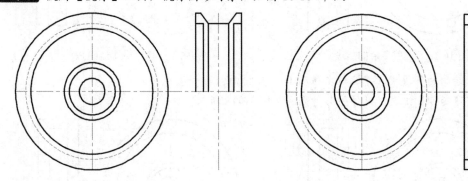

图 16-9 修剪图形对象 　　　　　　　　　　图 16-10 镜像图形对象

Step 11 选择如图 16-11 所示的线段将其转换为【细实线】。

Step 12 转换后的效果如图 16-12 所示。

Step 13 使用【构造线】工具，绘制如图 16-13 所示的构造线。

Step 14 使用【多段线】工具，绘制多段线，如图 16-14 所示。

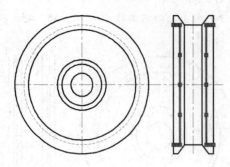

图 16-11　选择线段

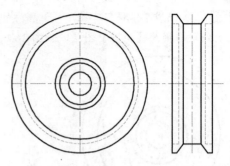

图 16-12　转换为细实线后的效果

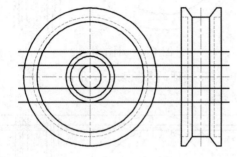

图 16-13　绘制构造线

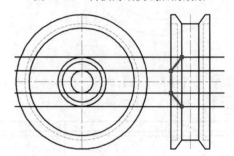

图 16-14　绘制多段线

Step 15 使用【修剪】工具，修剪多余的线段，选中如图 16-15 所示的线段。

Step 16 转换图层后的效果如图 16-16 所示。

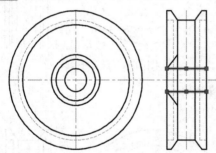

图 16-15　修剪多余的线段

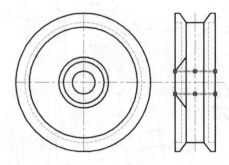

图 16-16　转换图层后的效果

Step 17 选择绘制的多段线，将其向左移动 10，如图 16-17 所示。

Step 18 使用【延伸】工具，延伸图形对象，如图 16-18 所示。

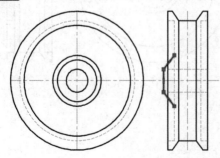

图 16-17　移动对象

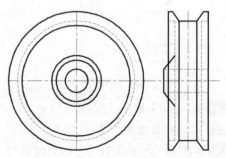

图 16-18　延伸图形对象后最终效果

16.2 凸轮

本例将讲解绘制凸轮的方法，通过本案例的学习，读者可以掌握偏移、修剪和圆等命令的使用方法。

Step 01 新建图形文件，新建如图 16-19 所示的图层，将【中心线】图层置为当前图层。

Step 02 使用【直线】工具，绘制水平长度为 145、垂直长度为 65 的直线，如图 16-20 所示。

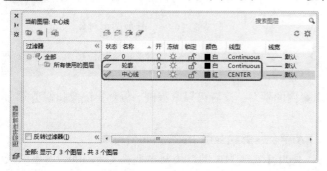

图 16-19　新建图层 　　　　　　　　　　　　图 16-20　绘制线段

Step 03 使用【偏移】工具，将垂直辅助线向左偏移 32.5，向右偏移 27.5，如图 16-21 所示。

Step 04 将【轮廓】图层置为当前图层，将中间的辅助线删除，使用【圆】工具，绘制半径为 20、25 的圆，如图 16-22 所示。

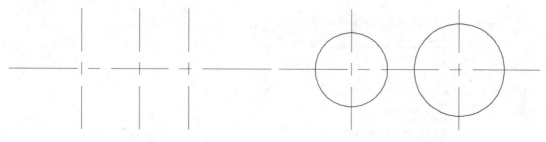

图 16-21　偏移对象 　　　　　　　　　　　　图 16-22　绘制圆

Step 05 使用【直线】工具，绘制直线，如图 16-23 所示。

Step 06 使用【修剪】工具，修剪图形对象，如图 16-24 所示。

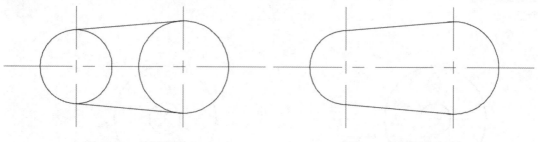

图 16-23　绘制直线 　　　　　　　　　　　　图 16-24　修剪图形对象

Step 07 使用【圆】工具，绘制半径为 10 的圆，使用【矩形】工具，绘制长度和宽度为 7 的矩形，如图 16-25 所示。

Step 08 使用【修剪】工具，修剪图形对象，如图 16-26 所示。

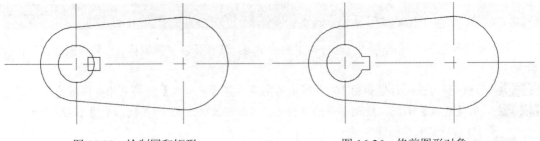

图 16-25　绘制圆和矩形　　　　　　　　图 16-26　修剪图形对象

16.3　涡轮

本例将讲解绘制涡轮的方法，通过本案例的学习，读者可以掌握圆、偏移、镜像和修剪等命令的使用方法。

Step 01 新建图纸文件，在命令行中输入 LA 命令，新建如图 16-27 所示的图层。

Step 02 将【辅助线】图层置为当前图层，使用【直线】工具，绘制水平长度为 400、垂直长度为 330 的线段，如图 16-28 所示。

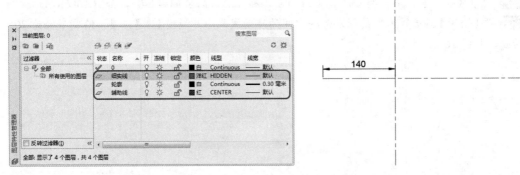

图 16-27　新建图层　　　　　　　　　　图 16-28　绘制直线

Step 03 将【轮廓】图层置为当前图层，开启【线宽】模式，使用【圆】工具，绘制半径为 30、90、100 的同心圆，选择半径为 90 的圆，将其图层更改为【细实线】，如图 16-29 所示。

Step 04 使用【偏移】工具，将水平线段向上偏移 38，将垂直直线向左、右各偏移 7.5，如图 16-30 所示。

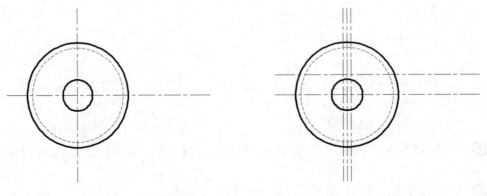

图 16-29　绘制圆并更改所选图的图层　　　图 16-30　偏移直线

Step 05 选择偏移后的线段，将图层更改为【轮廓】图层，如图 16-31 所示。

Step 06 使用【修剪】工具，修剪图形对象，如图 16-32 所示。

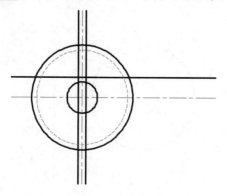

图 16-31 更改线段的图层

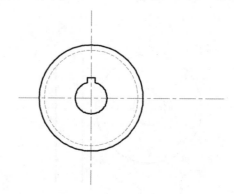

图 16-32 修剪图形对象

Step 07 使用【偏移】工具，将垂直直线向右偏移 150，将水平直线向上偏移 100、25，选择偏移 100 的水平线段，将图层更改为【轮廓】图层，如图 16-33 所示。

Step 08 使用【偏移】工具，将右侧的垂直线段分别向左、向右偏移 25，并选择偏移后的直线，将图层更改为【轮廓】图层，如图 16-34 所示。

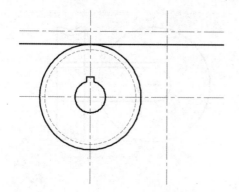

图 16-33 偏移线段并更改图层

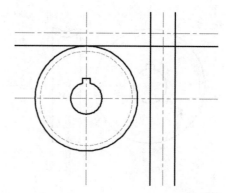

图 16-34 偏移直线并更改图层

Step 09 使用【圆】工具，绘制半径为 35 的圆，如图 16-35 所示。

Step 10 使用【偏移】工具，将半径为 35 的圆向内部和外部分别偏移 5，将半径为 35 的圆的图层更改为【细实线】图层，如图 16-36 所示。

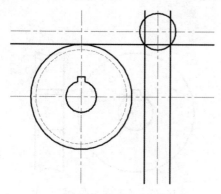

图 16-35 绘制圆

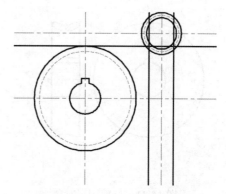

图 16-36 偏移圆并更改图的图层

Step 11 使用【修剪】工具，将对象进行修剪，如图 16-37 所示。

Step 12 使用【镜像】工具，镜像对象，如图 16-38 所示。

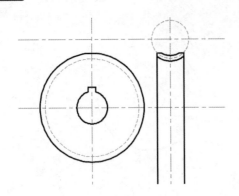

图 16-37　修剪图形对象

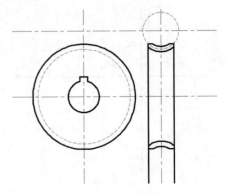

图 16-38　镜像对象

Step 13 选择镜像后的圆弧，将图层更换为【细实线】图层，使用【修剪】工具，将对象进行修剪，如图 16-39 所示。

Step 14 使用【直线】工具，绘制直线，如图 16-40 所示。

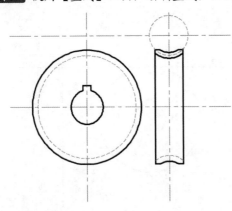

图 16-39　修剪对象

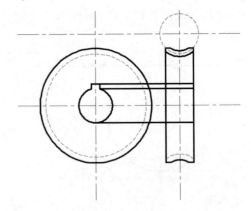

图 16-40　绘制直线

Step 15 使用【修剪】工具，将对象进行修剪，如图 16-41 所示。

Step 16 将辅助线图层进行隐藏，最终效果如图 16-42 所示。

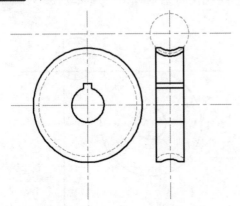

图 16-41　修剪图形对象

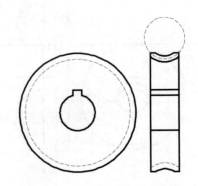

图 16-42　绘制涡轮的最终效果

16.4 偏心轮

本例将讲解绘制偏心轮的方法，通过本案例的学习，读者可以掌握偏移、修剪和圆等命令的使用方法。

Step 01 新建图纸文件，新建如图 16-43 所示的图层，开启【线宽】模式。

Step 02 将【辅助线】图层置为当前图层，使用【直线】工具，绘制水平和垂直长度为 120 的直线，如图 16-44 所示。

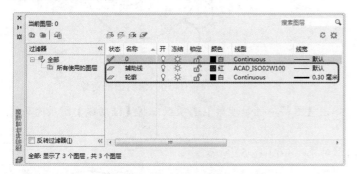

图 16-43 新建图层　　　　　　　　　　图 16-44 绘制直线

Step 03 使用【偏移】工具，将垂直线段向左偏移 30、10，向右偏移 10，如图 16-45 所示。

Step 04 将水平直线向上偏移 23，向下偏移 17，如图 16-46 所示。

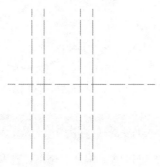

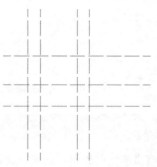

图 16-45 偏移对象 1　　　　　　　　　　图 16-46 偏移对象 2

Step 05 将【轮廓】图层置为当前图层，使用【圆】工具，绘制半径为 40、17.5、10、10、11 的圆，如图 16-47 所示。

Step 06 使用【圆弧】工具，绘制圆弧，如图 16-48 所示。

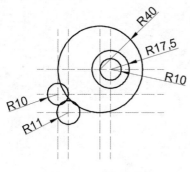

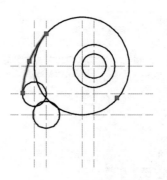

图 16-47 绘制圆　　　　　　　　　　图 16-48 绘制圆弧

Step 07 使用【矩形】工具，绘制长度为 7、宽度为 7 的矩形，如图 16-49 所示。

Step 08 使用【修剪】工具，修剪图形对象，如图 16-50 所示。

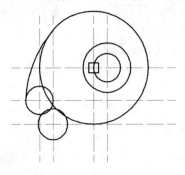

图 16-49 绘制矩形

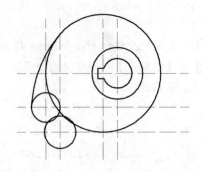

图 16-50 修剪图形对象

Step 09 在命令行中输入 LA 命令，弹出【图层特性管理器】选项板，将【辅助线】图层隐藏显示，如图 16-51 所示。

Step 10 使用【修剪】工具，修剪图形对象，如图 16-52 所示。

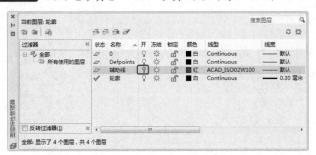

图 16-51 隐藏辅助线

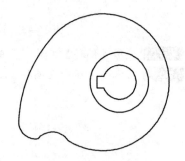

图 16-52 修剪图形对象

16.5 弹簧盖

本例将讲解如何绘制弹簧盖，通过本案例的学习，读者可以掌握偏移、修剪、圆和圆角命令的使用方法。

Step 01 新建图纸文件，在命令行中输入 LA 命令，新建如图 16-53 所示的图层，将辅助线置为当前图层。

Step 02 使用【直线】工具，绘制水平长度和垂直长度为 100 的直线，如图 16-54 所示。

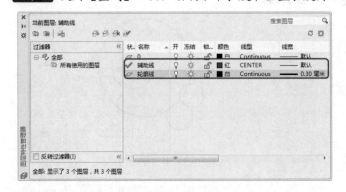

图 16-53 新建图层

图 16-54 绘制直线

Step 03 将【轮廓线】图层置为当前图层，开启【线宽】模式，使用【圆】工具，绘制半径为 7.5、15 的同心圆，如图 16-55 所示。

Step 04 使用【偏移】工具，将水平直线向上、向下各偏移 5 和 22.5，将垂直直线向左、向右各偏移 5 和 22.5，选择偏移后的线段并将其图层更改为【轮廓线】图层，如图 16-56 所示。

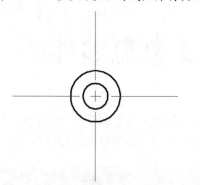

图 16-55　绘制圆

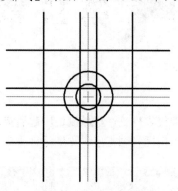

图 16-56　偏移直线

Step 05 使用【修剪】工具，修剪图形对象，如图 16-57 所示。

Step 06 使用【圆角】工具，将【圆角半径】设置为 5，对图形进行圆角处理，效果如图 16-58 所示。

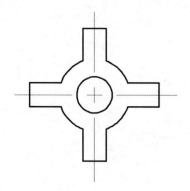

图 16-57　修剪图形对象

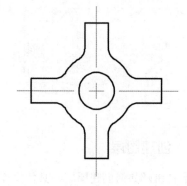

图 16-58　圆角处理图像效果

增值服务：扫码做测试题，并可观看讲解测试题的微课程。

第17章
绘制叉架类零件

叉架类零件是在机械制造中起着操纵、支承、传动、连接等重要作用的一种零件。下面将通过绘制气门摇杆轴支座、支架零件来学习叉架类零件图的具体绘制方法和绘制技巧。

17.1 绘制气门摇杆轴支座

气门摇杆轴支座是用来支撑摇臂轴的，用来保持气门和摇臂之间相对位置的固定。绘制气门摇杆轴支座完成后的效果如图 17-1 所示。

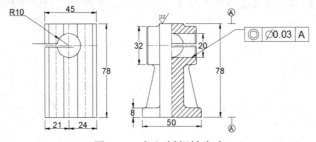

图 17-1　气门摇杆轴支座

17.1.1　创建图层

下面将讲解如何创建图层，具体操作步骤如下。

启动 AutoCAD 2017，新建一个图形文件，然后将其另存为并重命名为【绘制气门摇杆轴支座】。在命令行中输入 LAYER 命令，弹出【图层特性管理器】选项板，单击【新建图层】按钮 ，新建图层并将其重命名为【尺寸标注】、【辅助线】和【轮廓】，将【尺寸标注】图层中的【颜色】设置为【蓝】，选择【辅助线】图层，将其【颜色】设置为【洋红】，将【线型】设置为【CENTER】，然后单击【置为当前】按钮 ，将【辅助线】图层置为当前图层，如图 17-2 所示。将 CENTER 线型的全局比例因子设置为 0.25。

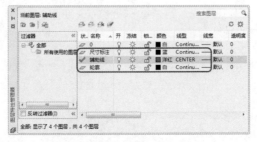

图 17-2　新建图层并设置参数

17.1.2　绘制主视图

下面将讲解如何绘制气门摇杆轴支座的主视图，具体操作步骤如下。

Step 01 在命令行中输入 LINE 命令，绘制两条互相垂直的线段，将长度均设置为 100，绘制线段效果如图 17-3 所示。

Step 02 在命令行中输入 OFFSET 命令，将垂直线段向左偏移 11 的距离，向右偏移 14 的距离，偏移效果如图 17-4 所示。

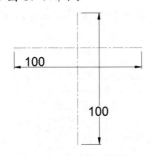

图 17-3　绘制线段效果

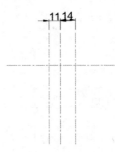

图 17-4　偏移效果

Step 03 将【轮廓】图层置为当前图层。在命令行中输入 CIRCLE 命令，以中间的交点为圆心，绘制一个半径为 10 的圆，绘制圆效果如图 17-5 所示。

Step 04 在命令行中输入 OFFSET 命令，根据命令行的提示执行【图层】|【当前】命令，将中间的垂直线段向左偏移 4.5、17.5、21 的距离，向右偏移 7.5、20.5、24 的距离，将水平线段向上偏移 1.5、18 的距离，向下偏移 1.5、40 的距离，偏移效果如图 17-6 所示。

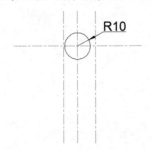

图 17-5　绘制圆效果

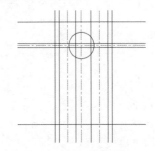

图 17-6　偏移效果

Step 05 在命令行中输入 TRIM 命令，对图形对象进行修剪，修剪效果如图 17-7 所示。

Step 06 在命令行中输入 LINE 命令，绘制两条长度分别为 22、25 的水平线段，在命令行中输入 TRIM 命令，修剪图像对象，效果如图 17-8 所示。

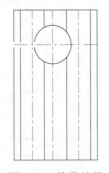

图 17-7　修剪效果

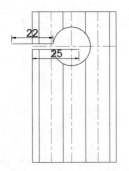

图 17-8　绘制线段效果

17.1.3　绘制左视图

主视图绘制完成后，下面将讲解如何绘制气门摇杆轴支座的左视图，具体操作步骤如下。

Step 01 将【辅助线】图层置为当前图层。在命令行中输入 LINE 命令，绘制两条互相垂直的线段，并将长度均设置为 100，绘制线段效果如图 17-9 所示。

Step 02 将【轮廓】图层置为当前图层，在命令行中输入 OFFSET 命令，根据命令行的提示执行【图层】|【当前】命令，将水平线段向上偏移 1.5、10、16、18 的距离，向下偏移 1.5、10、16、52、60 的距离，将垂直线段分别向两侧偏移 10、21、25 的距离，偏移效果如图 17-10 所示。

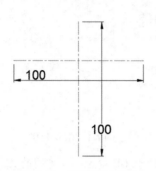

图 17-9　绘制线段效果

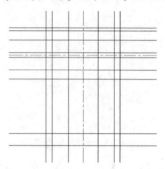

图 17-10　偏移效果

Step 03 在命令行中输入 TRIM 命令，对图形对象进行修剪，修剪效果如图 17-11 所示。

Step 04 在命令行中输入 ARC 命令，绘制一个半径为 10 的圆弧，绘制圆弧效果如图 17-12 所示。

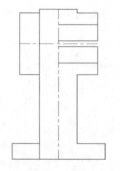

图 17-11　修剪效果

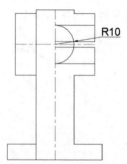

图 17-12　绘制圆弧效果

Step 05 在命令行中输入 TRIM 命令，对图形对象进行修剪，修剪效果如图 17-13 所示。

Step 06 在命令行中输入 FILLET 命令，根据命令行的提示执行【修剪】|【不修剪】命令，分别将半径设置为 2、4，对图形对象进行圆角处理，圆角效果如图 17-14 所示。

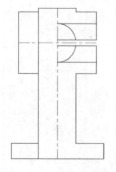

图 17-13　修剪效果

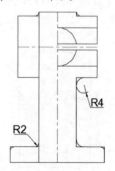

图 17-14　圆角效果

Step 07 在命令行中输入 TRIM 命令，对图形中圆角部分进行修剪，修剪效果如图 17-15 所示。

Step 08 在命令行中输入 CHAMFER 命令，根据命令行的提示执行【修剪】|【不修剪】命令，将倒角距离均设置为 1，然后对图形对象进行倒角处理，倒角效果如图 17-16 所示。

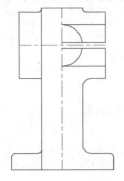

图 17-15　修剪效果

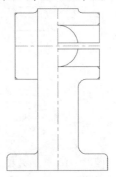

图 17-16　倒角效果

Step 09 在命令行中输入 TRIM 命令，对图形中倒角部分进行修剪，修剪效果如图 17-17 所示。

Step 10 在命令行中输入 LINE 命令，连接如图 17-18 所示的线段。

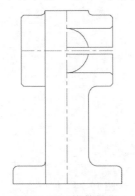

图 17-17　修剪效果

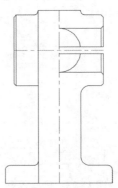

图 17-18　连接效果

Step 11 在命令行中输入 OFFSET 命令，将红色的水平线段向下偏移 19.7 的距离，将红色垂直线段向左偏移 14.4 的距离，偏移效果如图 17-19 所示。

Step 12 在命令行中输入 XLINE 命令，根据命令行的提示执行【角度】命令，并将【角度】设置为 77°，然后拾取新偏移线段的交点确定构造线的位置，绘制构造线效果如图 17-20 所示。

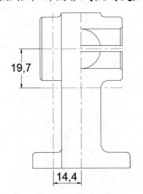

图 17-19　偏移效果

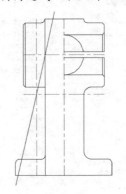

图 17-20　绘制构造线效果

Step 13 在命令行中输入 TRIM 命令，对图形对象进行修剪，修剪效果如图 17-21 所示。

Step 14 在命令行中输入 FILLET 命令，根据命令行的提示操作分别将半径设置为 1、3，对图形新修剪的部分进行圆角处理，圆角效果如图 17-22 所示。

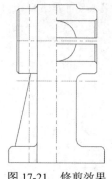

图 17-21　修剪效果

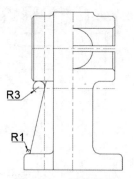

图 17-22　圆角效果

Step 15 在命令行中输入 TRIM 命令，对图形中圆角的部分进行修剪，修剪效果如图 17-23 所示。

Step 16 在命令行中输入 MIRROR 命令，将修剪后的弧和倾斜线作为镜像对象，以中间红色垂直线段作为镜像线，然后将多余的辅助线删除，完成效果如图 17-24 所示。

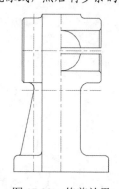

图 17-23　修剪效果

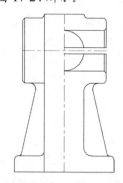

图 17-24　镜像效果

Step 17 在命令行中输入 HATCH 命令，根据命令行的提示执行【设置】命令，弹出【图案填充和渐变色】对话框，在该图案中将【图案】设置为【JIS-WOOD】，将【比例】设置为 4，设置完成后单击【确定】按钮，如图 17-25 所示。

Step 18 返回到绘图区中，在需要填充的区域单击即可将其填充，填充效果如图 17-26 所示。

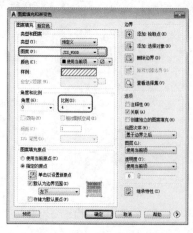

图 17-25　设置填充参数

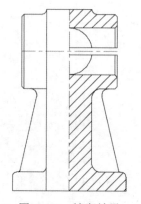

图 17-26　填充效果

17.1.4 完善图形

图形创建完成后，接下来将对图形进行标注，首先将【尺寸标注】图层置为当前图层，使用各种标注工具对其他图形对象进行标注，标注完成后的显示效果如图 17-27 所示。

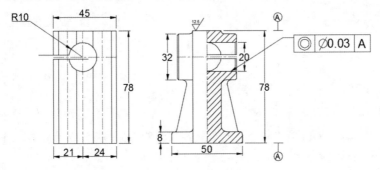

图 17-27　标注效果

17.2 绘制支架零件

绘制支架零件完成效果如图 17-28 所示。

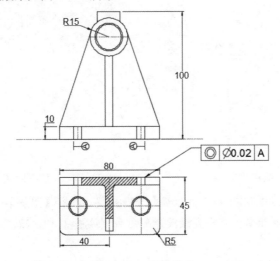

图 17-28　支架零件

17.2.1 主视图绘制

下面将讲解如何绘制支架零件的主视图，具体操作步骤如下。

Step 01 启动 AutoCAD 2017，新建一个图形文件，然后将其另存为并重命名为【绘制支架零件】。然后在命令行中输入 LAYER 命令，弹出【图层特性管理器】选项板，单击【新建图层】按钮，新建图层并将其重命名为【尺寸标注】、【辅助线】和【轮廓】，将【尺寸标注】图层中的【颜色】设置为【蓝】，选择【辅助线】图层，将其【颜色】设置为【洋红】，将【线型】设置为【CENTER】，然后单击【置为当前】按钮，将【辅助线】图层置为当前图层，如图 17-29 所示。

Step 02 在命令行中输入 LINE 命令，绘制两条互相垂直的线段，将水平长度设置为 150，将垂直长度设置为 300，绘制线段效果如图 17-30 所示。

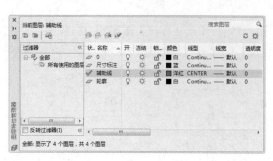

图 17-29 新建图层并设置参数

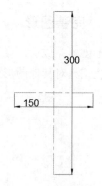

图 17-30 绘制线段效果

Step 03 在命令行中输入 OFFSET 命令，将垂直线段向两侧偏移 25.25 的距离，将水平线段向上偏移 80 的距离，偏移效果如图 17-31 所示。

Step 04 将【轮廓】图层置为当前图层。在命令行中输入 CIRCLE 命令，以偏移水平线段与中间垂直线段的交点为圆心，分别绘制半径为 10、11、15 的圆，绘制圆效果如图 17-32 所示。

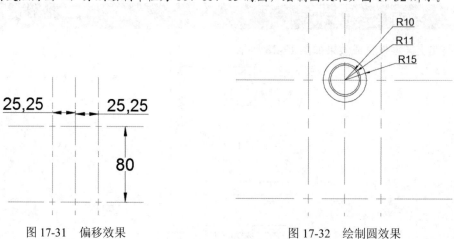

图 17-31 偏移效果

图 17-32 绘制圆效果

Step 05 在命令行中输入 OFFSET 命令，根据命令行的提示执行【图层】|【当前】命令，将水平线段向上偏移 10、100 的距离，将垂直线段分别向两侧偏移 3、9、22、28.5、40 的距离，偏移效果如图 17-33 所示。

Step 06 在命令行中输入 TRIM 命令，对图形对象进行修剪，将 CENTER 线型的全局比例因子设置为 0.15，效果如图 17-34 所示。

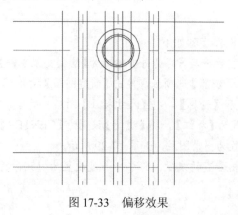

图 17-33 偏移效果

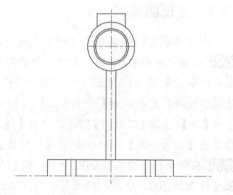

图 17-34 修剪效果

Step 07 在命令行中输入 LINE 命令，连接最下面两侧的端点绘制一条水平线段，然后分别以第二行水平线段的两侧端点为起点，连接半径为 15 的圆的切点，连接效果如图 17-35 所示。

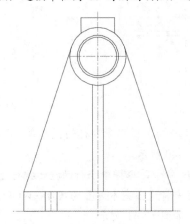

图 17-35　连接效果

17.2.2　俯视图绘制

下面将讲解如何绘制支架零件的俯视图，具体操作步骤如下。

Step 01 在命令行中输入 OFFSET 命令，根据命令行的提示执行【图层】|【源】命令，将最下面的水平线段向下偏移 52.5 的距离，将中间红色的垂直线段分别向两侧偏移 25.25 的距离，偏移效果如图 17-36 所示。

Step 02 在命令行中输入 CIRCLE 命令，分别以偏移线段间的交点为圆心，绘制两组半径分别为 6.5、7.5 的圆，绘制圆效果如图 17-37 所示。

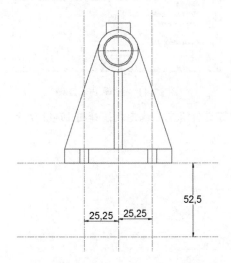

图 17-36　偏移效果

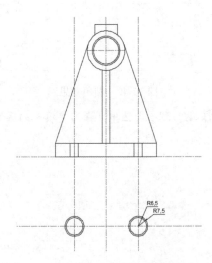

图 17-37　绘制圆效果

Step 03 在命令行中输入 OFFSET 命令，根据命令行的提示执行【图层】|【当前】命令，将最下面的水平线段向上偏移 16.5、22.5 的距离，向下偏移 9.5、19.5、22.5 的距离，将中间的红色垂直线段分别向两侧偏移 3、22、28.5、40 的距离，偏移效果如图 17-38 所示。

Step 04 在命令行中输入 TRIM 命令，对图形对象进行修剪，修剪效果如图 17-39 所示。

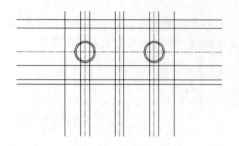

图 17-38　偏移效果

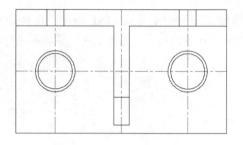

图 17-39　修剪效果

Step 05 在命令行中输入 FILLET 命令，根据命令行的提示分别将半径设置为 3、5，对图形对象进行圆角处理，圆角效果如图 17-40 所示。

Step 06 在命令行中输入 HTATE 命令，根据命令行的提示执行【设置】命令，弹出【图案填充和渐变色】对话框，在该对话框中将【图案】设置为【JIS-WOOD】，将【比例】设置为 2.5，设置完成后单击【确定】按钮，如图 17-41 所示。

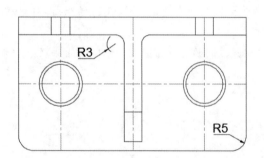

图 17-40　圆角效果

图 17-41　设置填充效果

Step 07 返回到绘图区中，在需要填充的区域单击即可进行填充，填充效果如图 17-42 所示。

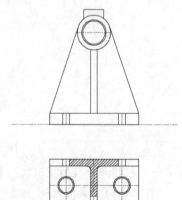

图 17-42　填充效果

17.2.3 完善图形

图形创建完成后，接下来将对图形进行标注，首先将【尺寸标注】图层置为当前图层，使用各种标注工具对其他图形对象进行标注，标注完成后的显示效果如图 17-43 所示。

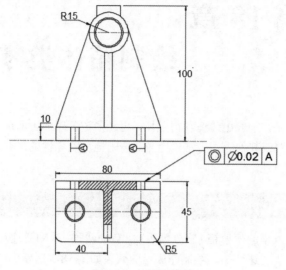

图 17-43　标注效果

第18章
绘制箱体类零件

箱体类零件比较复杂，一般由铸造获得毛坯，再经多道工序加工而成。通常主视图按安装位置绘制，并采用多个视图或其他表达方法以完整、清晰地反映零件的形状，本章以齿轮油泵为例介绍箱体类零件的绘制方法。

18.1 绘制变速箱体零件图

变速箱主要指的是汽车的变速箱，它分为手动、自动两种，手动变速箱主要由齿轮和轴组成，通过不同的齿轮组合产生变速变矩，绘制完成后的效果如图 18-1 所示。

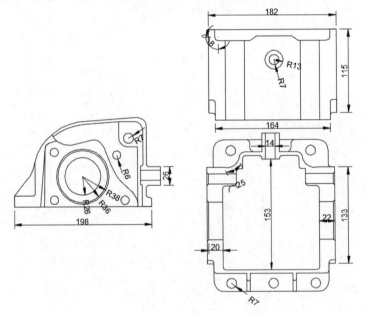

图 18-1 变速箱

18.1.1 绘制主视图

绘制主视图的具体操作步骤如下。

Step 01 新建图纸文件，使用【矩形】工具，绘制长度为 182、宽度为 125 的矩形，如图 18-2 所示。

Step 02 使用【分解】工具，将矩形进行分解，使用【偏移】工具，将左侧边依次向右偏移 24、27、80、27，如图 18-3 所示。

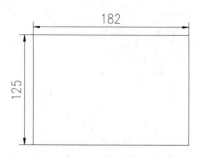

图 18-2　绘制矩形

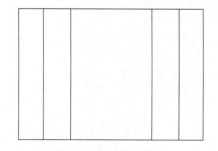

图 18-3　偏移图形对象

Step 03 使用【多段线】工具，指定矩形的左上角点作为起点，向右引导鼠标输入 9，向下引导鼠标输入 15，向右引导鼠标输入 55，向上引导鼠标输入 6，向右引导鼠标输入 60，向下引导鼠标输入 6，向右引导鼠标输入 49，向上引导鼠标输入 15，向右引导鼠标输入 9，如图 18-4 所示。

Step 04 使用【修剪】工具，修剪图形对象，如图 18-5 所示。

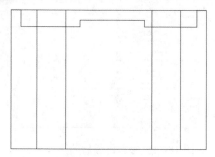

图 18-4　绘制多段线

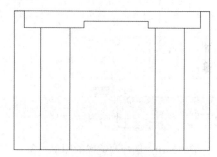

图 18-5　修剪图形对象

Step 05 使用【圆角】工具，将【圆角半径】设置为 5，在命令行中输入 M 命令，对图形进行修剪处理，如图 18-6 所示。

Step 06 使用【多段线】工具，指定矩形的左下角点作为起点，向右引导鼠标输入 9，向上引导鼠标输入 10，向左引导鼠标输入 9，向上引导鼠标输入 18，向右引导鼠标输入 9，向下引导鼠标输入 18，如图 18-7 所示。

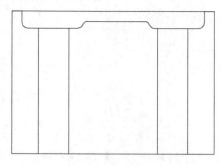

图 18-6　修剪对象

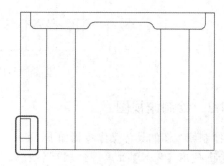

图 18-7　绘制多段线

Step 07 使用【圆角】工具，将【圆角半径】设置为 3，在命令行中输入 M，对图形进行圆角处理，如图 18-8 所示。

Step 08 使用【延伸】和【修剪】工具，对图形进行处理，如图 18-9 所示。

Step 09 使用【镜像】工具，选择如图 18-10 所示的图形对象。

Step 10 对图形进行镜像，使用【修剪】工具修剪镜像后的对象，如图 18-11 所示。

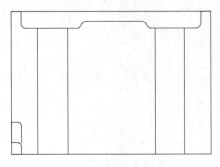

图 18-8　圆角对象

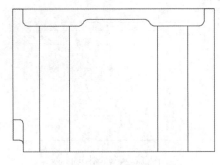

图 18-9　延伸和修剪对象

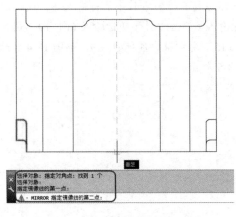

图 18-10　选择要镜像的图形对象

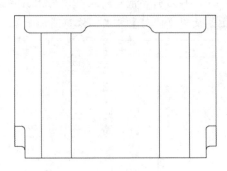

图 18-11　修剪镜像后的图形对象

Step 11 使用【圆】工具，绘制半径为 7、13 的同心圆，如图 18-12 所示。

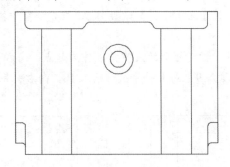

图 18-12　绘制同心圆

18.1.2　绘制俯视图

绘制俯视图的具体操作步骤如下。

Step 01 使用【矩形】工具，绘制两个 164×210、182×133 的矩形，如图 18-13 所示。

Step 02 使用【修剪】工具，修剪图形对象，如图 18-14 所示。

Step 03 使用【多段线】工具，以 A 点作为起点，向上引导鼠标输入 5，向右引导鼠标输入 9，向下引导鼠标输入 18.5，向右引导鼠标输入 46.5，向下引导鼠标输入 25，向右引导鼠标输入 5，向上引导鼠标输入 25，向右引导鼠标输入 61，向下引导鼠标输入 25，向右引导鼠标输入 5，向上引导鼠标输入 25，向右引导鼠标输入 46.5，向上引导鼠标输入 18.5，向右引导鼠标输入 9，如图 18-15 所示。

Step 04 使用【矩形】工具，绘制 138×116、98×23.5、80×18.5 的三个矩形，使用【移动】工具，调整对象的位置，如图 18-16 所示。

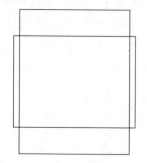

图 18-13 绘制矩形

图 18-14 修剪图形对象

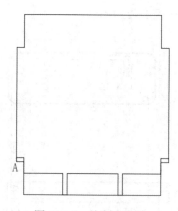

图 18-15 绘制多段线

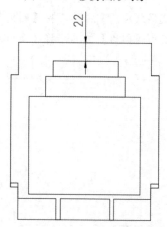

图 18-16 绘制矩形并调整对象的位置

Step 05 使用【矩形】工具，绘制长度为 25、宽度为 36 的矩形，如图 18-17 所示。

Step 06 使用【多段线】工具，绘制如图 18-18 所示的多段线。

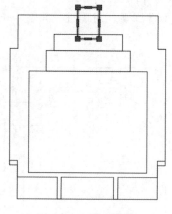

图 18-17 绘制矩形

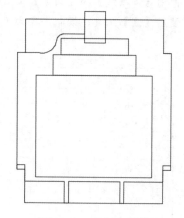

图 18-18 绘制多段线

Step 07 使用【镜像】工具，选择 Step 06 步绘制的多段线，镜像图形对象，如图 18-19 所示。

Step 08 使用【修剪】工具，修剪图形对象，如图 18-20 所示。

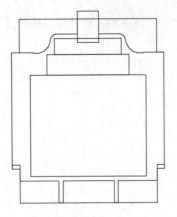

图 18-19　镜像图形对象

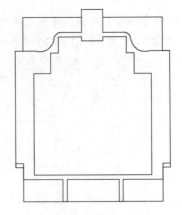

图 18-20　修剪图形对象

Step 09 使用【圆角】工具，将【圆角半径】设置为 15，如图 18-21 所示。

Step 10 使用【圆角】工具，将【圆角半径】设置为 4，如图 18-22 所示。

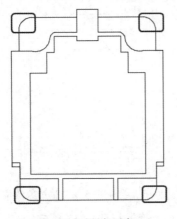

图 18-21　圆角对象 1

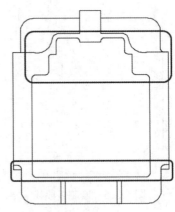

图 18-22　圆角对象 2

Step 11 使用【多段线】和【圆弧】工具，绘制图形对象，如图 18-23 所示。

Step 12 使用【圆】工具，绘制半径为 7 的圆，使用【复制】工具，对圆进行复制，如图 18-24 所示。

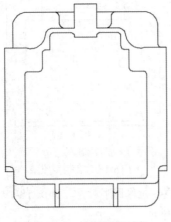

图 18-23　绘制图形对象

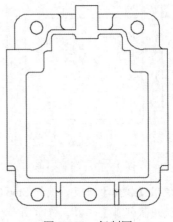

图 18-24　复制圆

Step 13　使用【直线】工具，绘制直线，如图 18-25 所示。

Step 14　使用【镜像】工具，对图形进行镜像处理，如图 18-26 所示。

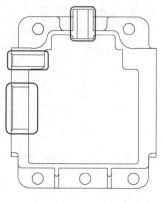

图 18-25　绘制直线

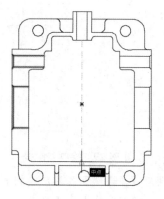

图 18-26　镜像对象

Step 15　调整俯视图的位置，如图 18-27 所示。

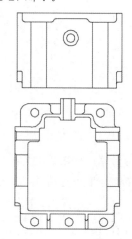

图 18-27　调整俯视图

18.1.3　绘制右视图

绘制右视图的具体操作步骤如下。

Step 01　使用【多段线】工具，在绘图区中指定一点，向下引导鼠标输入 122，向右引导鼠标输入 197.5，向上引导鼠标输入 12.5，向左引导鼠标输入 7.8，向上引导鼠标输入 16.7，向右引导鼠标输入 20，向上引导鼠标输入 26，向左引导鼠标输入 18.5，向上引导鼠标输入 67.5，在命令行中输入 C 命令，如图 18-28 所示。

Step 02　重复使用【多段线】工具，指定 A 点作为起点，向左引导鼠标输入 13.2，向上引导鼠标输入 30，向左引导鼠标输入 2.6，向上引导鼠标输入 25.5，向右引导鼠标输入 3.5，向上引导鼠标输入 62，向左引导鼠标输入 34，向下引导鼠标输入

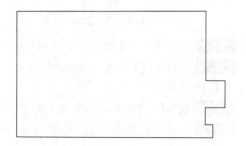

图 18-28　绘制多段线

34.5，向右引导鼠标输入 26.5，向下引导鼠标输入 83，如图 18-29 所示。

Step 03 使用【直线】工具，绘制直线，如图 18-30 所示。

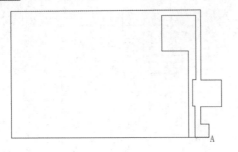

图 18-29　绘制多段线

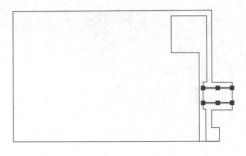

图 18-30　绘制直线

Step 04 使用【多段线】工具，绘制多段线，如图 18-31 所示。

Step 05 使用【多段线】和【样条曲线】工具，绘制如图 18-32 所示的对象。

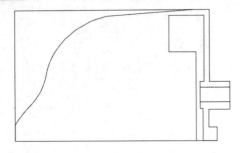

图 18-31　绘制多段线

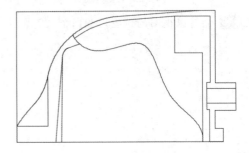

图 18-32　绘制对象

Step 06 使用【修剪】工具，修剪图形对象，如图 18-33 所示。

Step 07 使用【圆角】工具，将【圆角半径】设置为 3，如图 18-34 所示。

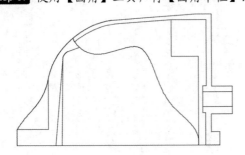

图 18-33　修剪图形对象

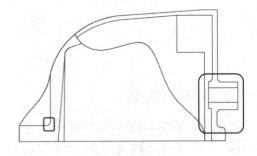

图 18-34　圆角对象 1

Step 08 使用【圆角】工具，将【圆角半径】设置为 12，如图 18-35 所示。

Step 09 使用【圆】工具，绘制半径为 26、36、38 的圆，使用【移动】工具，移动对象的位置，如图 18-36 所示。

Step 10 使用【圆】工具，绘制 4 个半径为 6 的圆，绘制一个半径为 7 的圆，如图 18-37 所示。

Step 11 调整右视图的位置，如图 18-38 所示。

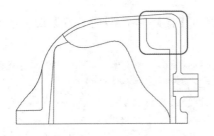

图 18-35　圆角对象 2

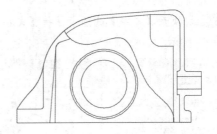

图 18-36　绘制同心圆

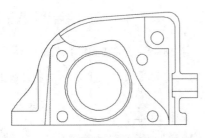

图 18-37　绘制圆

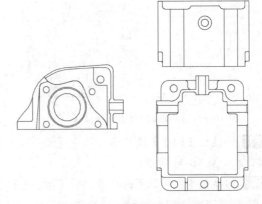

图 18-38　调整右视图位置

18.2　标注

变速箱绘制完成后，下面将讲解如何对其进行标注。

Step 01　在命令行中输入 D，弹出【标注样式管理器】对话框，单击【新建】按钮，弹出【创建新标注样式】对话框，将【新样式名】设置为【尺寸标注】，将【基础样式】设置为【ISO-25】，单击【继续】按钮，如图 18-39 所示。

Step 02　弹出【新建标注样式：尺寸标注】对话框，切换至【线】选项卡，将【尺寸线】和【尺寸界线】的【颜色】设置为【蓝】，将【基线间距】、【超出尺寸线】和【起点偏移量】设置为 5，如图 18-40 所示。

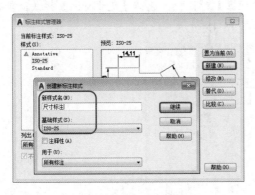

图 18-39　创建新标注样式

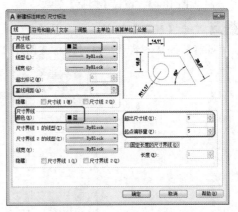

图 18-40　设置【线】参数

Step 03　切换至【符号和箭头】选项卡，将【箭头大小】设置为 10，如图 18-41 所示。

Step 04 切换至【文字】选项卡，将【文字颜色】设置为【蓝】，将【文字高度】设置为 8，如图 18-42 所示。

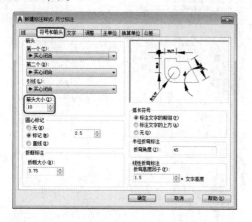

图 18-41 设置【符号和箭头】参数

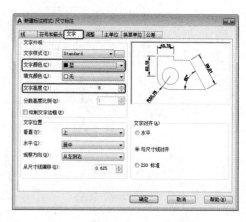

图 18-42 设置【文字】参数

Step 05 切换至【调整】选项卡，选中【文字位置】选项组下方的【尺寸线上方，不带引线】单选按钮，如图 18-43 所示。

Step 06 切换至【主单位】选项卡，将【精度】设置为 0，如图 18-44 所示。

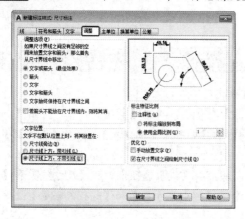

图 18-43 设置【调整】参数

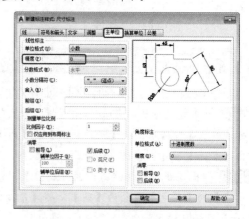

图 18-44 设置【主单位】参数

Step 07 单击【确定】按钮，返回至【标注样式管理器】对话框，选择【尺寸标注】样式，单击【置为当前】按钮，然后将该对话框关闭即可，如图 18-45 所示。

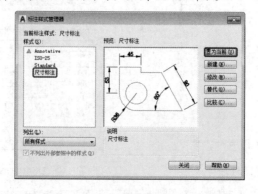

图 18-45 将【尺寸标注】样式置为当前

Step 08 使用【线性标注】【半径标注】和【弧长标注】工具，对图形进行标注，效果如图 18-46 所示。

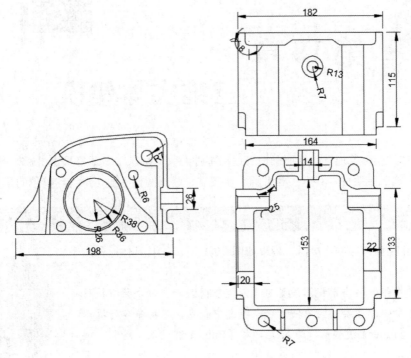

图 18-46　标注对象

增值服务：扫码做测试题，并可观看讲解测试题的微课程。

第 19 章
三维实体建模

三维实体建模形象逼真，能明确地表达出零件的具体形象，本章将重点讲解如何利用 Auto-CAD 2017 创建三维零件，其中主要讲解了连接盘、球阀阀杆、盖、深沟球轴承的建模方法。

19.1 连接盘

下面将介绍如何绘制连接盘，效果如图 19-1 所示，其具体操作步骤如下。

Step 01 新建图纸，将当前视图设置为【前视】视图，在命令行中执行 CYLINDER 命令，在绘图区中任意一点指定中心点，根据命令行提示输入 50，按【Enter】键确认，输入 15，按【Enter】键确认，绘制的圆如图 19-2 所示。

Step 02 再在命令行中执行 CYLINDER 命令，在绘图区中捕捉圆柱体的圆心作为中心点，根据命令行提示输入 15，按【Enter】键确认，输入 20，按【Enter】键确认，绘制的圆效果如图 19-3 所示。

图 19-1

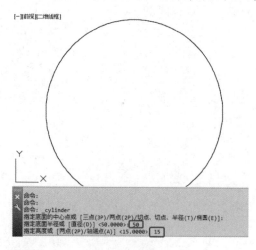

图 19-2 绘制圆

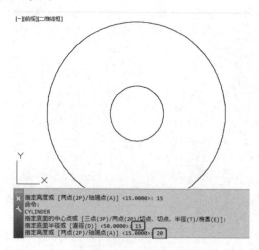

图 19-3 再次绘制圆

Step 03 将当前视图设置为【左视】视图，将视觉样式设置为【概念】，在绘图区中选择小圆，在 Y 轴上单击，向左移动鼠标，输入 15，按【Enter】键完成移动，效果如图 19-4 所示。

Step 04 切换至【前视】视图，在命令行中执行 UNION 命令，在绘图区中选择两个圆柱体，如图 19-5 所示。

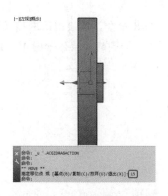

图 19-4 移动圆柱体后的效果

图 19-5 选择并集对象

Step 05 按【Enter】键完成对选中对象的并集，在命令行中执行 CYLINDER 命令，捕捉圆柱体的圆心作为中心点，根据命令行提示输入 10，按【Enter】键确认，输入 20，按【Enter】键确认，绘制的圆柱体如图 19-6 所示。

Step 06 将当前视图设置为【左视】视图，在绘图区中选择新绘制的圆柱体，在 Y 轴上单击，向左移动鼠标，输入 20，按【Enter】键确认，移动后的效果如图 19-7 所示。

图 19-6 绘制圆柱体

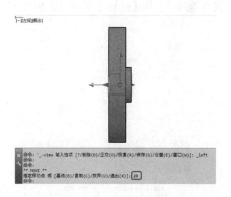

图 19-7 移动圆柱体后的效果

Step 07 切换至【前视】视图，在命令行中执行 SUBTRACT 命令，在绘图区中选择要从中减去的实体对象，如图 19-8 所示。

Step 08 按【Enter】键确认，再在绘图区中选择要减去的实体对象，如图 19-9 所示。

图 19-8 选择要减去的实体对象

图 19-9 再次选择要减去的实体对象

Step 09 按【Enter】键，即可完成对选中对象的差集运算，效果如图 19-10 所示。

Step 10 将视觉样式设置为【二维线框】，在命令行中执行 CIR 命令，在绘图区中捕捉圆柱体的圆心作为基点，根据命令行提示输入 30，按【Enter】键确认，绘制的圆柱体如图 19-11 所示。

图 19-10　差集运算后的效果

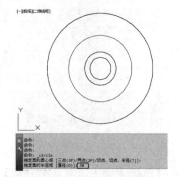

图 19-11　绘制圆柱体

Step 11 在命令行中执行 XLINE 命令，在绘图区中以圆心为基点，创建两条水平垂直相交的射线，如图 19-12 所示。

Step 12 在命令行中执行 CYLINDER 命令，在绘图区中捕捉如图 19-13 所示的交点为中心点，根据命令行提示输入 8，按【Enter】键确认，输入 15，按【Enter】键确认，绘制的圆柱体如图 19-13 所示。

图 19-12　创建射线

图 19-13　绘制圆柱体

Step 13 将当前视图设置为【左视】视图，将视觉样式设置为【概念】，在绘图区中选择圆柱体，在 Y 轴上单击，向左移动鼠标，输入 15，按【Enter】键完成移动。将当前视图设置为【前视】视图，将视觉样式设置为【二维线框】，选中绘制的圆柱体，在命令行中执行 ARRAYPOLAR 命令，以射线的中心点为基点，根据命令行提示输入 1，按【Enter】键确认，输入 4，按【Enter】键确认，再次按【Enter】键完成阵列，效果如图 19-14 所示。

Step 14 选择阵列后的对象，在命令行中执行 EXPLODE 命令，将阵列后的对象进行分解，效果如图 19-15 所示。

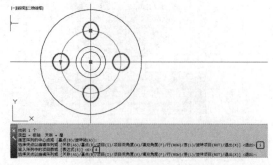

图 19-14　阵列后的效果

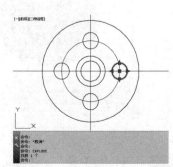

图 19-15　分解阵列对象后的效果

Step 15 在命令行中执行 UNION 命令，在绘图区中选择分解后的四个圆柱体，如图 19-16 所示。

Step 16 按【Enter】键确认，即可将选中的对象进行并集，在命令行中执行 SUBTRACT 命令，在绘图区中选择要从中减去的实体对象，如图 19-17 所示。

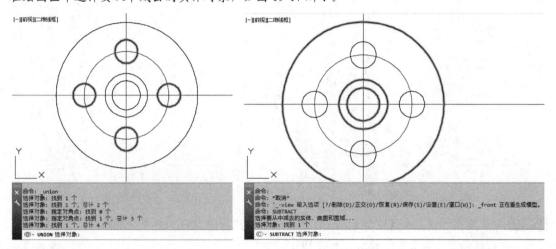

图 19-16　选择圆柱体　　　　　　　　　图 19-17　选择要从中减去的实体对象

Step 17 按【Enter】键确认，在绘图区中选择并集后的四个圆柱体对象，如图 19-18 所示。

Step 18 按【Enter】键，即可完成对选中对象的差集运算，在绘图区中选择垂直的射线，在命令行中执行 ROTATE 命令，指定射线的中点为基点，根据命令行提示输入 -45，按【Enter】键确认，如图 19-19 所示。

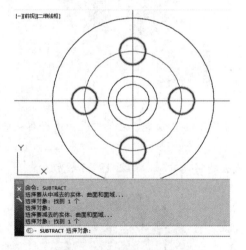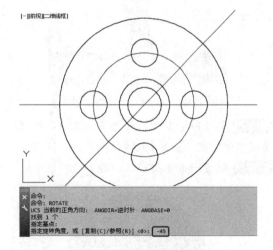

图 19-18　选择并集后的实体对象　　　　　图 19-19　旋转射线

Step 19 在命令行中执行 CYLINDER 命令，在绘图区中捕捉如图 19-20 所示的交点为中心点，根据命令行提示输入 10，按【Enter】键确认，输入 18，按【Enter】键确认，绘制的圆柱体如图 19-20 所示。

Step 20 在命令行中再次执行 CYLINDER 命令，在绘图区中捕捉圆柱体的圆心作为中心点，根据命令行提示输入 6，按【Enter】键确认，输入 18，按【Enter】键确认，绘制后的效果如图 19-21 所示。

Step 21 将当前视图设置为【左视】视图，将视觉样式设置为【概念】，在绘图区中选中新绘制的小圆柱体，在 Y 轴上单击，向左移动鼠标，输入 18，按【Enter】键确认，选择 Step 20 绘制的两个圆柱体，将其沿 Y 轴移动 15，效果如图 19-22 所示。

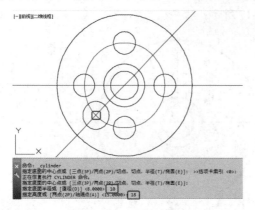

图 19-20　绘制圆柱体

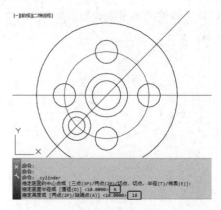

图 19-21　再次绘制圆柱体

Step 22 将当前视图设置为【前视】视图，在命令行中执行 UNION 命令，在绘图区中选择除半径为 6 的圆柱体外的其他实体对象，如图 19-23 所示。

图 19-22　移动圆柱体后的效果

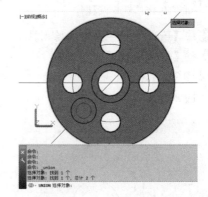

图 19-23　选择并集的对象

Step 23 按【Enter】键完成并集，在命令行中执行 SUBTRACT 命令，在绘图区中选择要从中减去的实体对象，如图 19-24 所示。

Step 24 按【Enter】键确认，再在绘图区中选择要减去的实体对象，如图 19-25 所示。

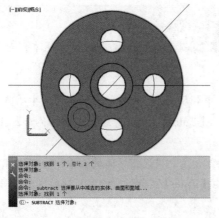

图 19-24　选择要从中减去的实体对象

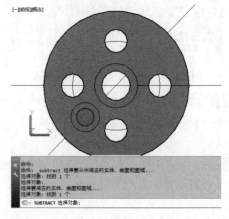

图 19-25　选择要减去的实体对象

Step 25 按【Enter】键确认，即可完成对选中对象的差集运算，效果如图 19-26 所示。

Step 26 将视觉样式设置为【二维线框】，在命令行中执行 BOX 命令，捕捉圆柱体的象限点为角点，根据命令提示输入（@-16,30,15），按【Enter】键确认，绘制的长方体如图 19-27 所示。

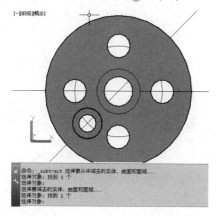

图 19-26 差集后的效果

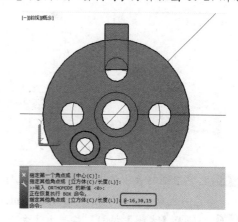

图 19-27 绘制长方体

Step 27 根据前面所介绍的方法对绘图区中的对象进行差集运算，效果如图 19-28 所示。

Step 28 再在绘图区中将多余的对象进行删除，并切换视图观察效果，效果如图 19-29 所示。

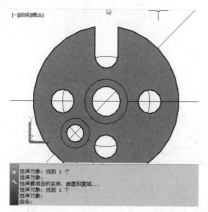

图 19-28 差集运算后的效果

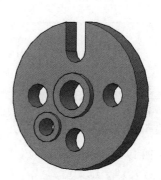

图 19-29 完成后的效果

19.2 球阀阀杆

下面将介绍如何绘制球阀阀杆，效果如图 19-30 所示，其具体操作步骤如下。

Step 01 新建图纸，将当前视图设置为【俯视】视图，在命令行中执行 CYLINDER 命令，在绘图区中任意一点单击指定中心点，根据命令提示输入 12，按【Enter】键确认，输入 50，按【Enter】键确认，绘制圆柱体后的效果如图 19-31 所示。

Step 02 在命令行中执行 BOX 命令，捕捉圆柱体的象限点作为第一个角点，根据命令提示输入（@24,10），按【Enter】键确认，输入 12，按【Enter】键确认，绘制的长方体如图 19-32 所示。

图 19-30 球阀阀杆

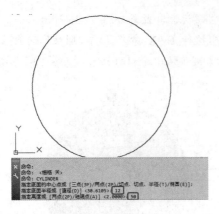

图 19-31 绘制圆柱体

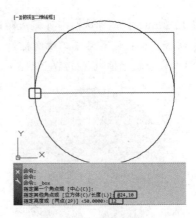

图 19-32 绘制长方体

Step 03 选中绘制的长方体，在命令行中执行 MOVE 命令，在绘图区中捕捉长方体的端点作为基点，垂直向上移动鼠标，输入 5，按【Enter】键确认完成后移动，效果如图 19-33 所示。

Step 04 切换至【左视】视图，将长方体向上移动 50，在绘图区中选择长方体，在命令行中执行 COPY 命令，在绘图区中指定长方体左下角端点为基点，如图 19-34 所示。

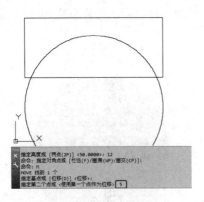

图 19-33 移动长方体的位置

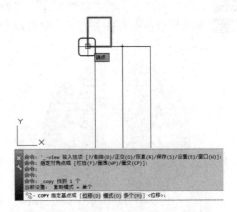

图 19-34 指定基点

Step 05 根据命令提示输入（@20,0），按【Enter】键完成复制，效果如图 19-35 所示。

Step 06 在绘图区选中两个长方体，在命令行中执行 MOVE 命令，在绘图区中捕捉任意一个长方体的端点，根据命令提示输入（@0,-50），按【Enter】键确认，移动后的效果如图 19-36 所示。

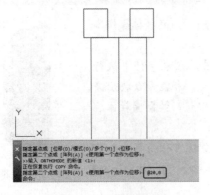

图 19-35 复制后的效果

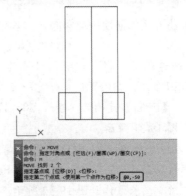

图 19-36 移动长方体后的效果

Step 07 在命令行中执行 SUBTRACT 命令，在绘图区中选择要从中减去的实体对象，如图 19-37 所示。

Step 08 按【Enter】键确认，在绘图区中再次选择要减去的实体对象，如图 19-38 所示。

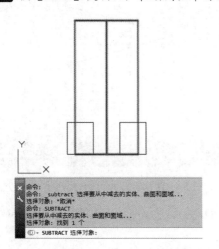

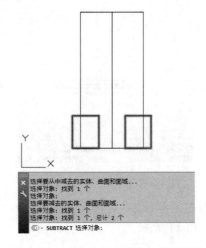

图 19-37 选择要从中减去的实体对象　　　图 19-38 再次选择要减去的实体对象

Step 09 按【Enter】键确认，即可完成对选中对象的差集操作，效果如图 19-39 所示。

Step 10 将当前视图设置为【俯视】视图，在命令行中执行 TORUS 命令，在绘图区中捕捉圆柱体的圆心，根据命令提示输入 12，按【Enter】键确认，输入 1.2，按【Enter】键确认，绘制的圆环如图 19-40 所示。

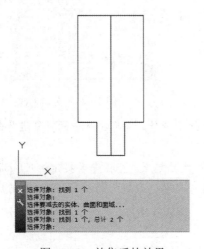

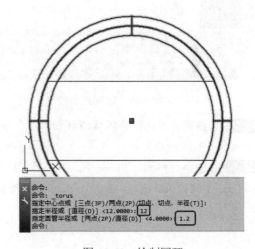

图 19-39 差集后的效果　　　　　　　　　图 19-40 绘制圆环

Step 11 切换至【前视】视图，选中绘制的圆环，在命令行中执行 MOVE 命令，捕捉圆环的中心点作为基点，根据命令提示输入 35，按【Enter】键完成移动，效果如图 19-41 所示。

Step 12 在命令行中执行 PL 命令，在绘图区中指定多段线的起点，根据命令提示输入（@-1.5<15），按【Enter】键确认，输入（@1.5<-15），按两次【Enter】键完成绘制，绘制的多线段如图 19-42 所示。

Step 13 选中绘制的多段线，在命令行中执行 ARRAYRECT 命令，根据命令提示输入 COL，按【Enter】键确认，输入 1，按两次【Enter】键确认，输入 R，按【Enter】键确认，输入 17，按【Enter】

键确认，输入-0.7764，按三次【Enter】键确认，完成阵列，效果如图 19-43 所示。

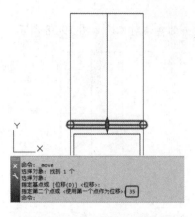

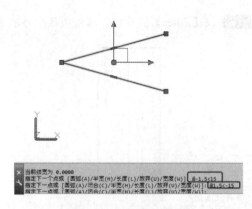

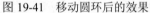

图 19-41　移动圆环后的效果　　　　　　　　图 19-42　绘制多段线 1

Step 14 选中阵列后的对象，在命令行中执行 EXPLODE 命令，即可将选中的对象进行分解，效果如图 19-44 所示。

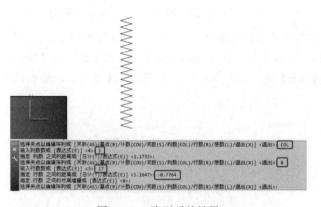

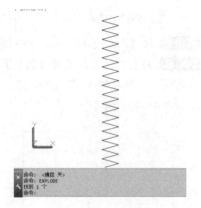

图 19-43　阵列后的效果　　　　　　　　　　图 19-44　分解对象

Step 15 在绘图区中选择分解后的对象，在命令行中执行 J 命令，即可将选中的对象进行合并，效果如图 19-45 所示。

Step 16 在命令行中执行 PL 命令，在绘图区中指定多段线的起点，根据命令提示输入（@7,0），按【Enter】键确认，输入（@0,-13），按两次【Enter】键确认，绘制后的效果如图 19-46 所示。

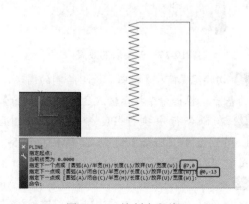

图 19-45　合并多段线　　　　　　　　　　　图 19-46　绘制多段线 2

Step 17 选择前面合并后的多段线，在命令行中执行 REVOLVE 命令，在绘图区中指定垂直直线作为旋转轴，根据命令提示输入 360，按【Enter】键确认，如图 19-47 所示。

Step 18 将当前视图设置为【俯视】视图，在命令行中执行 CYLINDER 命令，在绘图区中捕捉旋转后的三维实体的圆心作为基点，根据命令提示输入 7.5，按【Enter】键确认，输入 15，按【Enter】键确认，绘制的圆柱体如图 19-48 所示。

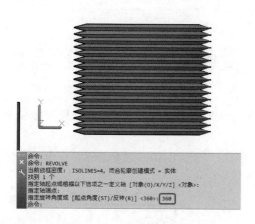

图 19-47　旋转后的效果

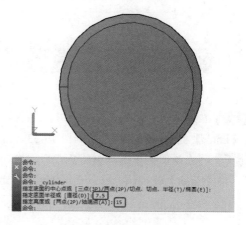

图 19-48　绘制圆柱体

Step 19 在绘图区中调整绘制后的对象位置，并切换视图观察效果，如图 19-49 所示。

图 19-49　调整后的效果

19.3　盖

　　下面将介绍如何绘制盖，效果如图 19-50 所示，其具体操作步骤如下。

Step 01 新建图纸，将当前视图设置为【俯视】视图，在命令行中执行 REC 命令，输入 F，按【Enter】键确认，输入 10，按【Enter】键确认，在绘图区中指定一个角点，根据命令提示输入（@70，−50），按【Enter】键确认，效果如图 19-51 所示。

Step 02 选中绘制的矩形，在命令行中执行 OFFSET 命令，将选中的对象向内偏移 3，如图 19-52 所示。

图 19-50　盖

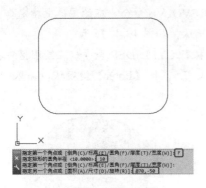

图 19-51　绘制矩形

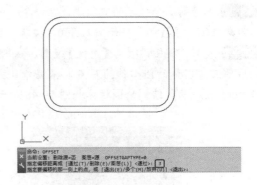

图 19-52　偏移后的效果

Step 03 在绘图区中选择大圆角矩形，在命令行中执行EXTRUDE命令，根据命令提示输入20，按【Enter】键确认，拉伸效果如图 19-53 所示。

Step 04 再在绘图区中选择小圆角矩形，在命令行中执行 EXTRUDE 命令，根据命令提示输入15，按【Enter】键确认，效果如图 19-54 所示。

图 19-53　拉伸对象

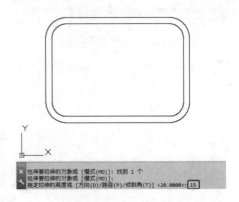

图 19-54　再次拉伸对象

Step 05 将当前视图设置为【前视】视图，在绘图区中选择小拉伸对象，在命令行中执行 M 命令，捕捉选中对象的中点作为基点，根据命令提示输入（@0,5），按【Enter】键完成移动，效果如图 19-55 所示。

Step 06 在命令行中执行SUBTRACT命令，在绘图区中选择要从中减去的实体对象，如图 19-56 所示。

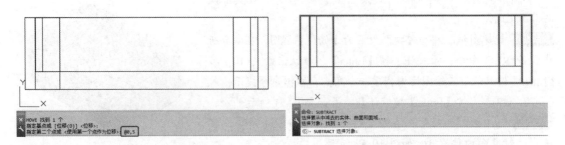

图 19-55　移动对象　　　　　　　　　　　　　图 19-56　选择要从中减去的实体对象

Step 07 按【Enter】键确认，再在绘图区中选择要减去的实体对象，如图 19-57 所示。

Step 08 按【Enter】键，即可完成差集运算，切换至【俯视】视图，在命令行中执行 XLINE 命令，在绘图区中捕捉实体对象的中点创建两条水平垂直相交的射线，如图 19-58 所示。

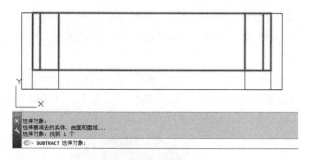

图 19-57 选择要减去的实体对象

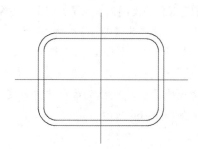

图 19-58 创建射线

Step 09 在绘图区中选择垂直射线，在命令行中执行 OFFSET 命令，将选中的对象分别向左、向右偏移 20，效果如图 19-59 所示。

Step 10 在命令行中执行 CYLINDER 命令，在绘图区中捕捉射线的交点作为中心点，输入 5，按【Enter】键确认，输入 20，按【Enter】键确认，根据相同的方法再在左侧绘制一个相同的圆柱体，如图 19-60 所示。

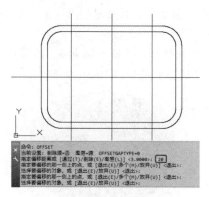

图 19-59 偏移射线

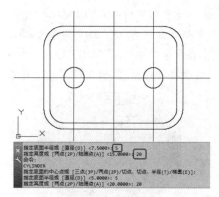

图 19-60 绘制圆柱体

Step 11 将当前视图设置为【前视】视图，选中绘制的两个圆柱体，在命令行中执行 M 命令，在绘图区中指定基点，根据命令提示输入（@0，-20），按【Enter】键确认，如图 19-61 所示。

Step 12 根据前面所介绍的方法对绘图区中的实体对象进行差集运算，并删除多余的对象，切换视图观察效果即可，效果如图 19-62 所示。

图 19-61 移动圆柱体

图 19-62 差集后的效果

19.4　深沟球轴承

下面将介绍如何绘制深沟球轴承，效果如图 19-70 所示，其具体操作步骤如下。

Step 01 将视图设置为【俯视】。在命令行中输入 CYLINDER 命令，根据命令行的提示将底面的中心点设置为【0,0,0】，绘制两个半径分别为 45、38，高都为 20 的圆柱体，将视图设置为【西南等轴测】，效果如图 19-63 所示。

Step 02 将【视觉样式】设置为【概念】。在命令行中输入 SUBTRACT 命令，根据命令行的提示先选择半径为 45 的圆柱体并确定，然后选择半径为 38 的圆柱体，进行差集运算，差集运算效果如图 19-64 所示。

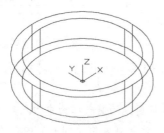

图 19-63　绘制圆柱体效果

图 19-64　差集效果

Step 03 在命令行中输入 CYLINDER 命令，根据命令行的提示将底面的中心点设置为【0,0,0】，绘制两个半径分别为 32、25，高都为 20 的圆柱体，效果如图 19-65 所示。

Step 04 在命令行中输入 SUBTRACT 命令，根据命令行的提示先选择半径为 32 的圆柱体并确定，然后选择半径为 25 的圆柱体，进行差集运算，差集运算效果如图 19-66 所示。

图 19-65　绘制圆柱体效果

图 19-66　差集效果

Step 05 在命令行中输入 TORUS 命令，根据命令行的提示指定中心点为【0,0,10】，指定半径为 35，指定圆管半径为 5，绘制圆环体效果如图 19-67 所示。

Step 06 在命令行中输入 SUBTRACT 命令，根据命令行的提示选择轴承内外的圈，然后拾取新绘制的圆环体，进行差集运算，差集效果如图 19-68 所示。

图 19-67　绘制圆环体效果

图 19-68　差集效果

Step 07 在命令行中输入 SPHERE 命令，根据命令行的提示，指定中心点为【35,0,10】，指定半径为 5，绘制球体效果如图 19-69 所示。

Step 08 在命令行中输入 ARRAYPOLAR 命令，根据命令行的提示指定阵列中心点为【0,0,0】，将【项目】设置为 10，环形阵列效果如图 19-70 所示。

图 19-69　绘制球体效果

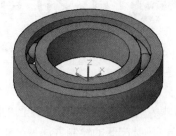

图 19-70　环形阵列效果

增值服务：扫码做测试题，并可观看讲解测试题的微课程。

第 20 章
传动轮装配图

三维装配图的绘制和二维装配图的绘制方法类似，都是将部分零件进行组合，本章将重点讲解传动轮三维装配图的绘制方法。绘制传动轮转配图效果如图 20-1 所示。

图 20-1　传动轮装配图

20.1　绘制左传动轴

下面将讲解如何绘制传动轴，具体操作步骤如下。

Step 01 将视图设置为【西南等轴测】。在命令行中输入 CYLINDER 命令，根据命令行的提示将底面的中心点设置为【0,0,0】，分别绘制 3 个半径为 100、120 和 200，高度分别为 80、80 和 30 的圆柱体，绘制圆柱体效果如图 20-2 所示。

Step 02 在命令行中输入 UNION 命令，根据命令行的提示拾取半径为 120 和 200 的圆柱体，并集效果如图 20-3 所示。

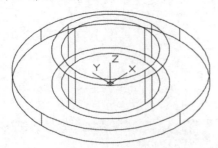

图 20-2　绘制圆柱体效果

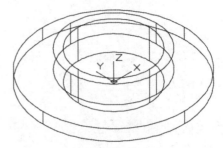

图 20-3　并集效果

Step 03 在命令行中输入 SUBTRACT 命令，根据命令行的提示首先选择合并实体，然后选择半径为 100 的圆柱体，将【视觉样式】设置为【概念】，差集后的显示效果如图 20-4 所示。

Step 04 在命令行中输入 CYLINDER 命令，根据命令行的提示将底面的中心点设置为【0,600,0】，分别绘制 2 个半径为 200 和 250，高度均为 80 的圆柱体，效果如图 20-5 所示。

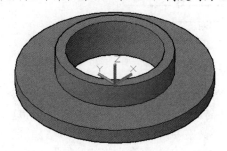

图 20-4 差集效果

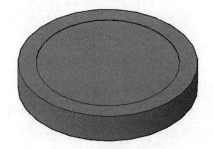

图 20-5 绘制圆柱体效果

Step 05 在命令行中输入 SUBTRACT 命令，根据命令行的提示首先选择半径为 250 的圆柱体，然后选择半径为 200 的圆柱体并确定，差集效果如图 20-6 所示。

Step 06 在命令行中输入 MOVE 命令，选择新差集后的对象作为移动对象，指定基点为【0,600,0】，将移动目标点设置为【0,0,0】，移动后的显示效果如图 20-7 所示。

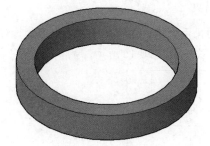

图 20-6 差集效果

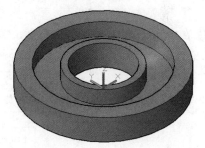

图 20-7 移动效果

Step 07 在命令行中输入 UNION 命令，选中绘图区中的实体对象进行并集操作，并集后的效果如图 20-8 所示。

Step 08 在命令行中输入 MIRROR3D 命令，根据命令行的提示选择合并实体对象作为镜像对象，将镜像面设置为【XY 平面】，指定【XY 平面】上的点为【0,0,0】，镜像后的显示效果如图 20-9 所示。

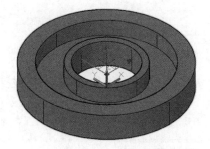

图 20-8 并集效果

图 20-9 镜像效果

Step 09 将视觉样式设置为【二维线框】，将视图设置为【前视】。在命令行中输入 PLINE 命令，根据命令行的提示操作，指定起点为【-5,25】，绘制多段线效果如图 20-10 所示。

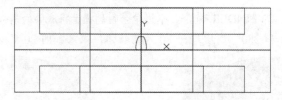

图 20-10　绘制多段线效果

Step 10 在命令行中输入 REGION 命令，选择新绘制的多段线将其创建为面域。然后在命令行中输入 MOVE 命令，根据命令行的提示操作，选择创建的面域对象，将基点设置为【-10,0】，以右上角的角点为目标点移动对象的位置，移动完成后的效果如图 20-11 所示。

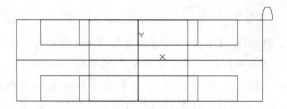

图 20-11　移动效果

Step 11 在命令行中输入 ROTATE 命令，根据命令行的提示操作，选择面域对象作为旋转对象，指定左下角点为基点，将旋转角度设置为-90°，旋转效果如图 20-12 所示。

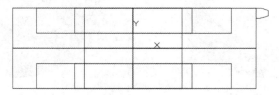

图 20-12　旋转效果

Step 12 在命令行中输入 REVOLVE 命令，继续选择面域对象，以 Y 轴作为旋转轴，指定旋转角度为 360°，旋转效果如图 20-13 所示。

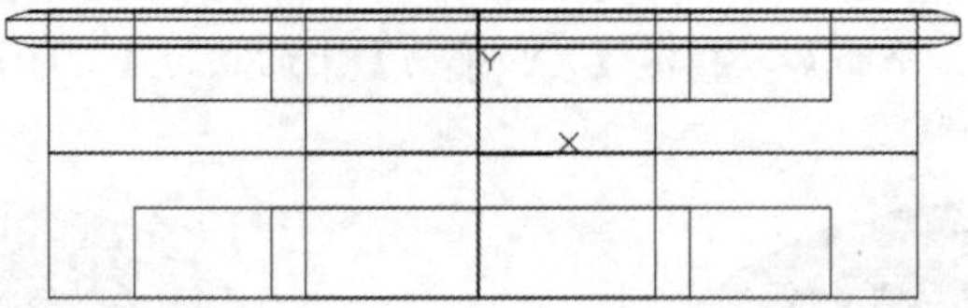

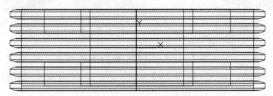

图 20-13　旋转效果

Step 13 在命令行中输入 ARRAYRECT 命令，根据命令行的提示操作选择旋转后的图形对象作为阵列对象，将【行数】设置为 6，将【列数】设置为 1，将【行间距】设置为-30，将【列间距】设置为 0，阵列后的显示效果如图 20-14 所示。

图 20-14　阵列效果

Step 14 将视觉样式设置为【概念】，将视图设置为【西南等轴测】，显示效果如图 20-15 所示。

Step 15 将视觉样式设置为【二维线框】。在命令行中输入 UCS 命令，并连续按两次【Enter】键，将坐标系统恢复到世界坐标系。在命令行中输入 CYLINDER 命令，根据命令行的提示将底面的中心点设置为【800,0,0】，绘制两个半径分别为 100、60，高度分别为-160、-710 的圆柱体，绘制圆柱体效果如图 20-16 所示。

图 20-15 显示效果

图 20-16 绘制圆柱体效果

Step 16 在命令行中输入 UNION 命令，选择新绘制的两个圆柱体对象，并集后的效果如图 20-17 所示。

☂ **提 示**

在执行【阵列】命令后，若要执行【并集】命令，需要先执行【分解】命令，将阵列对象分解，才可以进行所有实体的并集操作。

Step 17 在命令行中输入 MOVE 命令，选择新合并的实体，指定基点为【800,0,0】，然后指定目标点为【0,0,80】，移动后的显示效果如图 20-18 所示。

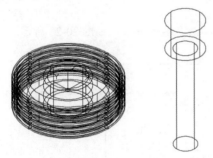

图 20-17 并集效果

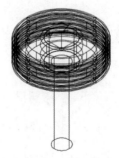

图 20-18 移动效果

Step 18 将视觉样式设置为【概念】，显示效果如图 20-19 所示。

图 20-19 显示效果

20.2 绘制右传动轴

下面将介绍如何绘制右传动轴，其具体操作步骤如下。

Step 01 新建图纸，将当前视图设置为【俯视】视图，在命令行中执行 CYLINDER 命令，在绘图区中指定中心点，根据命令提示输入 100，按【Enter】键确认，输入 300，按【Enter】键确认，绘制的圆柱体如图 20-20 所示。

Step 02 再在命令行执行 CYLINDER 命令，在绘图区中捕捉圆柱体的中心点为基点，根据命令提示输入 200，按【Enter】键确认，输入 80，按【Enter】键确认，完成圆柱体的绘制，效果如图 20-21 所示。

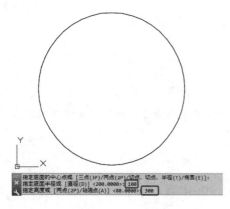
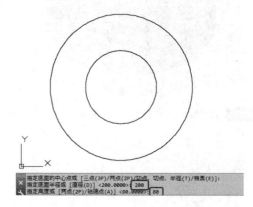

图 20-20　绘制圆柱体　　　　　　　　　　图 20-21　再次绘制圆柱体

Step 03 将当前视图设置为【前视】视图，在绘图区中选择大圆柱体，在命令行中执行 M 命令，在绘图区中指定基点，根据命令提示输入（@0,300），按【Enter】键确认，移动后的效果如图 20-22 所示。

Step 04 在命令行中执行 UNION 命令，在绘图区中选择两个实体对象，如图 20-23 所示。

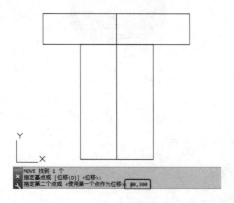
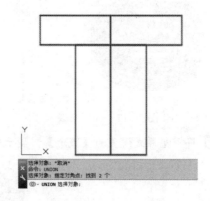

图 20-22　移动圆柱体的位置　　　　　　　图 20-23　选择实体对象

Step 05 按【Enter】键确认，即可将选中的对象进行并集，在命令行中执行 MIRROR3D 命令，根据命令提示输入 ZX，按【Enter】键确认，在绘图区中捕捉实体对象顶端的中点作为基点，输入 N，按【Enter】键确认，镜像效果如图 20-24 所示。

Step 06 在命令行中执行 UNION 命令，在绘图区中选择两个实体对象，按【Enter】键确认，并集后的效果如图 20-25 所示。

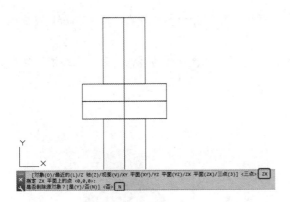

图 20-24　镜像后的效果

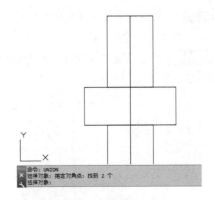

图 20-25　并集后的效果

Step 07 根据前面所介绍的方法在绘图区中绘制一个如图 20-26 所示的图形，

Step 08 在绘图区中选中该图形，在命令行中执行 REVOLVE 命令，在绘图区中捕捉实体对象顶端的中心点作为基点，垂直向上移动鼠标，在合适的位置单击，根据命令提示输入 360，按【Enter】键确认，旋转后的效果如图 20-27 所示。

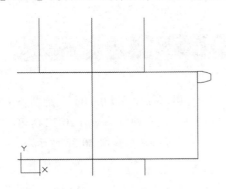

图 20-26　绘制图形

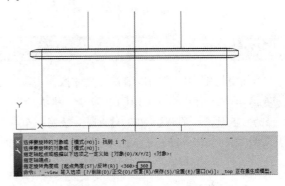

图 20-27　旋转后的效果

Step 09 在绘图区中选择旋转后的对象，在命令行中执行 ARRAYRECT 命令，根据命令提示输入 COL，将【列数】设置为 1，将列数之间的距离设置为 0，按两次【Enter】键确认，输入 2，按【Enter】键确认，输入 6，按【Enter】键确认，输入-30，按三次【Enter】键确认，阵列后的效果如图 20-28 所示。

Step 10 在绘图区中选中阵列后的对象，在命令行中执行 EXPLODE 命令，分解后的效果如图 20-29 所示。

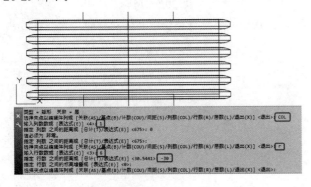

图 20-28　阵列后的效果

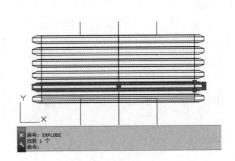

图 20-29　分解后的效果

Step 11 在命令行中执行 UNION 命令，在绘图区中选择所有的实体对象，按【Enter】键确认，并集后的效果如图 20-30 所示。

Step 12 将当前视图切换为【西南等轴测】视图，将视觉样式设置为【概念】，在绘图区观察效果即可，如图 20-31 所示。

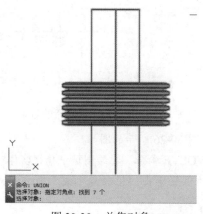

图 20-30　并集对象

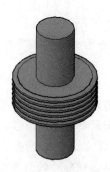

图 20-31　最终效果

20.3　绘制传动带并组装

下面将讲解如何绘制传送带，具体操作步骤如下。

Step 01 在命令行中输入 CIRCLE 命令，根据命令行的提示指定圆心位置为【0,0,0】，绘制一个半径为 275 的圆，再以【800,0,0】为圆心绘制一个半径为 225 的圆，绘制圆效果如图 20-32 所示。

Step 02 在命令行中输入 LINE 命令，连接两个圆的上下公切线，连接效果如图 20-33 所示。

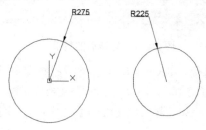

图 20-32　绘制圆效果

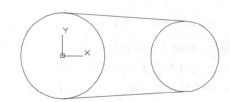

图 20-33　连接公切线效果

Step 03 在命令行中输入 TRIM 命令，对图形对象进行修剪，修剪完成后再在命令行中输入 PEDIT 命令，将修剪后的线段转换为多段线，转换后的效果如图 20-34 所示。

Step 04 切换至【前视】视图，在命令行中输入 MOVE 命令，调整轮带与传动轴的位置，将右侧传动轴的顶点位置调整到【800,380,100】的位置处，调整后的显示效果如图 20-35 所示。

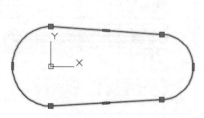

图 20-34　修剪并转换为多段线效果

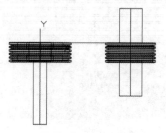

图 20-35　调整效果

Step 05 将视图调整为【西南等轴测】，显示效果如图 20-36 所示。

Step 06 使用同样的方法绘制前面的面域图形并转换为面域，然后将其调整到合适的位置，调整效果如图 20-37 所示。

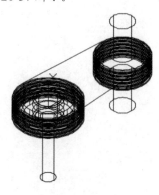

图 20-36　显示效果

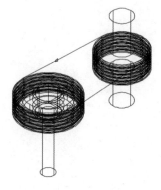

图 20-37　调整效果

Step 07 在命令行中输入 EXTRUDE 命令，根据命令行的提示选择面域图形对象，然后执行【路径】命令进行拉伸，拉伸效果如图 20-38 所示。

Step 08 在命令行中输入 ARRAYRECT 命令，根据命令行的提示将行数设置为 5，将行间距设置为 -30，将列数设置为 1，阵列后的显示效果如图 20-39 所示。

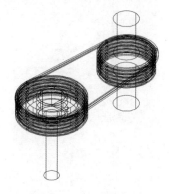

图 20-38　拉伸效果

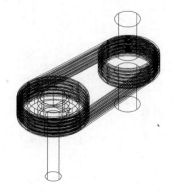

图 20-39　阵列效果

Step 09 将视图样式设置为【概念】后的显示效果如图 20-40 所示。

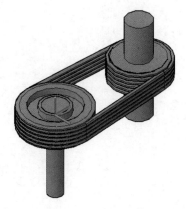

图 20-40　最终效果

读 者 意 见 反 馈 表

亲爱的读者：

感谢您对中国铁道出版社的支持，您的建议是我们不断改进工作的信息来源，您的需求是我们不断开拓创新的基础。为了更好地服务读者，出版更多的精品图书，希望您能在百忙之中抽出时间填写这份意见反馈表发给我们。随书纸制表格请在填好后剪下寄到：北京市西城区右安门西街8号中国铁道出版社大众出版中心 于先军 收（邮编：100054）。或者采用传真（010-63549458）方式发送。此外，读者也可以直接通过电子邮件把意见反馈给我们，E-mail地址是：wood3d@163.com。我们将选出意见中肯的热心读者，赠送本社的其他图书作为奖励。同时，我们将充分考虑您的意见和建议，并尽可能地给您满意的答复。谢谢！

所购书名：_____

个人资料：

姓名：_____性别：_____年龄：_____文化程度：_____

职业：_____电话：_____E-mail：_____

通信地址：_____邮编：_____

您是如何得知本书的：

□书店宣传 □网络宣传 □展会促销 □出版社图书目录 □老师指定 □杂志、报纸等的介绍 □别人推荐
□其他（请指明）_____

您从何处得到本书的：

□书店 □邮购 □商场、超市等卖场 □图书销售的网站 □培训学校 □其他

影响您购买本书的因素（可多选）：

□内容实用 □价格合理 □装帧设计精美 □带多媒体教学光盘 □优惠促销 □书评广告 □出版社知名度
□作者名气 □工作、生活和学习的需要 □其他

您对本书封面设计的满意程度：

□很满意 □比较满意 □一般 □不满意 □改进建议

您对本书的总体满意程度：

从文字的角度 □很满意 □比较满意 □一般 □不满意

从技术的角度 □很满意 □比较满意 □一般 □不满意

您希望书中图的比例是多少：

□少量的图片辅以大量的文字 □图文比例相当 □大量的图片辅以少量的文字

您希望本书的定价是多少：

本书最令您满意的是：

1.

2.

您在使用本书时遇到哪些困难：

1.

2.

您希望本书在哪些方面进行改进：

1.

2.

您需要购买哪些方面的图书？对我社现有图书有什么好的建议？

您更喜欢阅读哪些类型和层次的计算机书籍（可多选）？

□入门类 □精通类 □综合类 □问答类 □图解类 □查询手册类 □实例教程类

您在学习计算机的过程中有什么困难？

您的其他要求：